얼렁뚝딱 공작부인

2

무엇이든 뚝딱 만들어 꾸리는 친환경 살림법

얼렁뚝딱 공작부인

2 바느질, 재활용 만들기 편

반디 글 그림

보리

공작부인네 집에
놀러 온 공작단!
어머, 이건 다 뭐야?
열어 봐도 돼?
물론이지.
어머나, 망사 천!
방수 천도 있구나.
이건 장식 리본?
와, 예쁜 단추다.
엥? 그게 거기 있었네?
전에 포목점 했었어?
한때 장보기에 혼이 팔렸던 어두운 과거가 있었어.
너무 많아서 어디에 뭐가 들어 있는지도 모르겠다.
지금 적어 놓자!
지금?
응!
물방울-파랑,
부자재
(단추, 리본, 고무줄
옷핀, 바이어
낡은 옷가지
(청바지, 진,
얇은 천
(남색 아사,
갈색 격자
특수천
(망사, 방수 천
빠작이
한복천
+ 한복부자재
(연두 공단, օ
금박,
골덴
(빨강, 초록
많이도 모았네.

이 상자들을 볼 때마다
늘 죄지은 것 같은
느낌이랄까.
크크, 걱정 마.
앞으로 우리가 자주
애용해 줄게.
그럼,
고맙지.
말만 해.
싸게 넘길게.
잉?
그냥 쓰게
해 주는 거
아녔어?
그렇지?
토굴.
아냐.
난
빼 줘.
난 바느질해서
뭘 만드는 것보단
이미 있는 걸
다시 쓰는 게
더 좋단 말이지.
그것도 좋긴
한데,
쉬운 바느질만
알아도 다시 쓸 수
있는 게 엄청
늘어나.
그럼!
그럼!
맞아!
맞아!
잉. 너무
어렵단
말야.
우리는 바느질
쉬운 것만
알려 줄게.
출발!
공작단
yo.
엄마가 드디어
저것들을
쓸 모양이다.

여는 만화 • 4

바느질할 때 나오는 말 • 8

1 입 가리개 만들기 • 14

2 앞치마 만들어 주세요 • 20

3 여름엔 홑이불 • 28

4 수영 모자 • 30

5 목욕 망토 • 34

6 천 기저귀 써 보셨나요? • 36

7 팬티 모양 천 기저귀 만들기 • 38

8 도전 팬티 도안 만들기 • 46

9 준비됐나요? 삼각팬티 만들기 • 50

10 어린이 사각팬티 만들자 • 54

11 작아진 여자아이 한복 고쳐 입기 • 58

12 작아진 남자아이 한복 고쳐 입기 • 64

13 조끼 이불 • 72

14 수면 바지로 따뜻한 겨울밤을! • 76

15 방수 바지 • 80

16 펠트 배씨 머리띠 만들기 • 84

1 천 생리대 써 보아요 • 88

2 천 생리대 비싸지 않아요 • 92

3 만들어 보아요, 일체형 생리대 • 94

4 흡수대가 분리되는 네모 생리대 • 96

5 천 기저귀, 생리대로 변신하다 • 98

6 가슴 싸개 본 만들어 보아요 • 100

7 가슴 싸개 만들기 • 104

8 수유 가리개 • 108

9 헐렁 시원 사각팬티 • 110

10 베갯잇 이보다 쉬울 수 없다 • 116

11 소풍갈 때 꼭 챙기세요, 수젓집 • 118

12 남자 앞치마 • 122

13 물주머니 덮개 • 128

14 실내화 신고 따뜻하게 • 132

15 요럴 때 장갑 한 쌍 아쉽죠 • 134

16 커튼으로 겨울나기 • 138

1 만들어 보아요, 실 제본 공책 • 146

2 손가락 지시봉 • 150

3 물병 주머니 • 152

4 뚝딱뚝딱 뚝딱남 이야기 • 156

5 세탁소 옷걸이로 쓰레기봉투 걸이 만들 거야 • 160

6 망가진 우산으로 비 망토를 만들자! • 166

7 가방 덮개 만들어 보아요 • 170

8 청바지로 가방을 만들어요 • 174

9 흥부 바지다! • 178

10 변신 소맷부리 • 180

11 구멍 난 스타킹 구해 내기 • 182

12 가슴 가리개 1+1=1 • 184

13 가방끈 바꾸기 • 186

얼렁뚝딱 두 마리 토끼 잡기 • 192

사진과 함께 찾아보기 • 194

바느질할 때 나오는 말
무슨 말인지 모르겠어.
무엇이든 물어봐.
먼저. 마름질이 뭐야?
국어 사전
물건을 만들려고 천이나 나무 같은 재료를 재거나 자르는 것.
아항!
만들 모양을 종이에 실물 크기로 그려 보아요.
본 만들기
식서
식서에 맞추어 본을 올려요.
천을 잡아 당겼을 때 잘 늘어나지 않는 방향.
재단선 그리기 (실로 꿰매는 자리.)
시접선 그리기 (재단선 밖으로 여분을 두는 선.)
천 자르기 (시접선을 따라 잘라 주세요.)

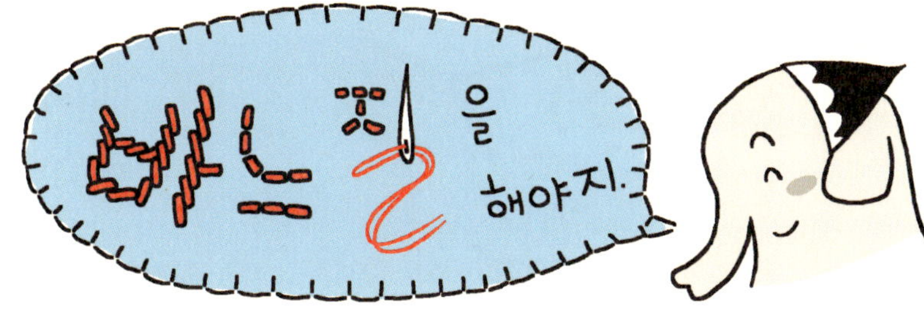

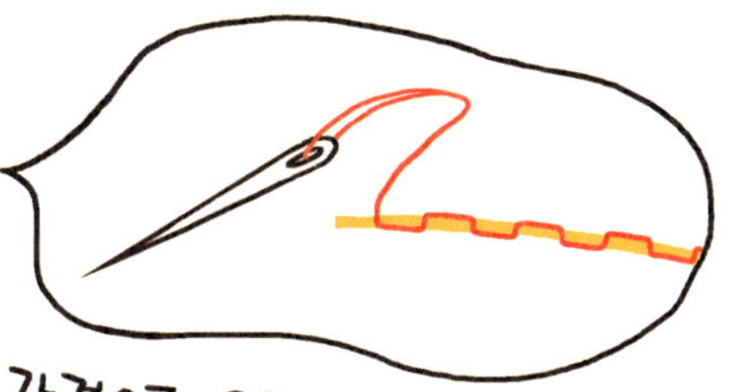

바늘땀을 일정한 간격으로 오르락내리락하며 꿰매는 방법이에요.

시침질 홈질보다 바늘땀을 크게 뜬 것.

천을 잠깐 고정하거나 주름을 만들 때 쓰여요.

상침질

천 겉면에 한번 더 해 주는 홈질입니다.

튼튼 + 꾸밈

감침질

천 가장자리를 실로 감싸듯이 꿰맵니다.

공그르기

바늘땀이 보이지 않게 꿰매는 방법이에요.

창구멍이나, 바이어스 달 때 많이 써요.

휘갑치기
시접 천 올이 풀리지 않게
가장자리를 감싸 놓는 것.
오버로크 기계
= 휘갑치기 기계
올이 풀리지 않게
휘갑칠 곳을 기계로
하는 것이에요.
오버로크
어떤 옷은
시접 끝자락을
다른 천으로
감싸 놨던데.
바이어스 끈으로
천 테두리를
감싸면 더 멋져
보입니다.
바이어스
테두리 천을
올린 뒤
꿰매고,
넘기고,
접어서
공그르기로
마무리
합니다.
통솔로 시접 마무리.
시접이 겉으로 나오게
꿰매고
다시 재단선에
맞춰 안쪽에서
상침질하는
방법입니다.
쌈솔
시접 폭을 다르게 하고,
큰 폭 시접으로
작은 폭 시접을
감싸서
눕힌 뒤,
상침질이나
감침질하면 돼요.

하지만 통솔이나 쌈솔은 시접이 두툼해져서, 두꺼운 천에는 맞지 않아요.
통솔
쌈솔
그럼, 두꺼운 천은 시접 처리를 어떻게 해?
가름솔로 하지.
버튼홀 스티치는 뭘까요?
단춧구멍을 뚫고 마무리하는 방법이지만, 테두리를 예쁘게 꾸밀 때도 많이 쓰이는 바느질입니다.
창구멍이란?
두 겹의 천을 겹쳐 꿰맬 때 틈을 두는 곳.
창구멍을 통해서 뒤집어 줍니다.
솜을 넣고 싶으면 창구멍 안으로 넣으세요.
공그르기로 막아 주세요.
이제 그만……
크크, 고생했어.
언니도!
고마워.

입 가리개 · 앞치마 · 홑이불 · 수영 모자 · 목욕 망토
팬티 모양 천 기저귀 · 삼각팬티 · 사각팬티 · 한복 고쳐 입기
조끼 이불 · 수면 바지 · 방수 바지 · 팰트 배씨 머리띠
당구장 개업
345-6789

아이를 위한 바느질

천 마스크는 예방이 거의 안 된다던데.

그렇다고 일 년 내내 일회용 마스크를 사서 쓸 순 없잖아.

고민된다…

손으로 만드는 물건이 좋은 건 여러 가지 발상을 시도해 볼 수 있다는 것♡

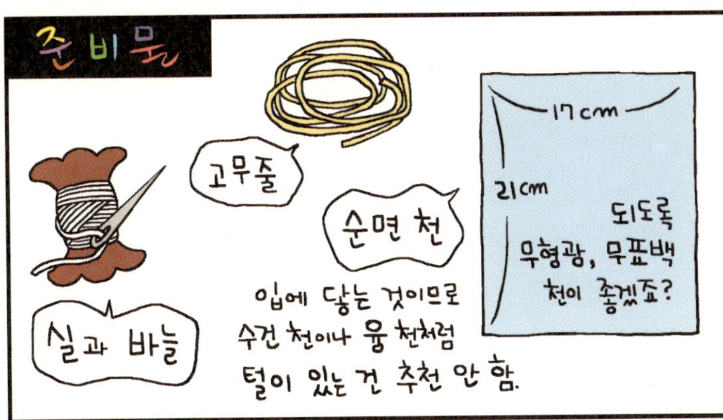

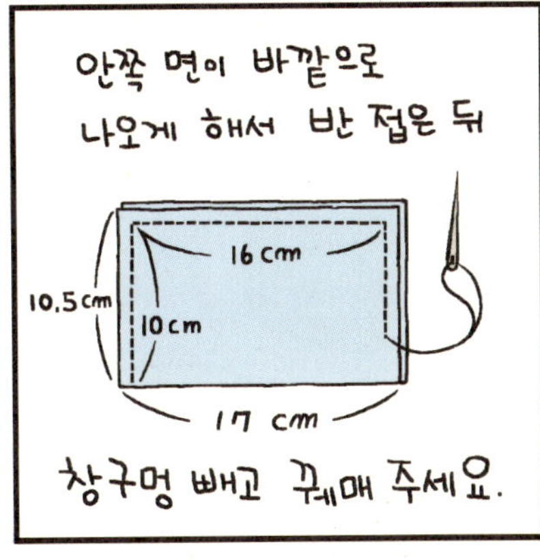

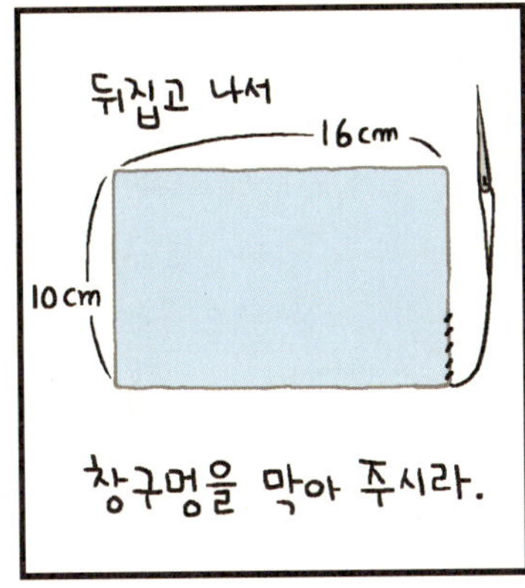

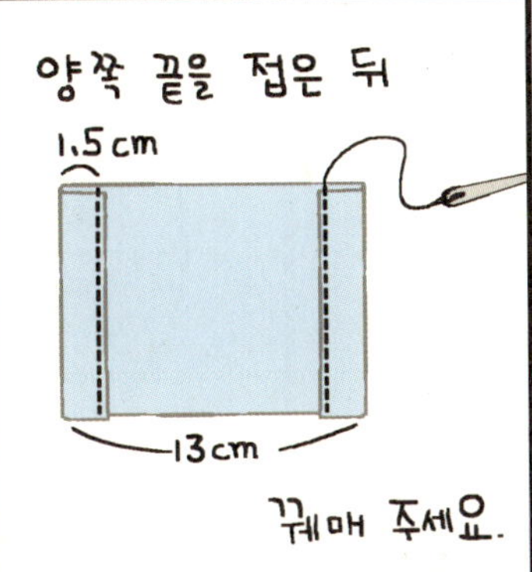

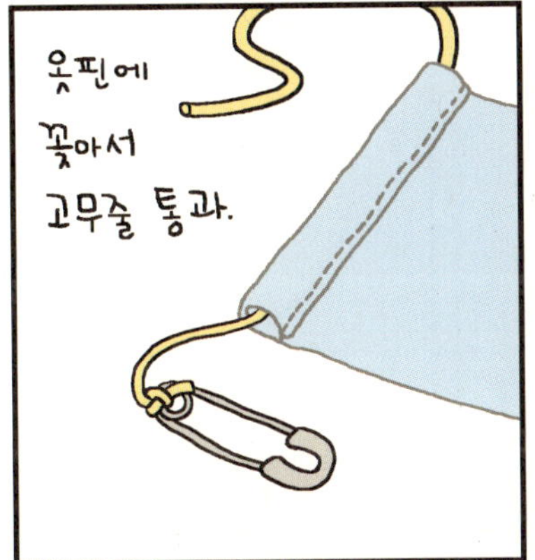

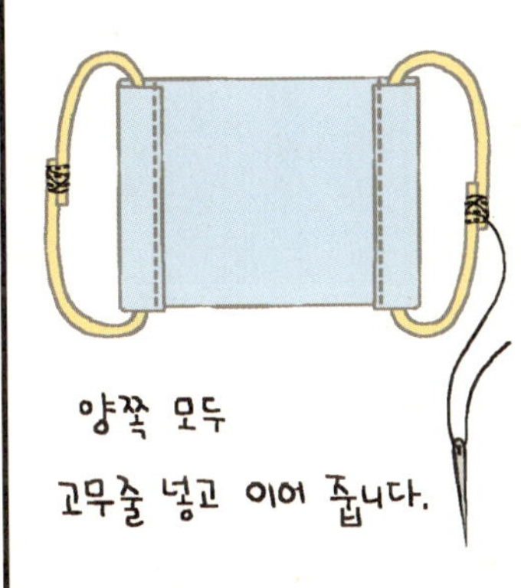

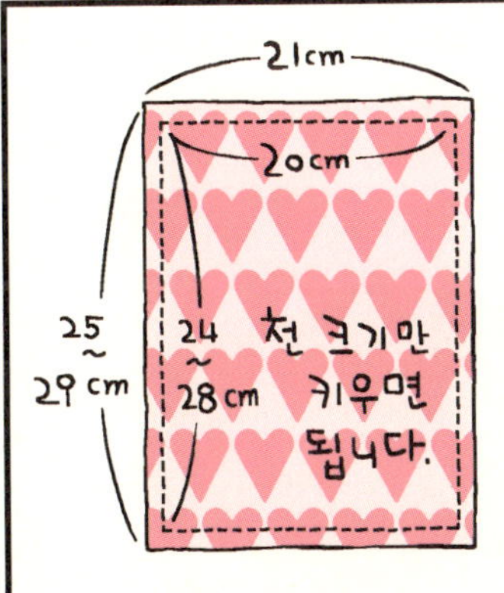

넌 사람마다 갖고 있는 '취향'이란 것도 모르냐?

바꿔 줘! 바꿔 줘!

알았어. 알았어.

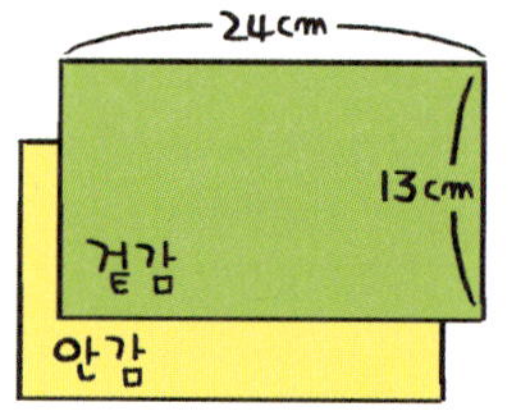

먼저,
종이에 '본'을 만듭니다.

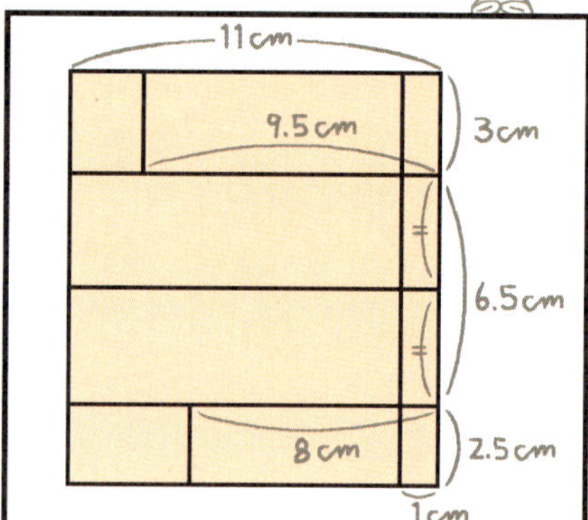

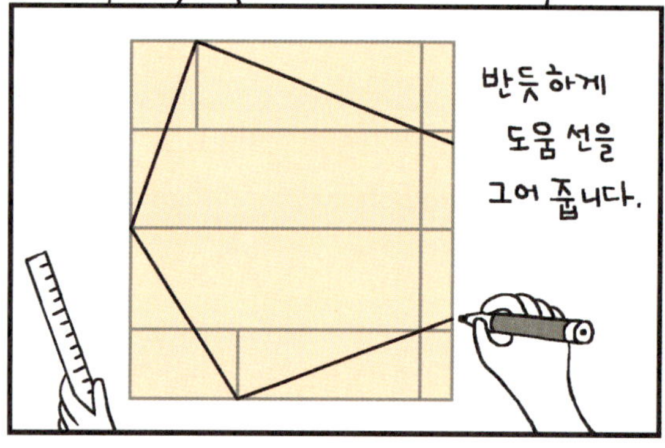

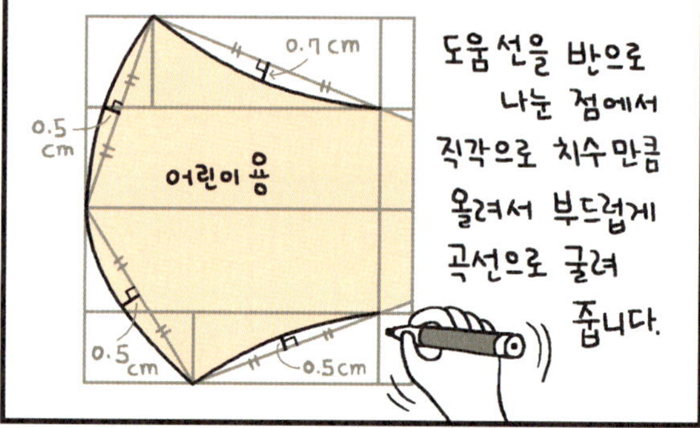

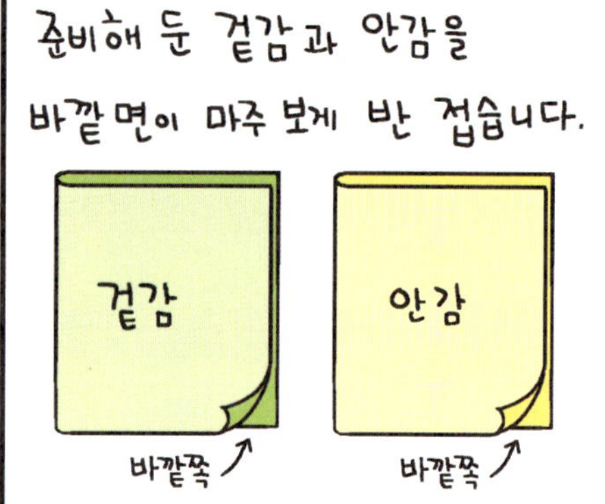

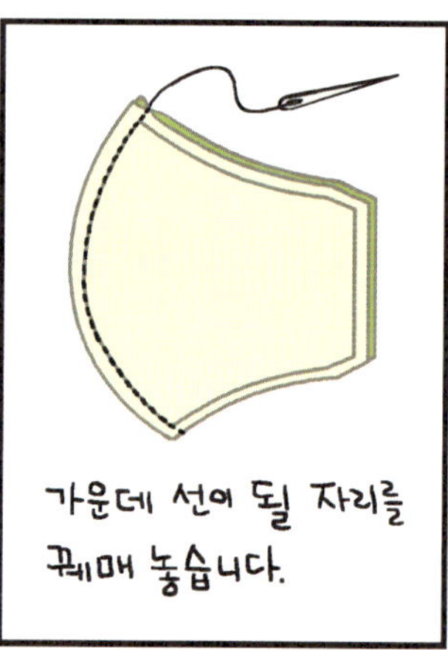

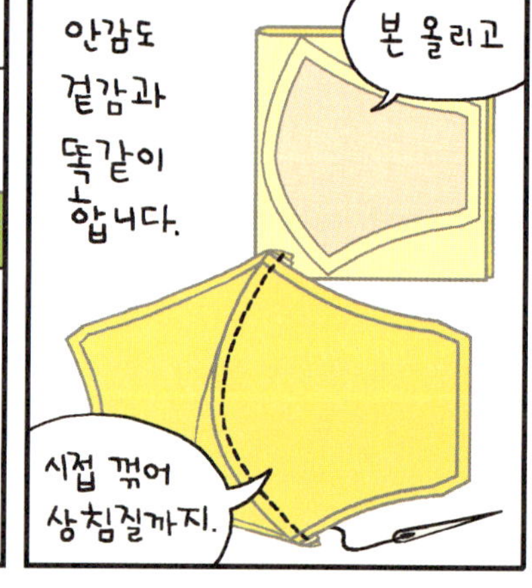

안감과 겉감 바깥 면이
마주 보게 겹치고,

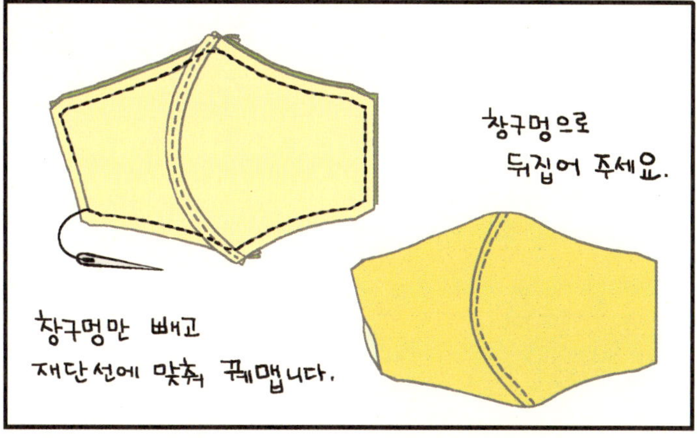
창구멍만 빼고
재단선에 맞춰 꿰맵니다.
창구멍으로
뒤집어 주세요.

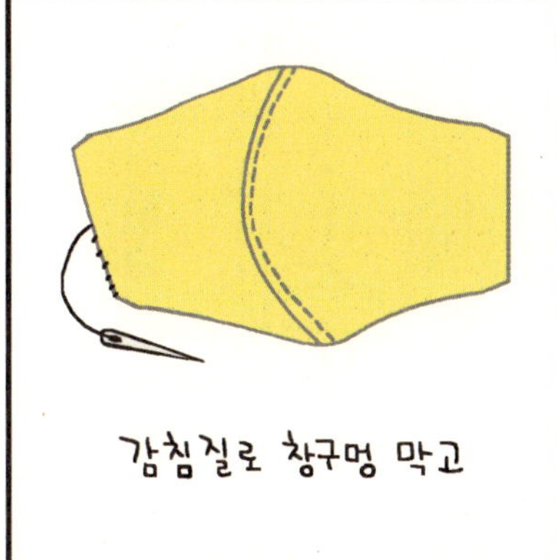
감침질로 창구멍 막고

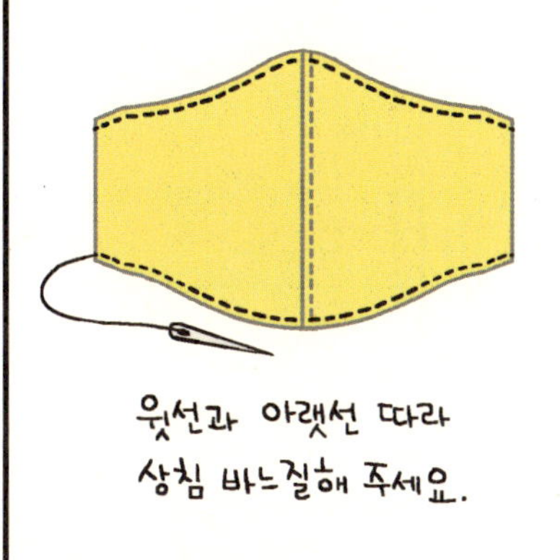
윗선과 아랫선 따라
상침 바느질해 주세요.

한쪽 끝을
접어 주고
꿰매 세요.

나머지도 마저 꿰매세요.

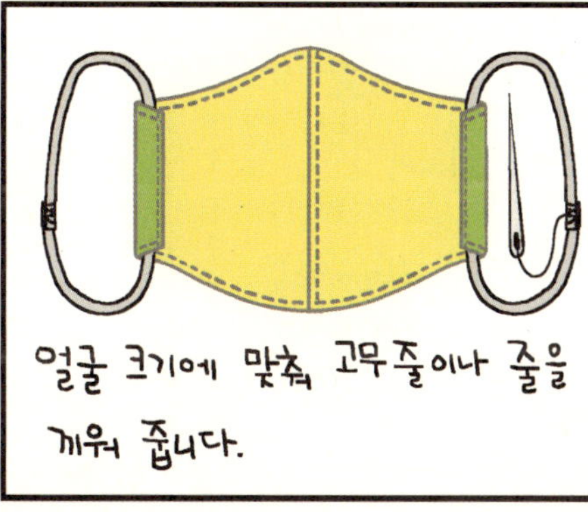
얼굴 크기에 맞춰 고무줄이나 줄을
끼워 줍니다.

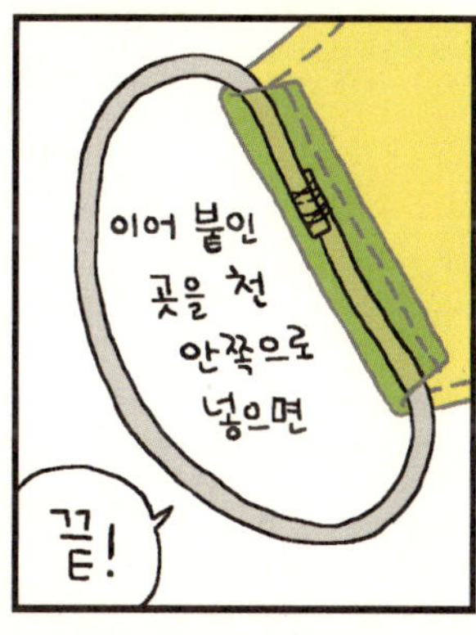
이어 붙인
곳을 천
안쪽으로
넣으면
끝!

와! 멋진데!
이 천으로 내 것까지
만들어 줘.
무늬
말고
네
네...

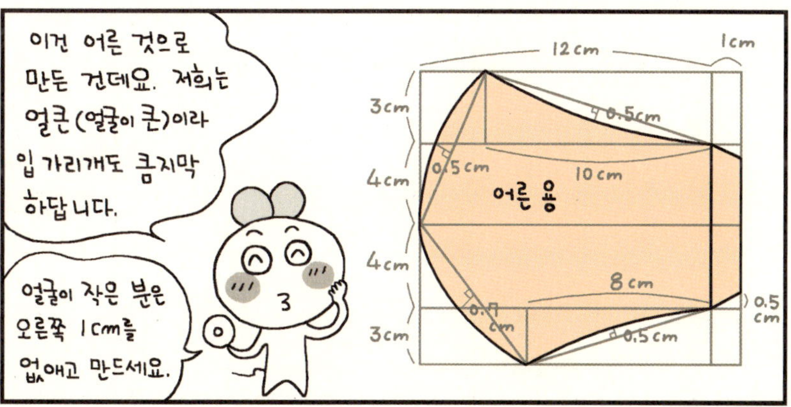
이건 어른 것으로
만든 건데요. 저희는
얼큰(얼굴이 큰)이라
입 가리개도 큼지막
하답니다.
얼굴이 작은 분은
오른쪽 1cm를
없애고 만드세요.
12cm
1cm
3cm
4cm
4cm
3cm
0.5cm
0.5cm
10cm
어른용
8cm
0.7cm
0.5cm
0.5
cm

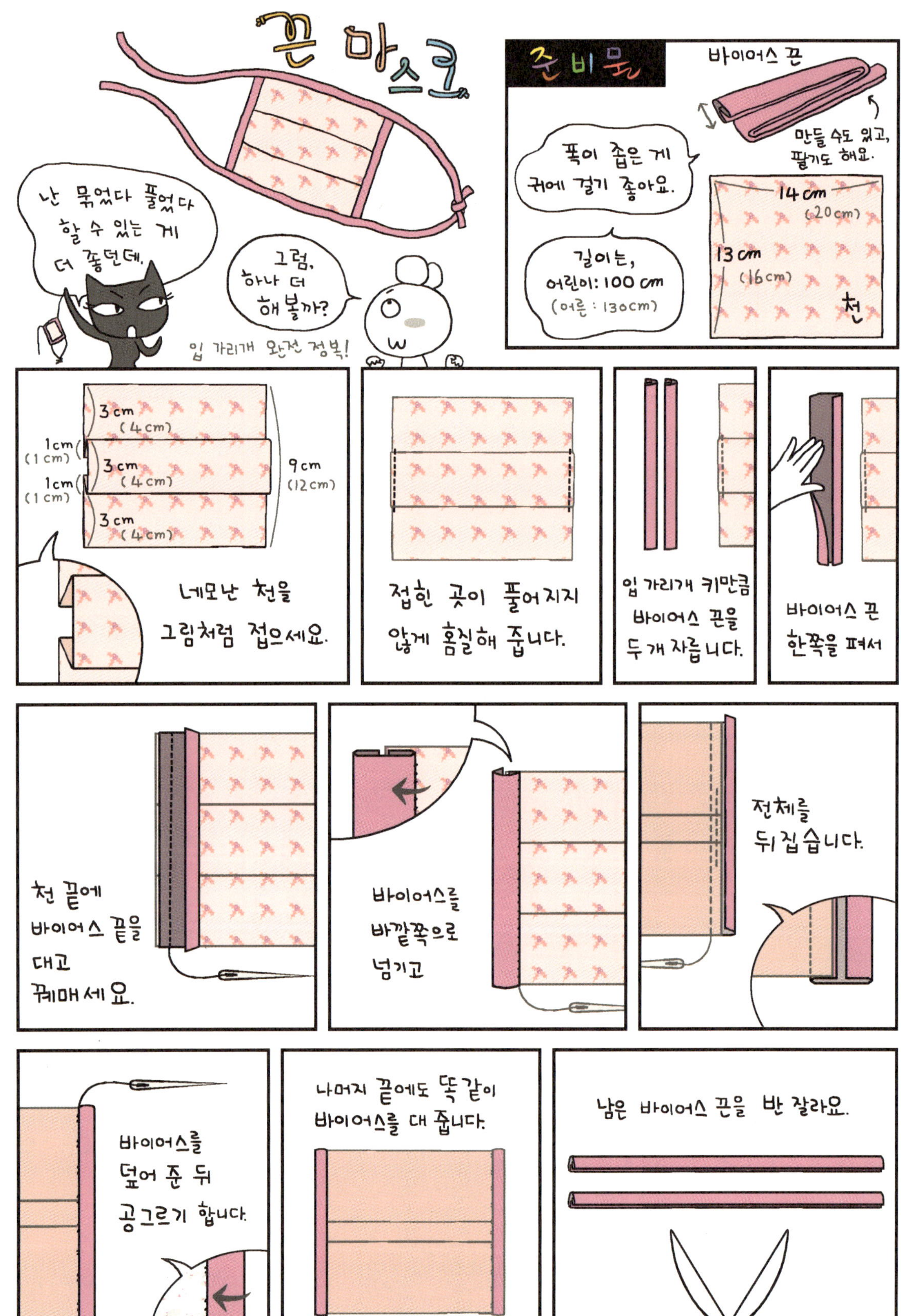

끈 마스크
난 묶었다 풀었다 할 수 있는 게 더 좋던데.
그럼, 하나 더 해볼까?
입 가리개 완전 정복!
준비물
바이어스 끈
폭이 좁은 게 귀에 걸기 좋아요.
만들 수도 있고, 팔기도 해요.
길이는, 어린이: 100 cm (어른: 130cm)
14 cm (20cm)
13 cm (16cm)
천
3 cm (4cm)
1cm (1cm)
3 cm (4cm)
1cm (1cm)
3 cm (4cm)
9cm (12cm)
네모난 천을 그림처럼 접으세요.
접힌 곳이 풀어지지 않게 홈질해 줍니다.
입 가리개 키만큼 바이어스 끈을 두 개 자릅니다.
바이어스 끈 한쪽을 펴서
천 끝에 바이어스 끝을 대고 꿰매세요.
바이어스를 바깥쪽으로 넘기고
전체를 뒤집습니다.
바이어스를 덮어 준 뒤 공그르기 합니다.
나머지 끝에도 똑같이 바이어스를 대 줍니다.
남은 바이어스 끈을 반 잘라요.

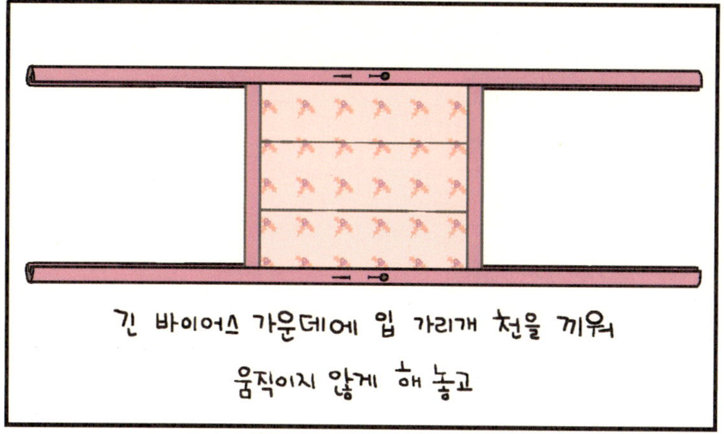

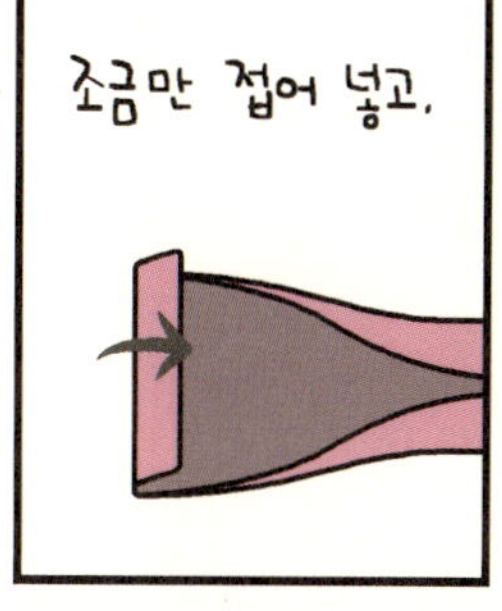

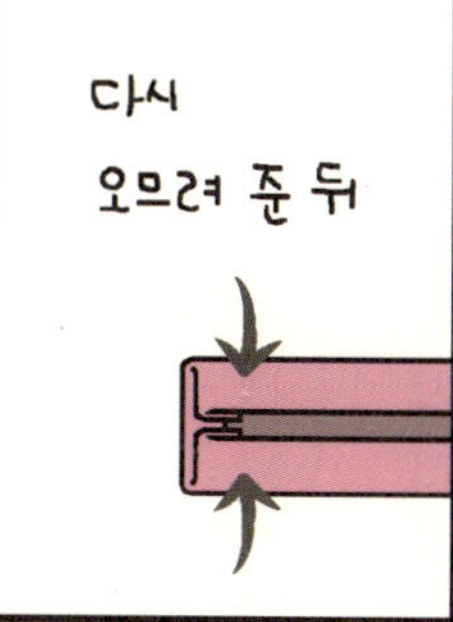

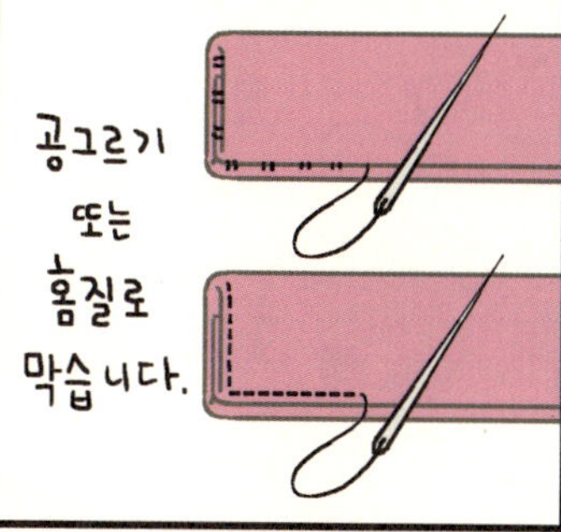

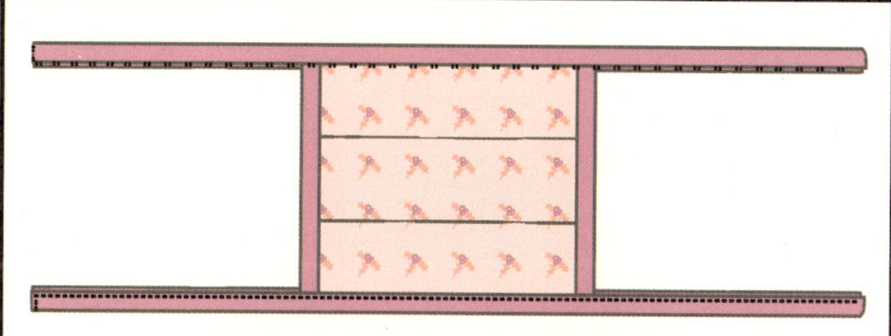

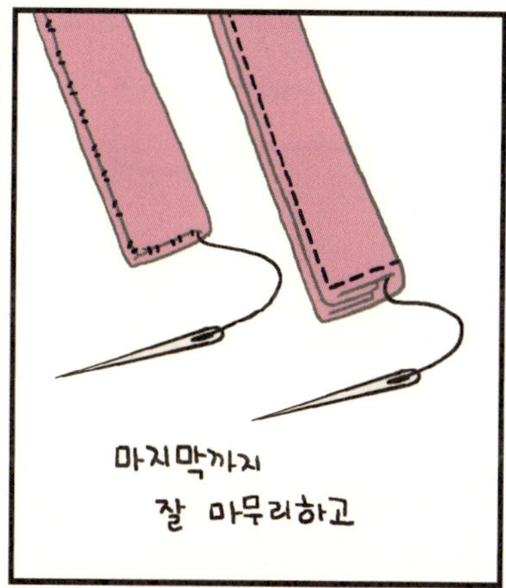

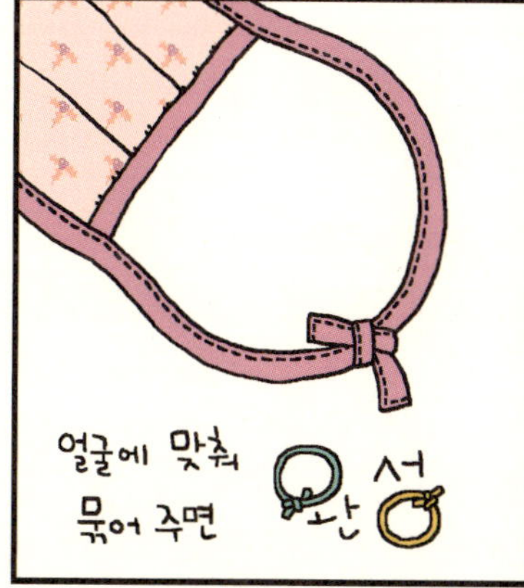

뜬금없이 웬 장사꾼 분위기…….

끝

시작

엄마, 엄마.
앞치마 만들어 주세요.
왜? 설거지해 주게?

아니. 유치원에서 내일 요리 활동할 건데 앞치마랑 머릿수건 가져오래요.
으흥…

어서 사러 가자.
에엥?

뭐가 '에엥?'이야?
아빠 건 만들어 주고, 왜 내 건 사는 건데요?

그야……
뒹굴
귀찮으니까!
엄마, 쌓여 있는 천들한테 미안하지 않나요?

아, 그래! 쌓여 있는 천!
햇볕도 못 보고 상자 안에만 있으면 불쌍하잖아.

그냥 미안해 할래.

그럼, 어린이날 선물로 해 줘.
내가 봐줬다.
뭔 말씀인지?

어린이날 선물로 앞치마를 만들어 달라고요.
엄마는 따로 돈 들여 선물 안 사서 좋고!
천도 잘 쓰이니 좋고!
난 가지고 싶은 거 받으니 좋고.

오, 얼렁이가 제법인데? 나도 잘 못하는 설득도 할 줄 알고.
대견 대견

그럼. 아빠랑 짝으로 만들어 볼까?
아앙! 그건 남자 거잖아!

앞치마에 남자 여자가 어딨어?
있지!

이것 봐! 여자 거잖아요.

그러네. 분명히 여자 거네.
글치. 글치.

혹시 나보고…… 이걸 만들라는 게냐?
그럼 좋지

…….
어린이날 선물

미안한데, 안 되겠다. 실력이 안 돼.
앙

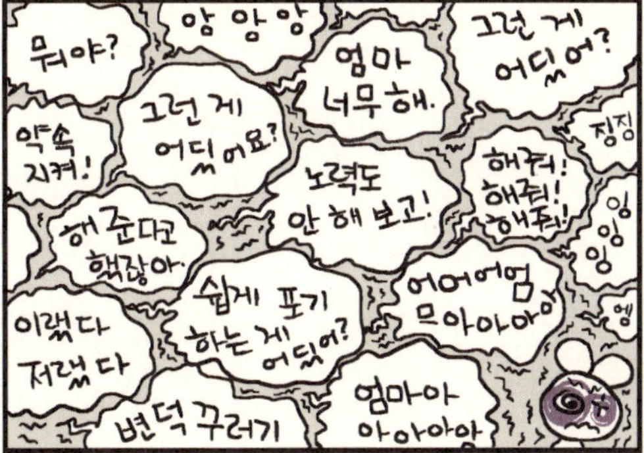
뭐야?
앙 앙 앙
엄마 너무해.
그런 게 어딨어?
약속 지켜!
그런 게 어딨어요?
징징
노력도 안 해 보고!
해줘! 해줘! 해줘!
해 준다고 했잖아.
잉 잉 잉
쉽게 포기 하는 게 어딨어?
어어어엄 므아아아아
엥
이랬다 저랬다
변덕 꾸러기
엄마아 아아아아

알았어. 대신 모양은 내가 할 수 있는 걸로.
좋아…

모양은 요렇게.
어때?
남자 건 아니네.

필요한 치수를 잽니다.
목 끈 길이 ㉠
가슴 단 폭 ㉡
허리 둘레 ㉢
가슴 단 높이 ㉣
앞치마 길이 ㉤

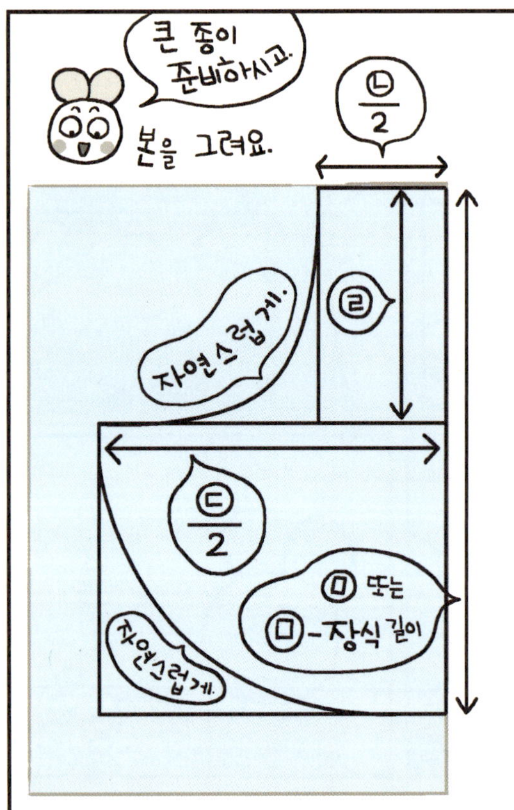
큰 종이 준비하시고,
본을 그려요.
㉡/2
㉣
자연스럽게.
㉢/2
㉤ 또는
㉤-장식 길이
자연스럽게.

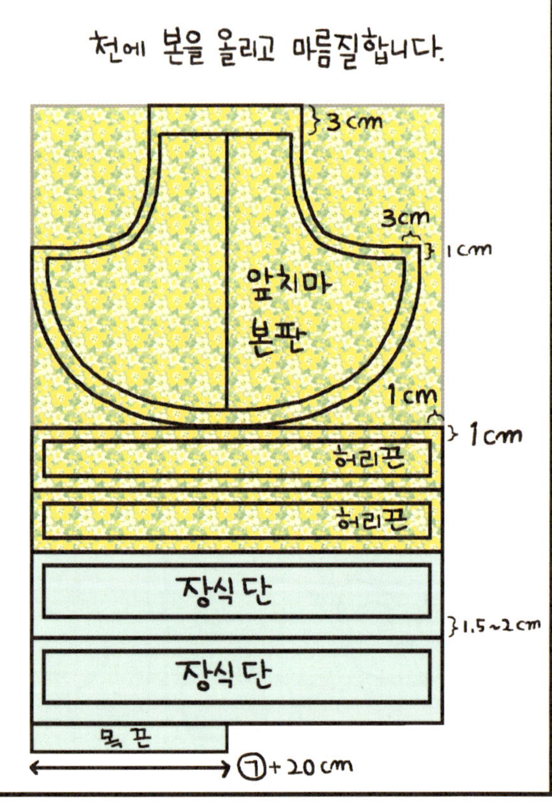
천에 본을 올리고 마름질합니다.
3cm
3cm
1cm
앞치마 본판
1cm
1cm
허리끈
허리끈
장식 단
1.5~2cm
장식 단
목 끈
㉠+20cm

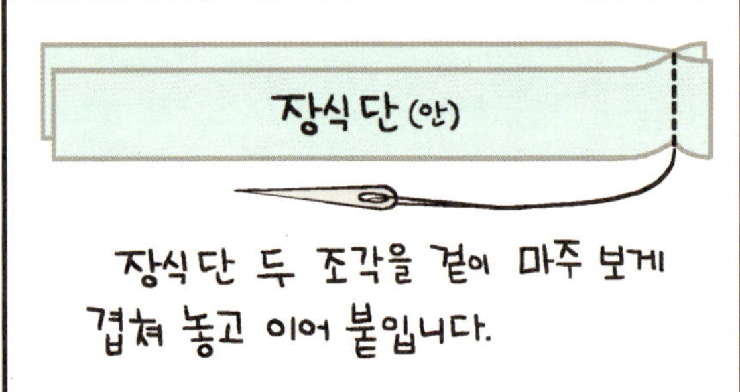
장식 단(안)
장식 단 두 조각을 겉이 마주 보게 겹쳐 놓고 이어 붙입니다.

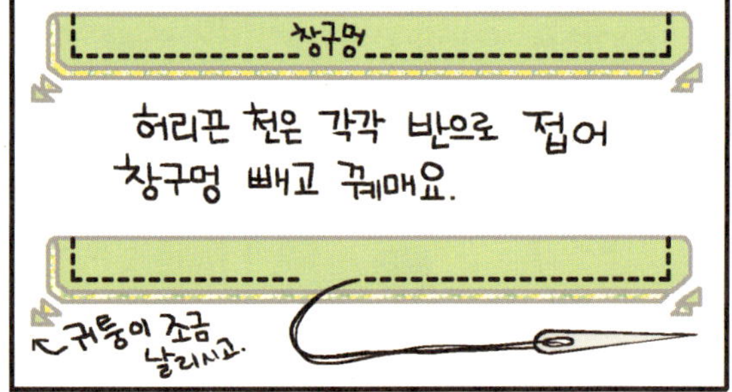
창구멍
허리끈 천은 각각 반으로 접어 창구멍 빼고 꿰매요.
귀퉁이 조금 날리시고.

그러고 나서
앞치마 밑단 시접에서
1cm만 겉감 쪽으로
꺾어서 다려 주세요.

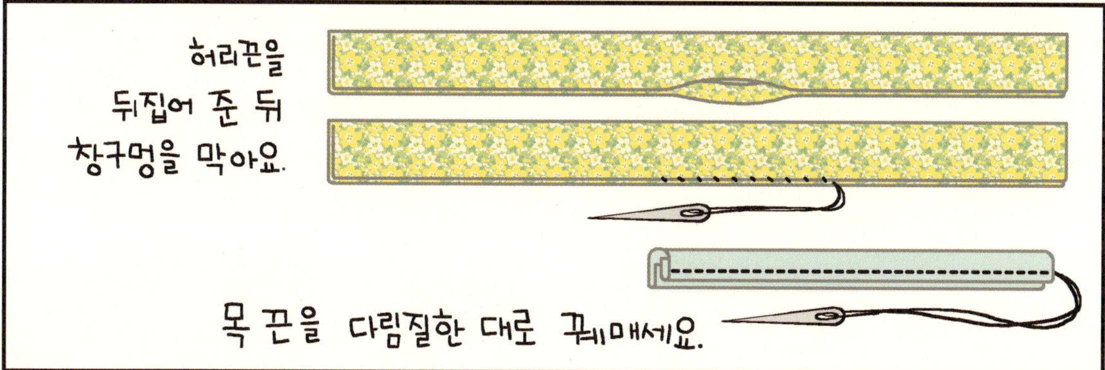

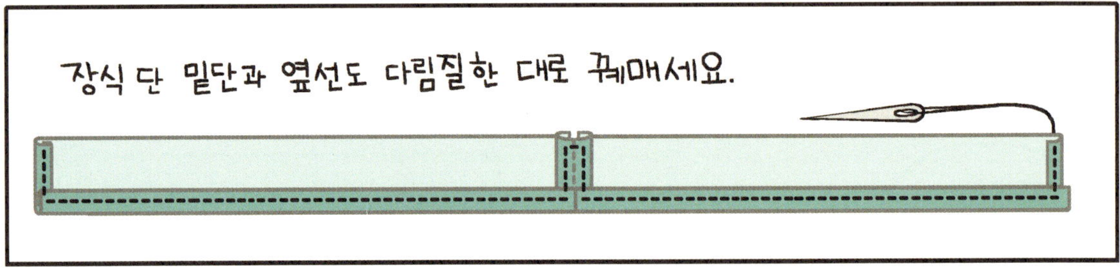
장식 단 밑단과 옆선도 다림질한 대로 꿰매세요.

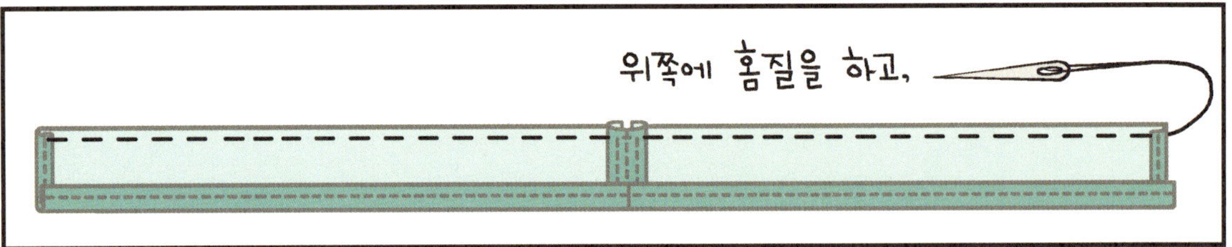
위쪽에 홈질을 하고,

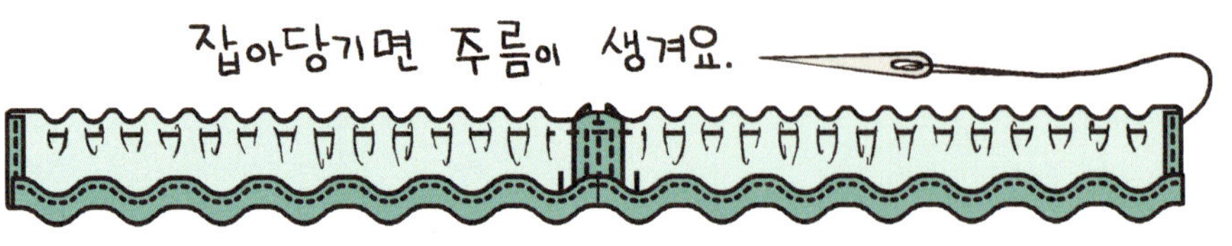
잡아당기면 주름이 생겨요.

앞치마 겉면
아랫단에
주름 잡힌 장식 단을 핀으로 고정.

앞치마
시접으로
장식 단
끝을
감싼
뒤
공그르기로
꿰매세요.
장식 단을 넘기면
요런 모양.

그리고 꼼꼼하게
장식 단을 앞치마와 함께
꿰매 줍니다.

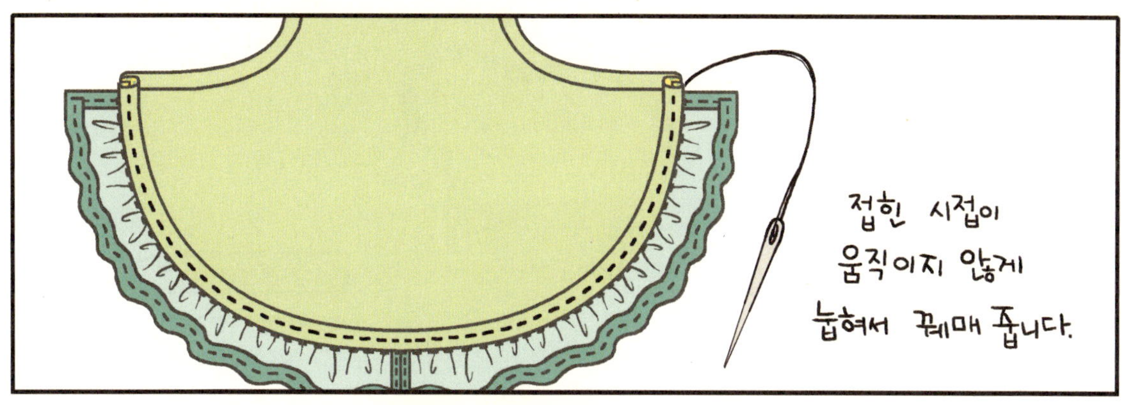
접힌 시접이
움직이지 않게
눕혀서 꿰매 줍니다.

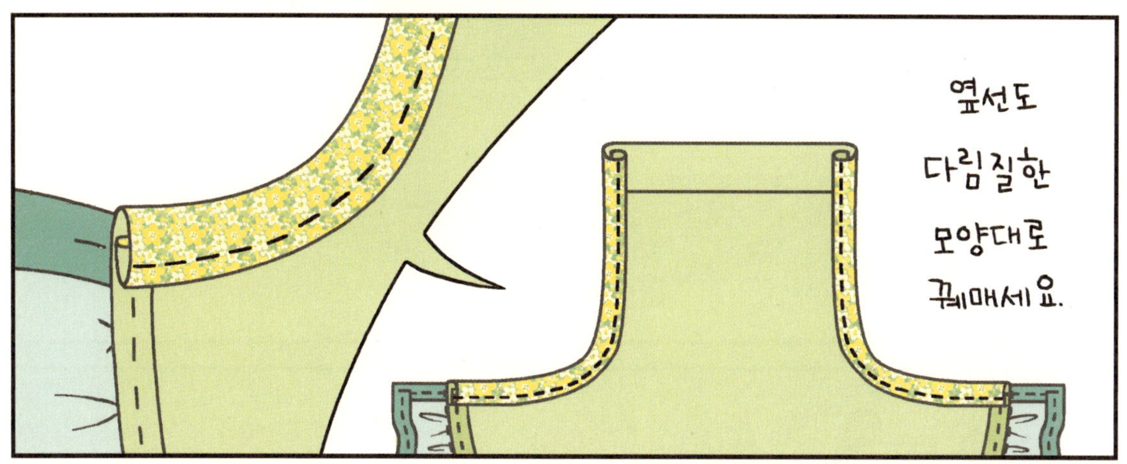
옆선도
다림질한
모양대로
꿰매세요.

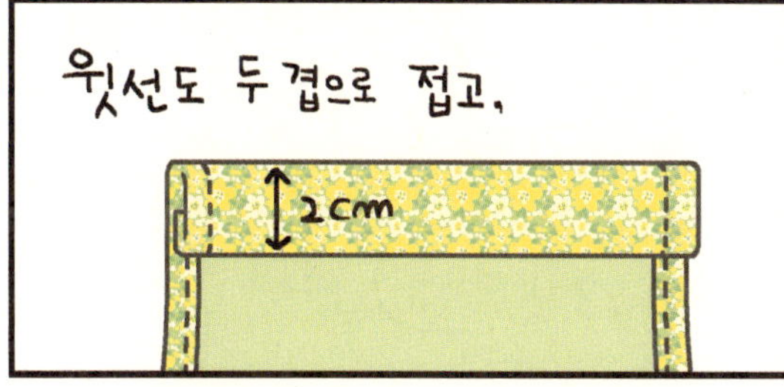
윗선도 두 겹으로 접고,
2cm

밑으로 목끈을 넣어 핀으로 고정.

아래쪽을 꿰매고,

끈을 위로
들어 올린 뒤
또 꿰매요.

얼추
다 되어
갑니다.

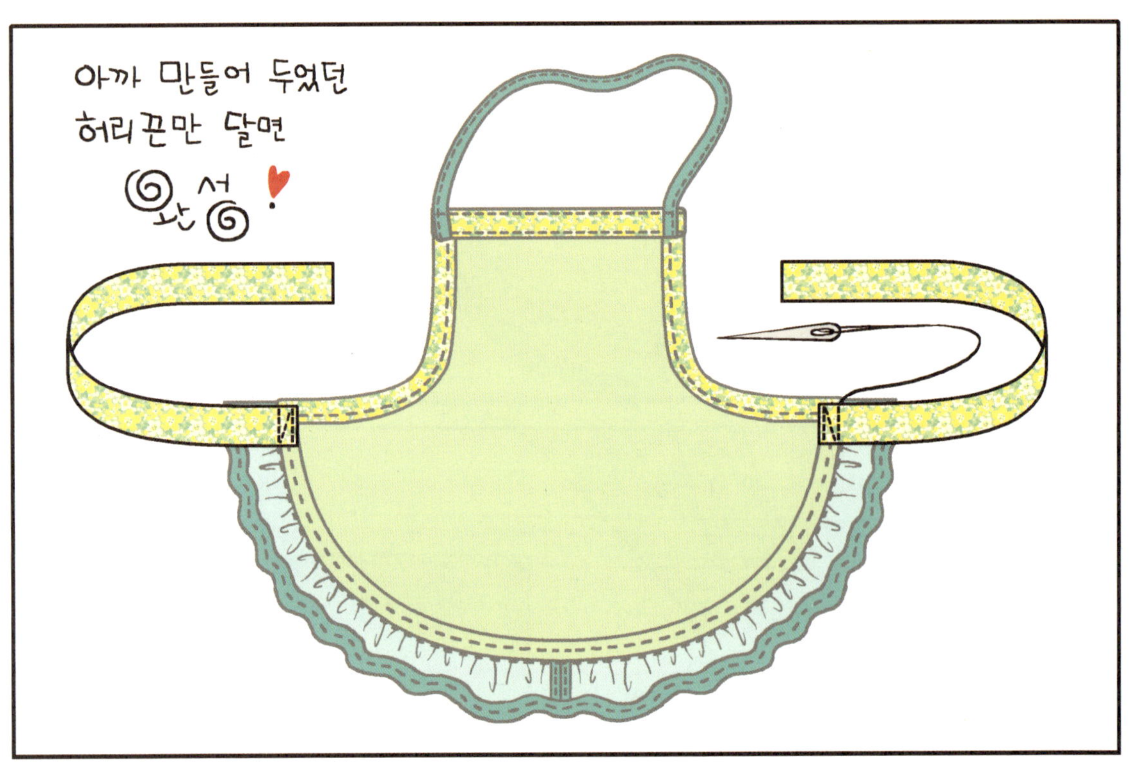
아까 만들어 두었던
허리끈만 달면
완성!

신난다
신난다
좀 커 보이는데?
초등학생 돼서도 입어야지!

엄마, 근데 모자는?
헉
요리사 모자?
천도 없어.
엄마 실력으론 절대 못 해.

그냥 머릿수건만 만들어도 돼요.
여기 조각 남았네.

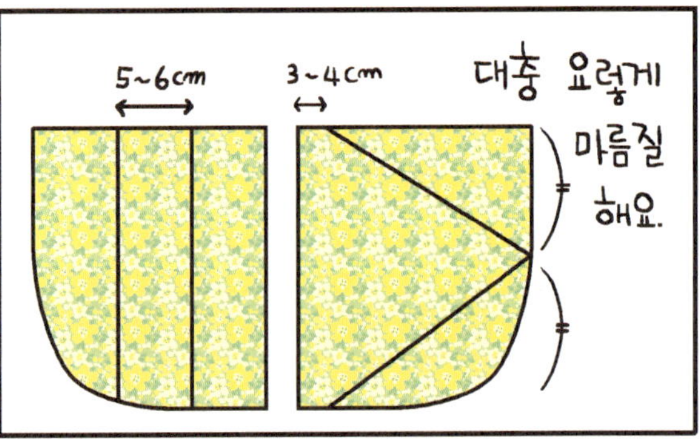
5~6cm
3~4cm
대충 요렇게 마름질 해요.

잘라요.

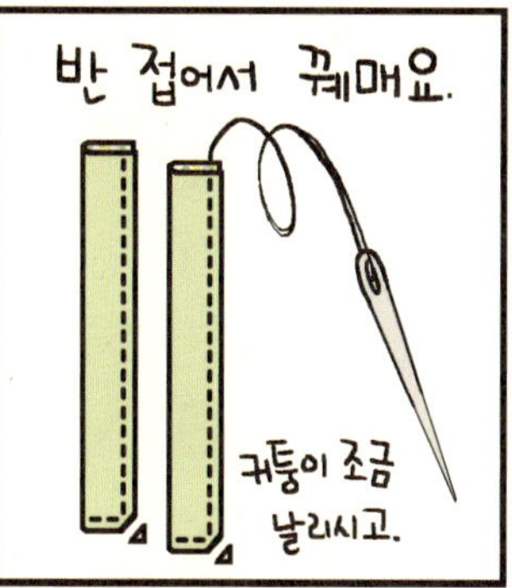
반 접어서 꿰매요.
귀퉁이 조금
날리시고.

뒤집어요.

나머지 조각도 자르고,

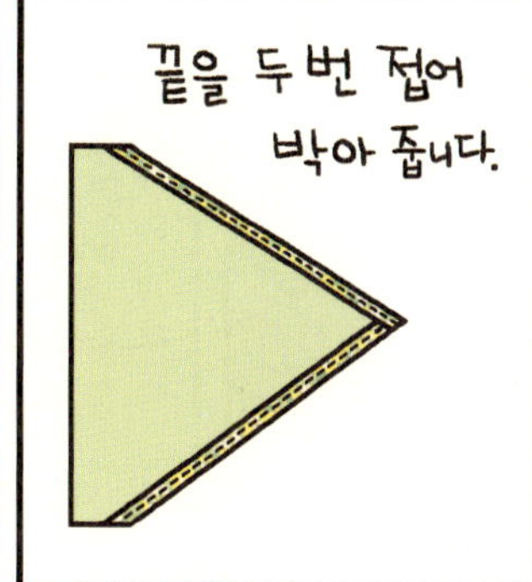
끝을 두 번 접어
박아 줍니다.

뒤집고,

한쪽 끝에
끈을 달고,

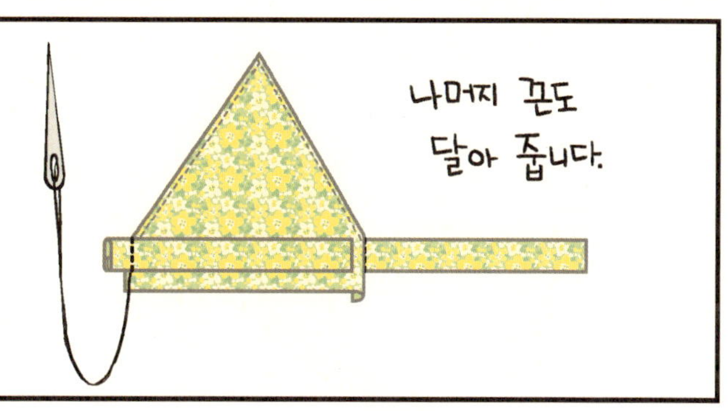
나머지 끈도
달아 줍니다.

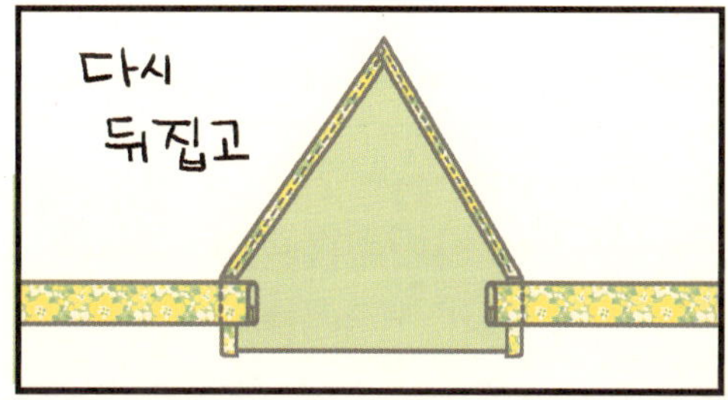
다시
뒤집고

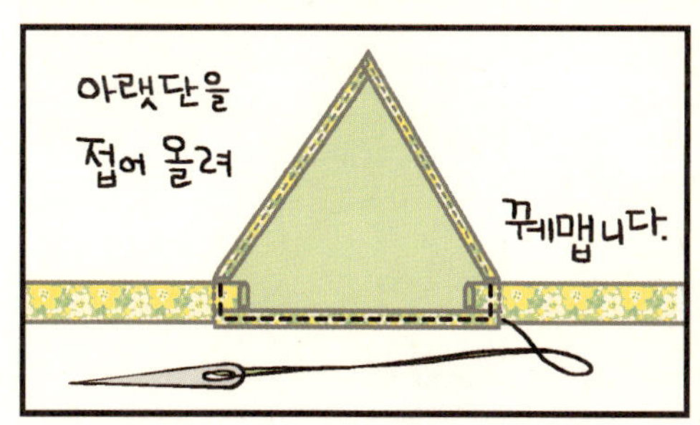
아랫단을
접어 올려
꿰맵니다.

머릿수건도
완성
레이스가
매우 부족하지만
내가 양보해야지.
흠!
또
실신.
힘들어.

끝

시작

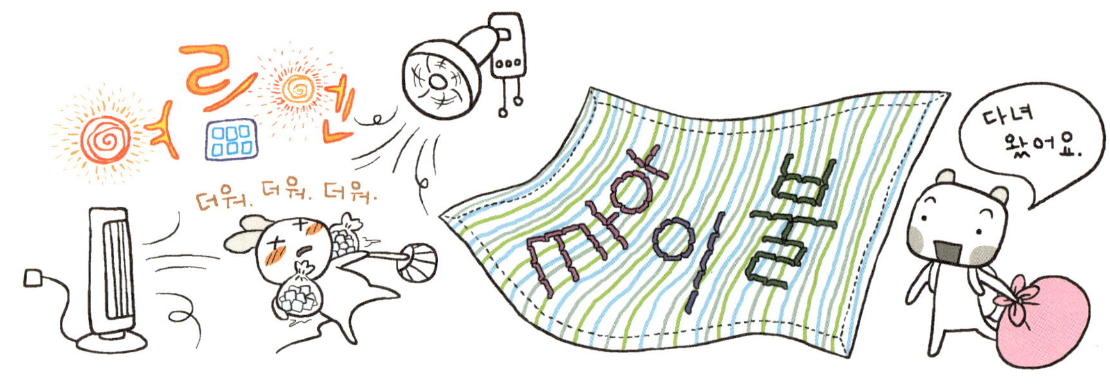
여름편
더워. 더워. 더워.
다녀 왔어요.

엄마, 선생님께서 알림장 좀 보래.
응?

응. 알았어. 엄마가 볼게.
뭐지? 뭘 잘못을 했나?

얼렁이가 낮잠 잘 때 덮는 이불이 너무 두꺼워요. 으로 바꿔 주세요.

생각 없는 엄마.
산부인과에서 얼렁이 낳을 때 받은 겉싸개.

날도 더운데 뭔 이불이여. 그냥 자도 덥구먼.
그럼 그럼
여름이라도 배 덮어 줘야지. 안 그러면 배앓이해.
진짜 만들기 쉽다고. 드라마 한 편 보는 동안 뚝딱! 재봉틀이면 10분!
난 네가 할인 행사 때 지지미 원단 사 놓은 걸 알고 있다.

정 싫으면 그냥 천 끊은 거 그대로 주든지.
애도 하나면서 엄살 좀 그만 부려.
이씨, 하면 될 거 아냐.
만세.

준비물
지지미 천 (리플 원단)
천을 오톨도톨하게 가공해서 몸에 들러붙지 않아 시원해요.
만들고 나서 여러 번 빨아 주세요.
아기 때 쓰던 기저귀 천을 재활용해도 좋아요.
기저귀 천 없애자.

기저귀 천을 반으로 잘라서
옆선을 이어 줘요.

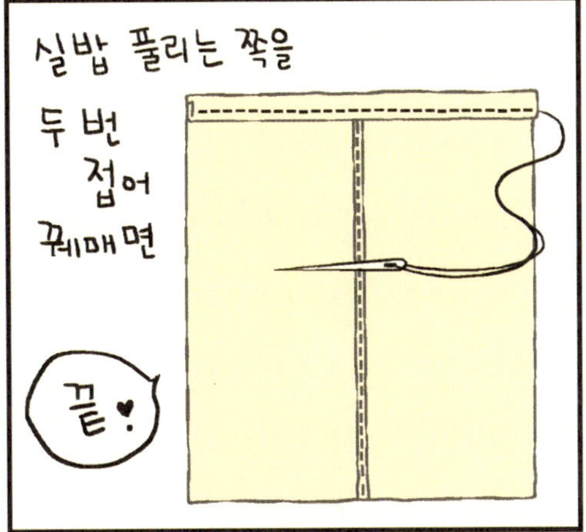
실밥 풀리는 쪽을 두 번 접어 꿰매면
끝♥

지지미 천은 가장자리를 두겹 접어 다린 뒤,
접은 부분만!

빙 둘러서 꿰매 주면 끝♥
다 만들고 나선 다림질하지 마세요. 오톨도톨한 천이 평평해짐.
여름 한철 이불, 진짜 만들기 쉽네.
허무할 지경…….

무슨 소리? 우리 집 사철 내내 쓴다고.
겨울에 난방을 과하게 하는 거 아니야?
앙~

아니.
망토로 쓰고,
천막으로 쓰고
썰매로도 쓰지.
끝

시작

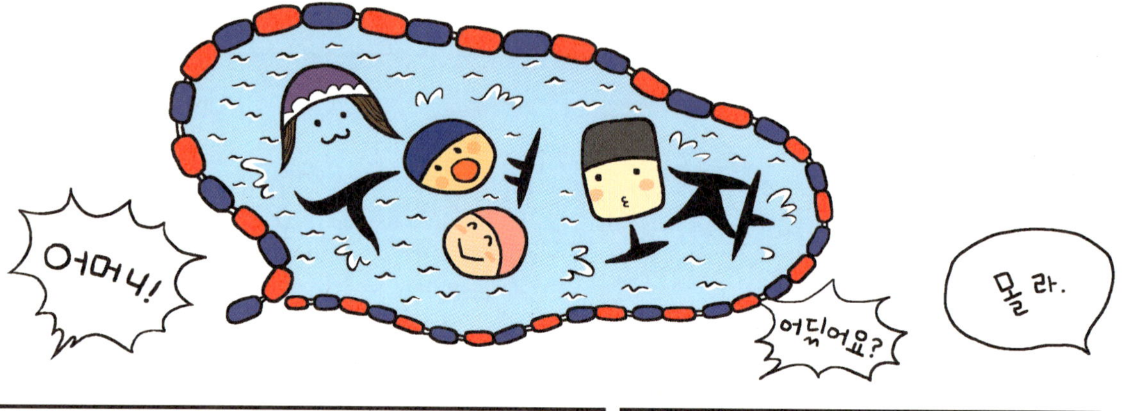
어머니!
수영 모자
어딨어요?
몰라.

어딨지?
어딨지?
시간 다 됐는데!
방방

동생 거라도 가져가.
고맙습니다.

다녀올게요.
툭
어머니! 제 걸 주시면 어떡해요!

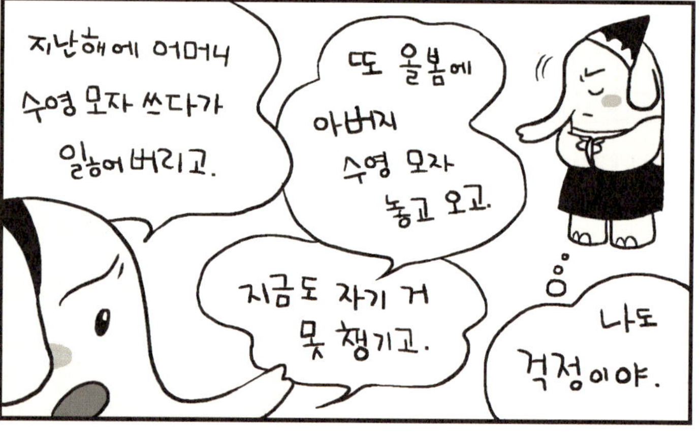
지난해에 어머니 수영 모자 쓰다가 잃어버리고.
또 올봄에 아버지 수영 모자 놓고 오고.
지금도 자기 거 못 챙기고.
나도 걱정이야.

내 수영 모자도 잃어버릴 게 뻔한데.
그러면 꽃무늬 모자 사서 못 쓰게 해야지.

음……. 사실 수영 모자만 자꾸 사기도 아까워.
……
흠.
우리 가족은 머리가 커서 맞는 거 찾기도 힘든데!
천 사서 만들어 볼까? 배송비가 더 들라나?

여보세요.
공작, 혹시
수영복 천
사 놓은 거 있어?
있어요.
오세요,
언니.

언니, 수영복
만들게요?
아니.
수영 모자
만들려고.

모자? 그러면
늘어나는 천으로
해야겠네요?
검은색 천 있을까?
(어떤 수영복과도
어울리는 색.)

검은색은 아니고.
진한 남색.
그게
그거네.
좋아.

히히. 나도 마침
수영 모자
잃어버렸는데,
같이 만들어요.

잘 됐네.
나도 한 가지 궁금한 게
있는데, 머리에 쓰고
다니는 수영 모자를
왜 잃어버리는 거니?

그게…… 분명히
제대로 쓰고 들어
갔는데,

집에 갈 때쯤
어느새가 사라져
버리고.

분명히 수영 가방에
잘 넣어 두었는데,

다음 해에 열어 보면
안 보인다니까요?

그것 참
미스테리군.
그렇죠!

우리 집에도 한 명 있지.
수영장만 가면 잃어버리는
블랙홀 같은 존재.
미스테리군.

아들 수영
다녀요?
우리 애가 천식이
있잖아. 수영이
천식에
좋다
길래.

박태환 수영선수도
어릴 때 천식 치료를
위해 수영을 시작
했다고 하잖니.

나 어릴 때만 남자애들은 모자
안 썼던 것 같은데.

요즘은
다
써야 해.
양성평등
됐네.

이제 시작해
볼까?
네!

① 모자가 씌워질
선 따라 머리
둘레를
잽니다.
② 이마부터
정수리를 지나
뒤쪽 끝자락까지
길이를 잽니다.

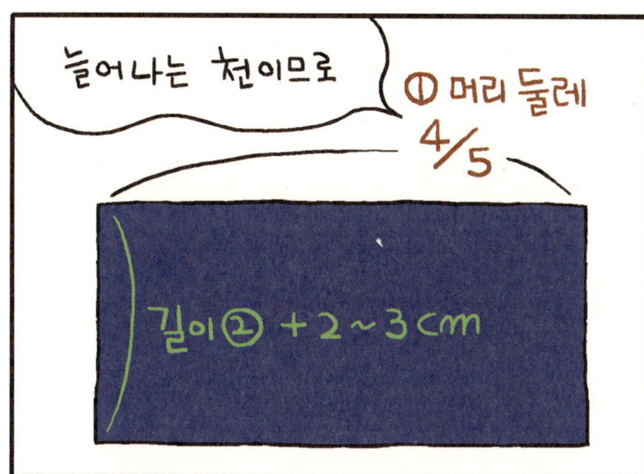
늘어나는 천이므로
① 머리 둘레 4/5
길이② +2~3cm

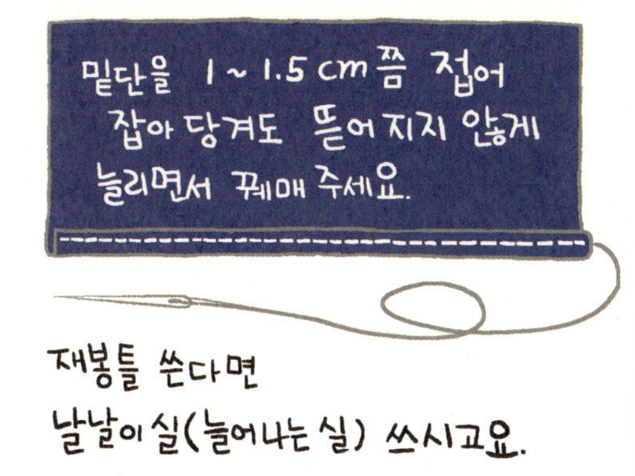
밑단을 1~1.5cm쯤 접어 잡아 당겨도 뜯어지지 않게 늘리면서 꿰매 주세요.
재봉틀 쓴다면
날날이 실(늘어나는 실) 쓰시고요.

반 접어 꿰매고,
(여기부터는 당기지 않아도 돼요.)

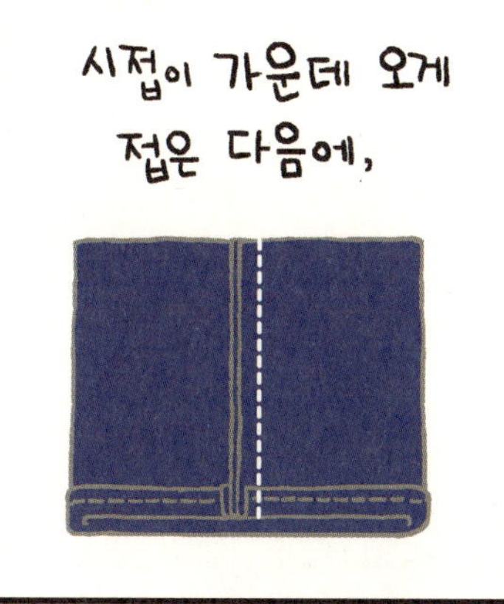
시접이 가운데 오게 접은 다음에,

위쪽도 꿰매세요.

올 풀리지 않는 천이지?
그렇긴 한데 ……

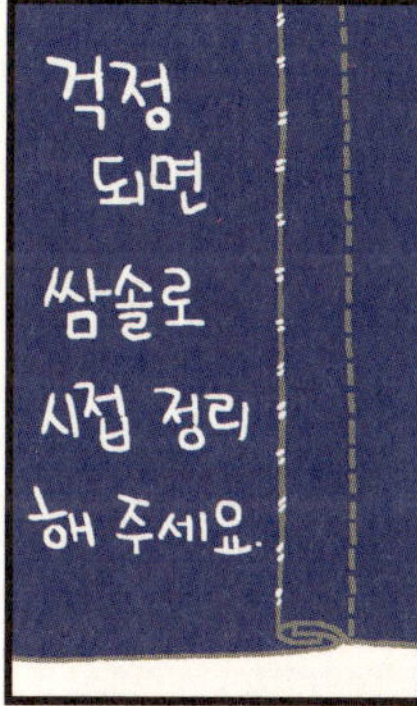
걱정 되면 쌈솔로 시접 정리 해 주세요.

머리에 써 보아요.

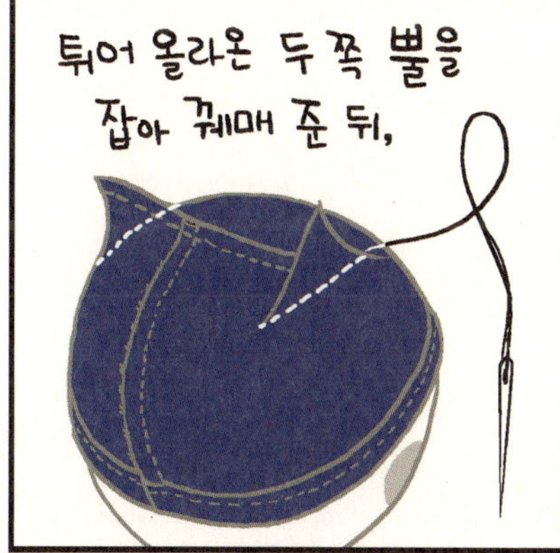
튀어 올라온 두 쪽 뿔을 잡아 꿰매 준 뒤,

뒤집어서 쓰면 끝.
참 쉽죠?

뿔이 귀엽다고 그냥 두면 잡기 놀이 할 때 불리 해요.

끝

시작

우르릉

오후에 소나기 온다더니.
얘들아 잠깐 나와라.

척
착
슥
우리 얼렁이도 저런 거 입으면 좋을 텐데……
이맘때는 금세 자라서 일 년 입히면 작아진다고.
낭비야.

망토 모양은 키가 커져도 꽤 오래 입을 수 있어.
수영장에 일 년에 몇 번 온다고…… 아까워요.

집에서 목욕시키고 나서 입혀 주면 아주 좋아. 감기도 안 걸리고.
히히히
비싸잖아요.

만들면 돈 거의 안 들어.
꽈당
수건을 밟아 넘어짐.
악
귀찮은데…

가장 쉬운 방법으로!
제가 만들어 볼게요.

목욕 망토

고무줄 망토
준비물
커다란 수건
(비치 타월이라고 부르지요.)
너무 작은 단추는 끼우기 힘들어요.
고무줄
문방구에서 팔아요.
특별 출연 - 큰 아들

저기, 집에 커다란 수건이 없는 사람은 어쩌지?
수건 천을 한 마 사.

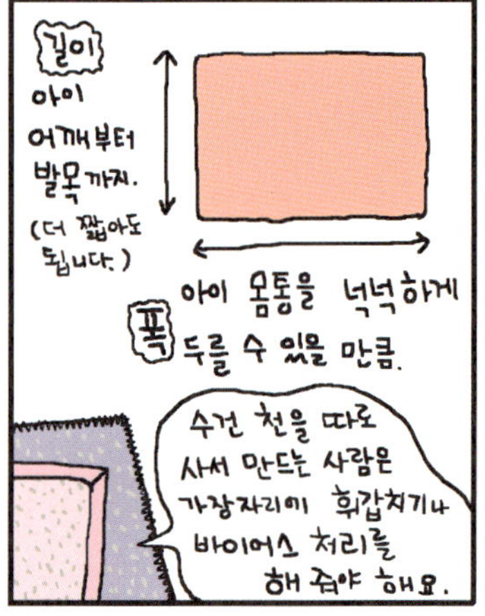
길이
아이 어깨부터 발목까지.
(더 짧아도 됩니다.)
폭
아이 몸통을 넉넉하게 두를 수 있을 만큼.
수건 천을 따로 사서 만드는 사람은 가장자리에 휘갑치기나 바이어스 처리를 해 줘야 해요.

위쪽 끝을 접은 뒤 꿰매 줍니다.
그리고 고무줄을 끼워요.

아이 어깨 밑으로 흘러내리지 않게 고무줄 길이를 맞춰 주세요.
네.

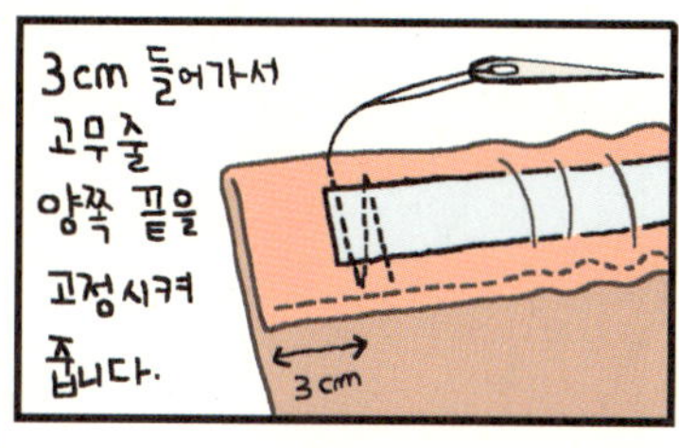
3cm 들어가서 고무줄 양쪽 끝을 고정시켜 줍니다.
3cm

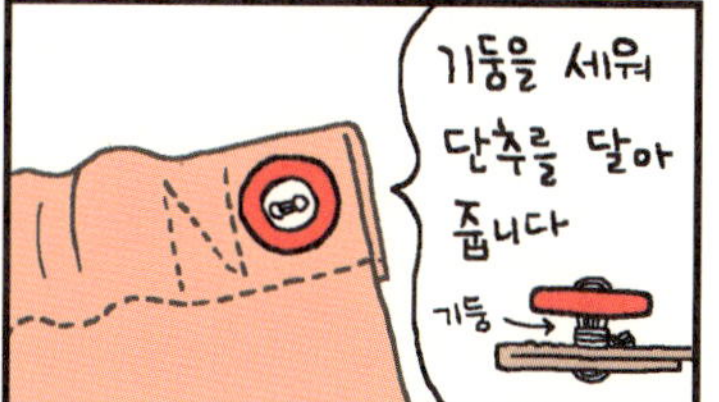
기둥을 세워 단추를 달아 줍니다
기둥

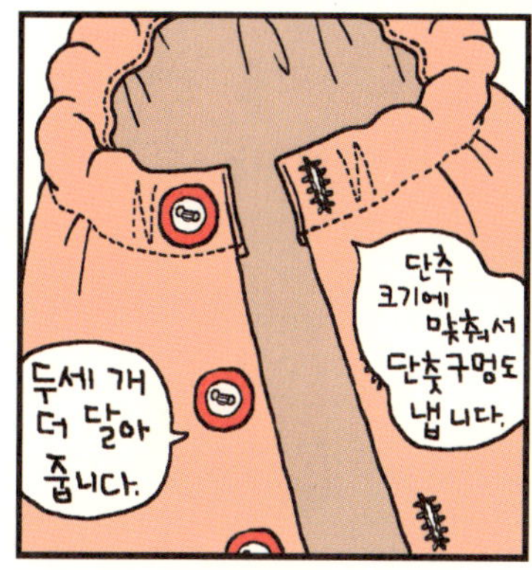
단추 크기에 맞춰서 단춧구멍도 냅니다.
두세 개 더 달아 줍니다.

단춧구멍 대신 끈을 달아도 좋아요.
종이 가방 손잡이 재활용

짜잔♡ 어때? 내 솜씨.
트집쟁이
모자가 있어야 젖은 머리카락 닦기 좋을 텐데.
그것도 알려 줄게.

모자 망토
준비물
큰 수건
세수 수건
큰 수건과 같거나 어울리는 색깔로.
모델
우리 막내 딸

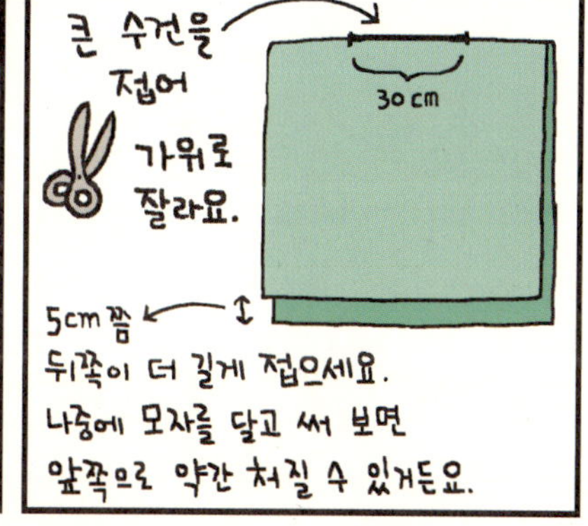
큰 수건을 접어
가위로 잘라요.
30cm
5cm 쯤
뒤쪽이 더 길게 접으세요.
나중에 모자를 달고 써 보면 앞쪽으로 약간 처질 수 있거든요.

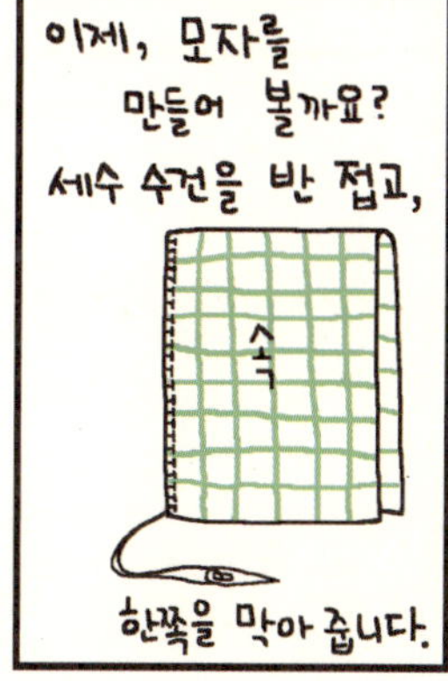
이제, 모자를 만들어 볼까요? 세수 수건을 반 접고,
속
한쪽을 막아 줍니다.

속
겉
속
겉
모자 천의 시접을 넉넉이 두어 몸 천에 답니다.

모자의 시접을 안쪽으로 말아서 박아 줍니다. (쌈솔)
속
겉
앞트임 시접은 올 풀리지 않게 버튼홀 스티치!
쌈솔 단면도

나는야 마법사
뒤집어서 입으면 됩니다.
당구장 개업 345-6789
저기…… 아랫단에 장식을 붙이는 게 좋겠는걸.
저건 그냥 집에서만 입히지 뭐.
끝

시작
천 기저귀 써 보셨나요?

얼렁이가 돌이 될 즈음에
다시 월경이 시작되었고
엄마와 딸은
일회용 생리대와
일회용 기저귀를
사용하게 됐죠.

어디에, 어떤 영향을
주는지 다 밝혀지지도
않은 화학 약품 종이에
소중한 생식기를 맡기고.

100년이 넘어야 썩는다는
일회용 기저귀와 생리대를
날마다 한 보따리씩
버려 대면서요.

그러던 어느날
엄마는 천으로 만든 생리대를
만나서
몸 건강과
마음 건강을
찾았어요.

처음엔 빠는 게
귀찮았지만,
손 씻을 때마다 한두 개씩♡
이런 생각으로 하니
할 만했어요.
지구별 나무와 흙에게도 덜
미안하고.

문제는 얼렁이
기저귀…….
자주 갈자니
기저귀도 낭비고,
돈도 아깝고,
오래 두니 발진 걱정.

당신은
아기 때도 천 기저귀,
지금은
천 생리대
쓰면서,
얼렁이한테는
일회용만 채우기야?
네 몸만
몸이냐?
욱

그리하여
덜컥
사 버린
소창
기저귀.
뭐! 하는 데까지
해 보자고!

어기적
어기적
돌이 지나서야
천 기저귀를
차 보게 된 얼렁이.
걸음걸이도 재밌다.
풋

엄마~
쉬~
종이와 달리
금방 축축하니,
쉬를 더 빨리
가리게 되더군요.

바로바로
갈아 주니까, 기저귀 발진도
많이 좋아졌고요.
말랑 말랑
예쁜
엉덩이.

오줌만
싼 기저귀는
베란다에 그냥
널어 두고요.

응가한 기저귀는
똥을 변기에
털어 낸 뒤,

애벌빨래해서
널어
둡니다.

절대
똥 묻은 기저귀를
그대로 물에 담가
놓지 마세요.
세균 번식

하루 이틀쯤
모은 기저귀들을
한 번에
빨아
줍니다.

널기 앞서 찜통에
한 번 삶아 주면
살균 끝.

세탁기에 삶는 기능이
있으면 그걸로 하세요.
삶음

야호!
기저귀
뗐어요.
배 덮개
이불 속청
행주나 걸레
수건
나중에 재활용할 수
여러모로
있답니다.

참! 처음 살 때
형광 증백제로 표백하지
않은
기저귀로
사세요.
표백 가공되지
않은 생지는
광목처럼 누르스름
하답니다.

끝

시작
팬티 모양 천 기저귀 만들기

엄마, 쉬.
오, 우리 막둥이 쉬야 했구나?

자, 우리 기저귀 갈까?

햐, 이건 진짜 낡았다. 천은 해지고, 솔기 뜯어지고, 고무줄 늘어나고.

큰애 때 만들었으니까 세 녀석 똥오줌 받아 내다 보니, 너덜너덜 해졌지.
본전 뽑았어.

본전이랄 것도 없지. 안 입는 면 셔츠에 낡은 수건 천으로 만들었으니.
왜? 찍찍이랑 똑딱단추랑 융, 거즈 천은 샀잖아.

네가 만든 건 열령이 하나만 썼으니 멀쩡하겠다.

딱 일 년 썼으니까 네가 만든 것보단 쌩쌩하지.
끝

그래서 열령이 건 누구 줬어?

처음엔
내가 만든 작품이야.
누구에게도 줄 수 없어.

나중에 알고 보니,
달라는 사람도 찾기 힘들더라는…….
전 게을러서
바빠서
힘들어서

결국 상자 안에 넣어서 장롱 위에 모셔 뒀지.
얼렁이 천 기저귀

난 막둥이 기저귀 떼면 고쳐서 다시 만들 거야.
양심도 없지. 이런 너덜너덜한 걸로 뭘 또 만들게?

내가 쓸 천 생리대.
오!

그래, 그래, 나도 만들어 봐야 겠다.
네 거?

응! 내 거.
넌 딸 있잖아. 얼렁이 것을 만들어 주지?
난 아들만 셋이지만.

엄마! 나 초경 시작했어요.
이미 준비해 놓고 있었다.
네가 애기 때 쓴 기저귀로 엄마가 한 땀 한 땀 만들었단다.

멋있네! 당장 만들자!
난 안 돼.
막둥이 아직 기저귀 안 뗐거든.

에?
그럼 오랜만에 팬티 모양 천 기저귀 만들어 보자.
내일 공작네 집에서!

다음 날
나 왔어.
어서 와.

준비 안 하고 뭐 해?
준비하고 있었지.

얼렁이가 썼던 팬티 모양 천 기저귀 꺼내고 있었어.
와! 거의 새 거네.

애도 하나면서 참 많이도 만들었다.
벌써 5~6년 전 일이다.

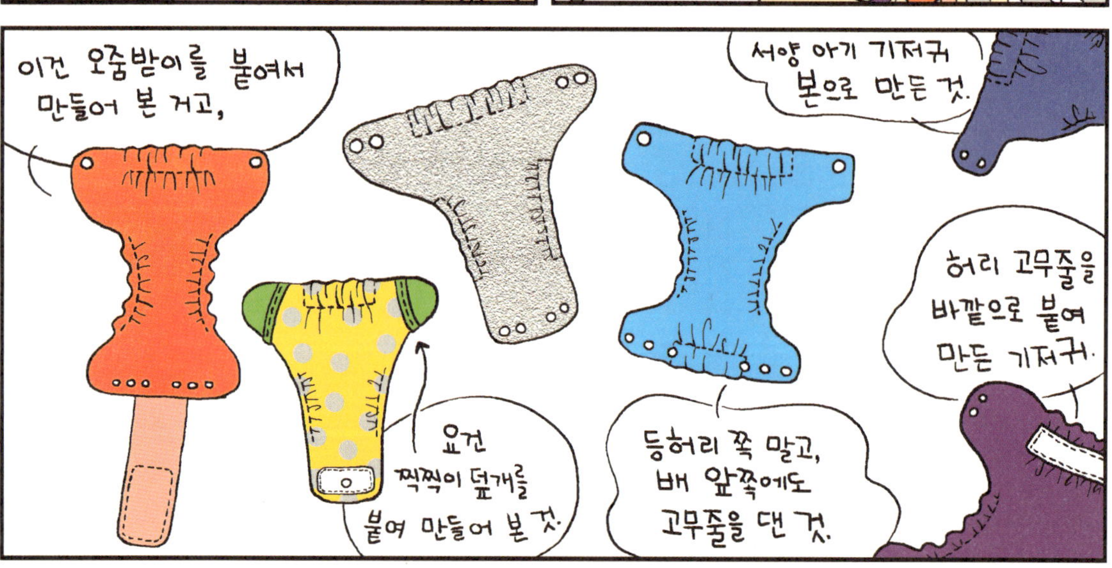
이건 오줌받이를 붙여서 만들어 본 거고,
요건 찍찍이 덮개를 붙여 만들어 본 것.
등허리 쪽 말고, 배 앞쪽에도 고무줄을 댄 것.
서양 아기 기저귀 본으로 만든 것.
허리 고무줄을 바깥으로 붙여 만든 기저귀.

이런저런 오줌받이들.

그때 고민한 걸
밑천으로
기저귀 사업이나
해 볼걸.
아이고, 싫어.
애 키우는 것만도
힘 달려.

야망이
없으세요.
난 배워서
남 주자 주의라서.

그럼 남 주자고!
저 가운데 뭘로 할 거야?
요거

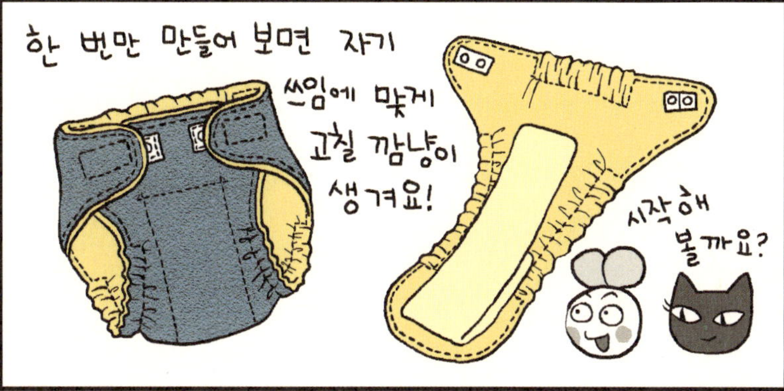
한 번만 만들어 보면 자기
쓰임에 맞게
고칠 깜냥이
생겨요!
시작해
볼까요?

준비물
모든 천은 면 100퍼센트로 ♡
유기농 면이면 더 좋겠죠?
겉감
안감
두껍고
뻣뻣한
천은 안 됨.
늘어나지
않는 천으로.
부드러운 천.
조금 늘어나도 됨.
융, 소창, 이중 거즈…….
오래된 낡은
수건 하나
잡으세요.
수건
굵은 거
고무줄
허리에
가랑이에
가는 거
여밈 물건
똑딱단추나
끈 똑딱이
찍찍이나
맘에 드는 것으로.

뭐부터
시작할래?
오줌받이부터 할까,
기저귀부터 할까?

기저귀 모양
본부터 만들어야
하는 거 아냐?
그러네.

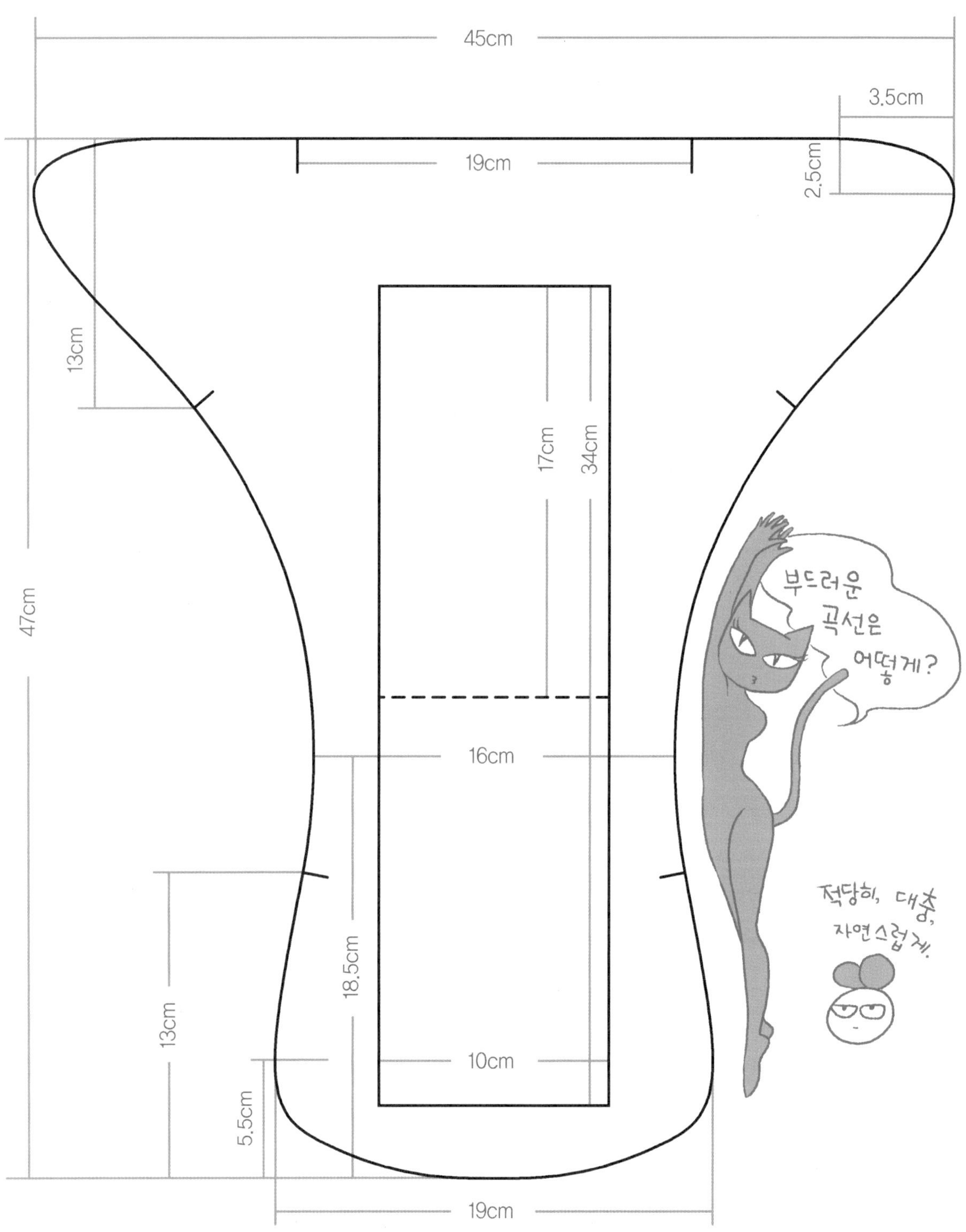
45cm
3.5cm
19cm
2.5cm
13cm
17cm
34cm
47cm
부드러운
곡선은
어떻게?
16cm
적당히, 대충,
자연스럽게.
18.5cm
13cm
10cm
5.5cm
19cm

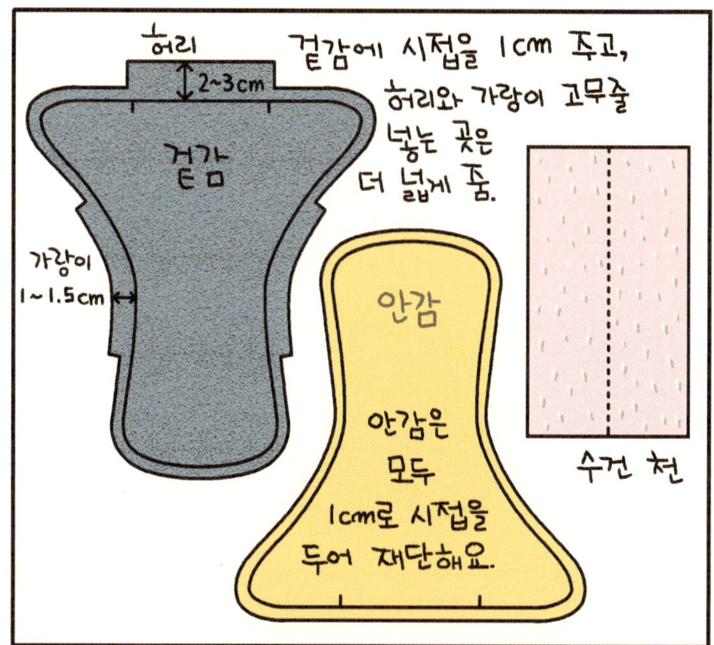
허리
2~3cm
겉감에 시접을 1cm 주고,
허리와 가랑이 고무줄
넣는 곳은
더 넓게 줌.
겉감
가랑이
1~1.5cm
안감
안감은
모두
1cm로 시접을
두어 재단해요.
수건 천

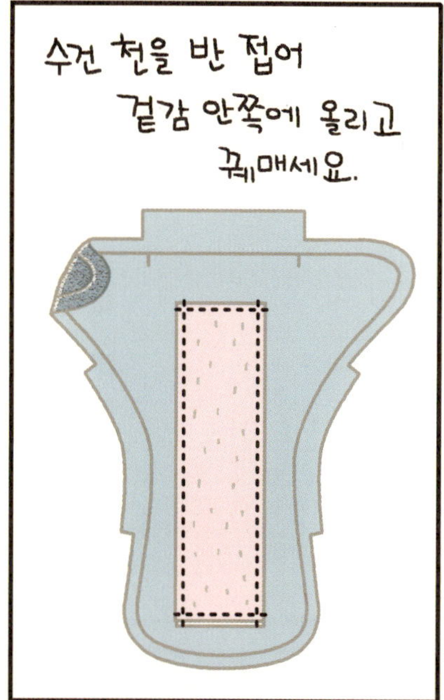
수건 천을 반 접어
겉감 안쪽에 올리고
꿰매세요.

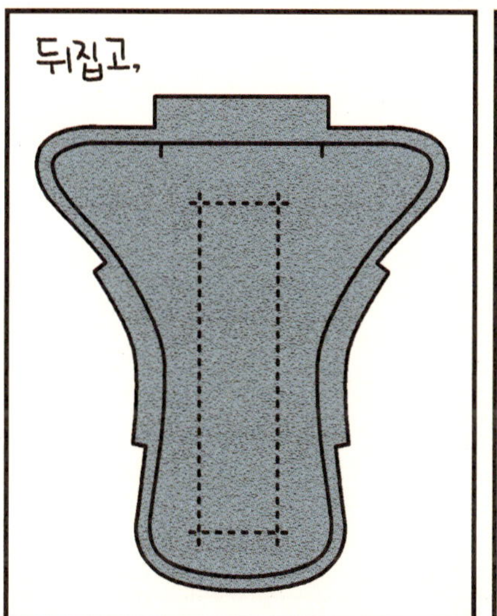
뒤집고,

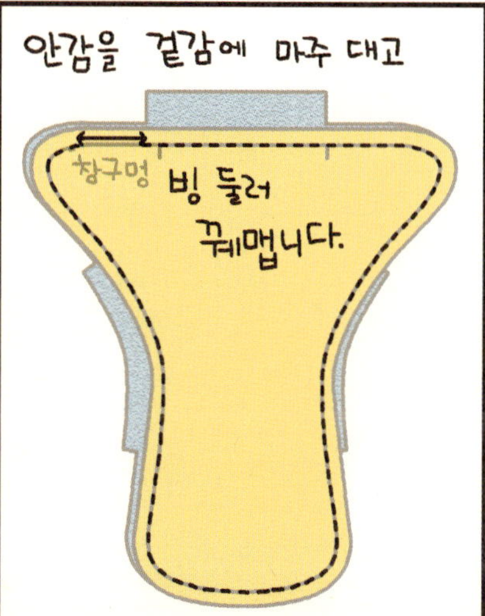
안감을 겉감에 마주 대고
창구멍
빙 둘러
꿰맵니다.

가랑이 쪽에
고무줄
양 끝을
꿰매
붙이고,

고무줄을 쭉 펴서
왔다 갔다 모양으로
꿰매세요.
재봉틀
없을 때라
저걸 다
손바느질했었지.
난 그냥
일자로
꿰매
버렸어.
그래도
쓸 만
하더라!

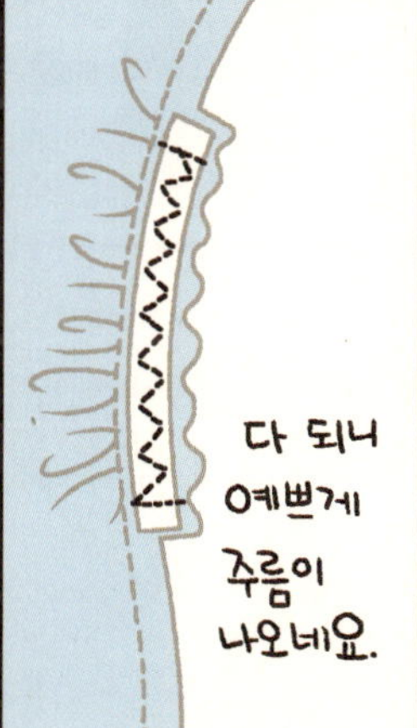
다 되니
예쁘게
주름이
나오네요.

나머지
가랑이와
허리춤에도
고무줄을
달아 주세요.

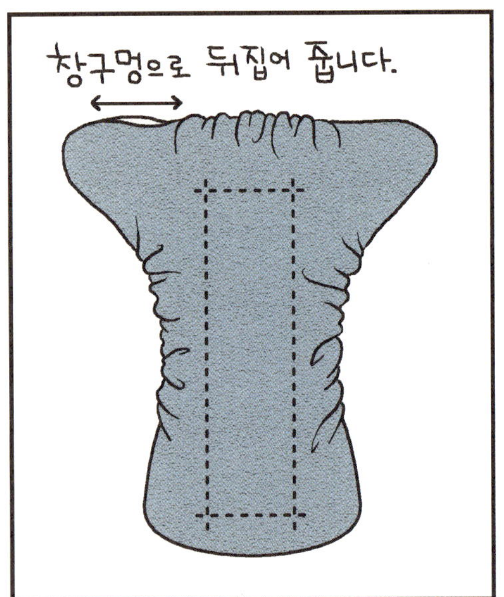
창구멍으로 뒤집어 줍니다.

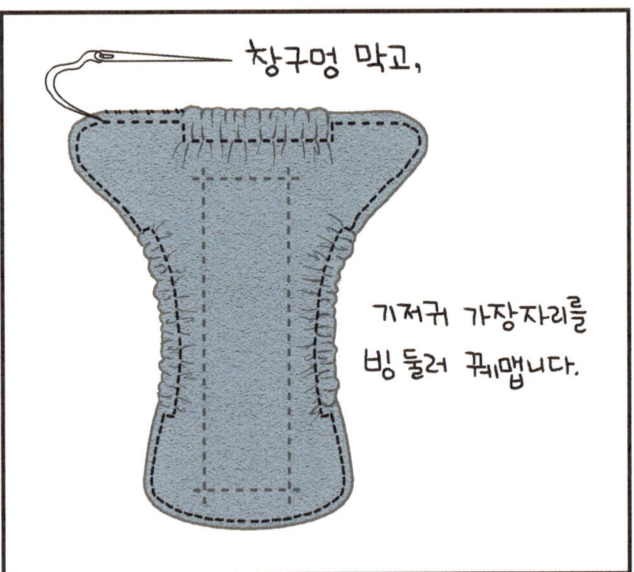
창구멍 막고,
기저귀 가장자리를
빙 둘러 꿰맵니다.

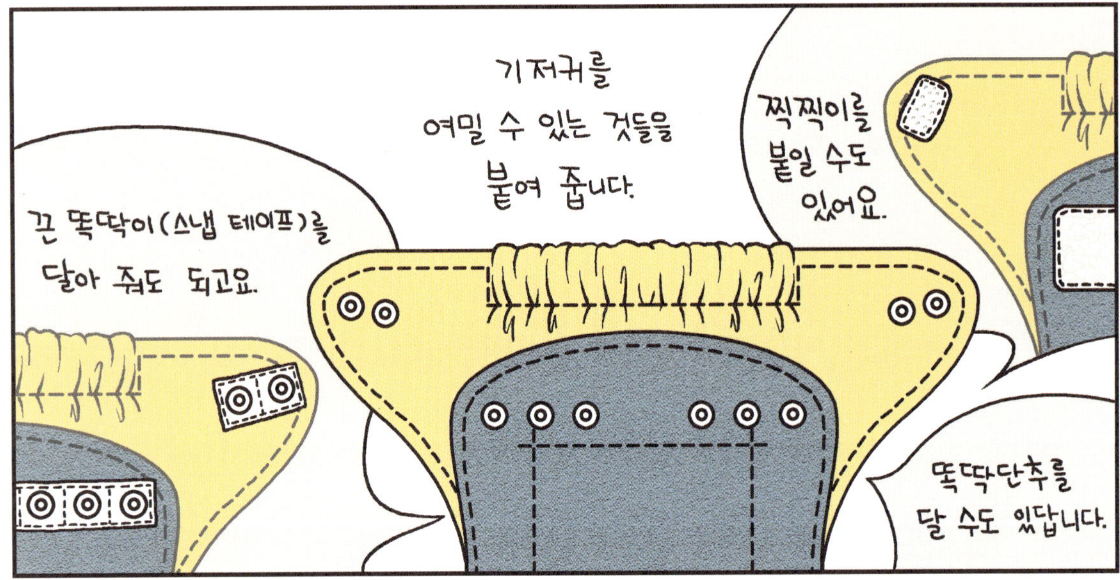
기저귀를
여밀 수 있는 것들을
붙여 줍니다.
끈 똑딱이(스냅 테이프)를
달아 줘도 되고요.
찍찍이를
붙일 수도
있어요.
똑딱단추를
달 수도 있답니다.

그래서 이번엔
뭘로 할 거야?
집에
끈
똑딱이가
있어서

근데
기저귀에
쓰기엔
단추 사이가
너무 넓다.
그래서
요렇게
줄여 줬지.

기저귀에
튼튼하게 달아
줍니다!
끝!
아직
아냐.

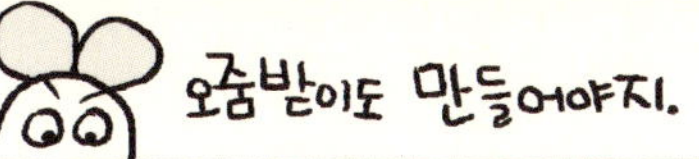
오줌받이도 만들어야지.

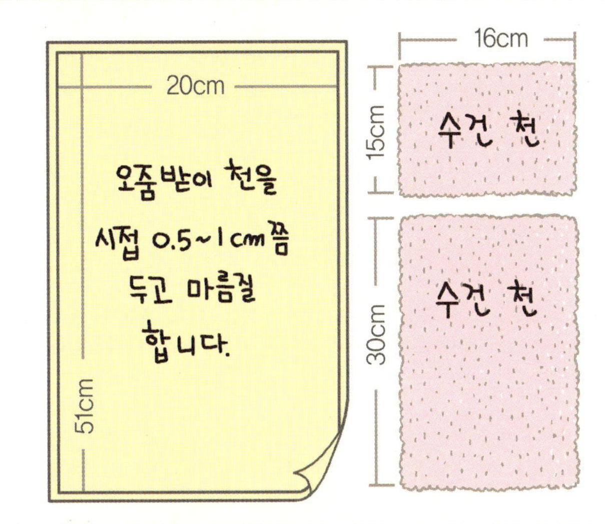
20cm
51cm
오줌받이 천을
시접 0.5~1cm쯤
두고 마름질
합니다.
16cm
15cm
수건 천
30cm
수건 천

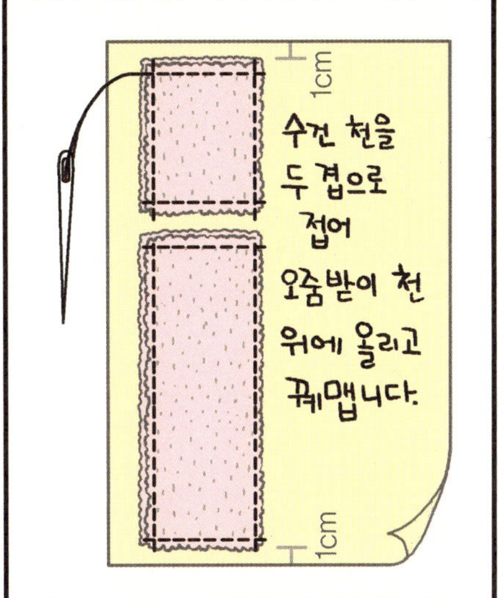
1cm
수건 천을
두 겹으로
접어
오줌받이 천
위에 올리고
꿰맵니다.
1cm

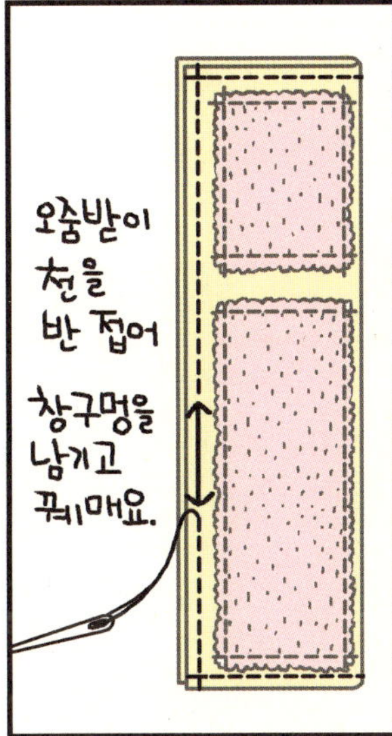
오줌받이
천을
반 접어
창구멍을
남기고
꿰매요.

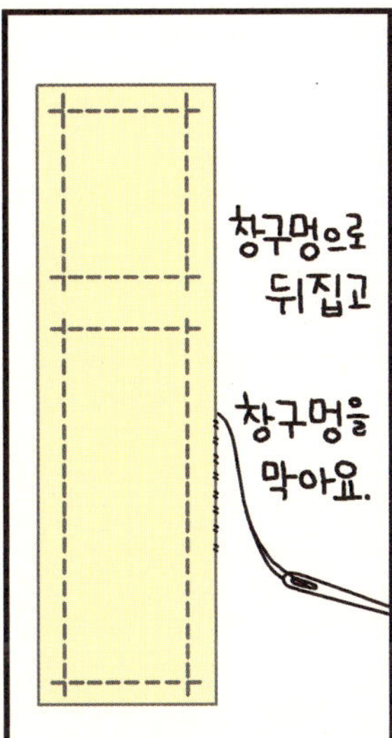
창구멍으로
뒤집고
창구멍을
막아요.

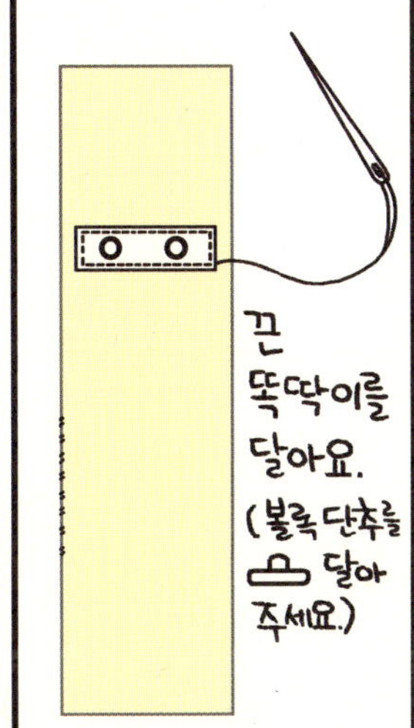
끈
똑딱이를
달아요.
(볼록 단추를
달아
주세요.)

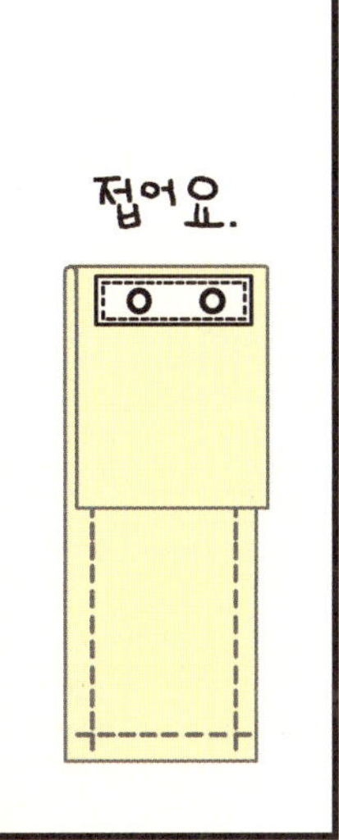
접어요.

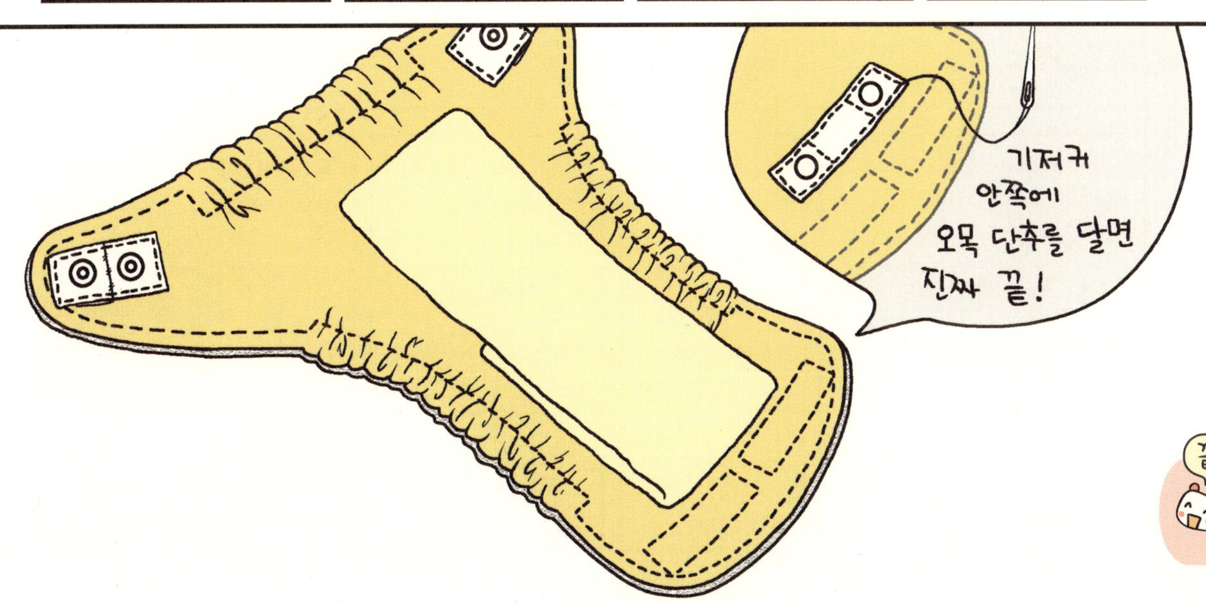
기저귀
안쪽에
오목 단추를 달면
진짜 끝!

끝

시작

택배 왔습니다.
네! 에

와, 이건 완전 새 거네?
예쁘다. 예쁘다.
열렁이는 신발과 옷들을 친척한테 물려 입습니다.

물려 쓰는 건 좋은 점이 너무 너무 너무 많아요.
나한텐 줄 사람이 없는데?
'아름다운 가게' 같은 곳 찾아 봐!

먼저, 돈을 아낄 수 있지요.
뭐가 이렇게 비싸?
팔만원
묻을까, 찢길까, 부담 없이 입힐 수 있어요.

엄마 취향에서 벗어난 옷을 입힐 수 있죠.
공작녀가 사면
언제나 줄무늬.
새 옷에 잔뜩 묻어 있는 섬유독(형광 물질, 계면 활성제, 폼알데하이드, 염색제, 방부제……)이 많이 빠져나가 있어요.
무엇보다 환경 고갈을 줄일 수 있어서 좋아요.

이렇게 좋은 점이 많은데도……

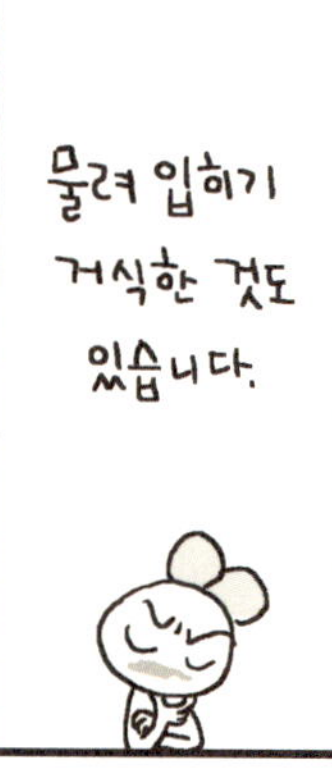
물려 입히기 거식한 것도 있습니다.

바로!
으뜸 가리개!
팬티입니다.

확 질러 버려?
한 장 1700원
값싼 중국산
사 버리자니, 집에 쌓여 있는 좋은 천들이 눈에 밟히네요.

도전
고무줄 팬티 만들기
도안
빠쭈 빠쭈 빠쭈
준비물
실과 바늘
또는
재봉틀
다리에 끼우는 건 폭이 5mm 이하가 좋아요. 허리 고무줄은 더 넓어도 괜찮고요. 문방구에서도 팔아요.
고무줄
천
속옷이므로 순면 (면 100%)으로 잘 늘어나는 게 좋아요. ('다이마루'라고 부르더군요.) 천 두께는 30~60수. 숫자가 클수록 얇아요. 없으면 아빠의 낡은 러닝셔츠로 연습해 보세요.

무슨 옷이든 만들려면 본이 있어야겠죠?

아이에게 맞는 낡은 팬티를 하나 잡아 고무줄을 뺍니다.

종이에 앞판, 밑판, 뒤판을 따라 그려 주면 됩니다.

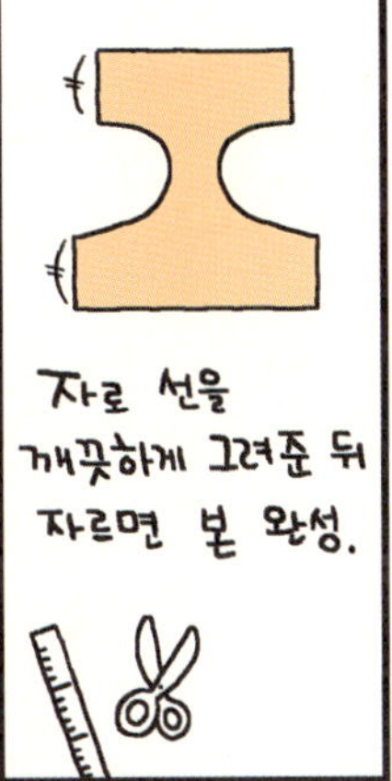
자로 선을 깨끗하게 그려준 뒤 자르면 본 완성.

또는 인터넷에서 '팬티 패턴'을 검색하면 무료 공개 도안을 찾을 수 있답니다.
팬티 패턴
검색

아, 자신 없어. 자신 없어. 그런 걸 어떻게 그려?
난 바빠서 도안 찾을 시간도 없는 데다가 우리 집엔 프린터가 없어서 도안 찾아도 출력을 못 한다고……

이그, 그럼 사 입으면 되잖아.
아잉, 싫어. 싫어.
얼굴에 철판
하는 김에 우리 아들 것도 만들어 주지.

다음 쪽으로 출발.

자, 팬티 도안을
손수 그려 봅시다.
종이
연필
자
키 130cm쯤
되는 아이의
팬티 도안을
그려 볼게요.
18cm
수평선을
그립니다.
22.5 cm
아래로
수직선을
그리고.
11cm
6.5cm
사선으로
연결해 줍니다.
1cm
반으로
나눈 뒤
1cm 올린 점을
표시 합니다.
손으로
자연스럽게
그려 줍니다.
뒤판(엉덩이)
완성!
15cm
7cm
4.5cm
두 선을
이어 줍니다.
0.6cm
손으로 굴려
이어 주면
앞판 완성.
6.5cm
12.5cm

도움 선을 5등분 하세요.
밑에서 두번째 점에서 1cm 올려 표시하고
1cm
손으로 굴려 주면 밑판(흡수 천)까지 완성
5cm 되는 자리에 표시.
3cm
3cm 위로 올라가서 점을 찍어요.
표시된 두 점을 이어 주면,
도안 작업 끝
어때요? 도안 만드는 거 참 쉽죠?
이제 한숨 돌리고 실물 본을 만들어 볼까요?
큼지막한 달력 종이 한 장 펼쳐 놓고
가운데에 긴 선을 쭉 그어 줍니다.
뒤판 모양 따라 그려 줍니다.
밑판을 이어 그린 뒤
앞판도 이어서 본을 뜹니다.
나머지 쪽을 잘라 내고
가운데 선에 맞춰서 접은 뒤
반대쪽에도 똑같이 그려 줍니다.
나머지 잘라 내면
본 완성
야호!
끝
어른 크기는 없을까?
우리 애는 키가 140cm인데 ......
그런 건 알아서 해!

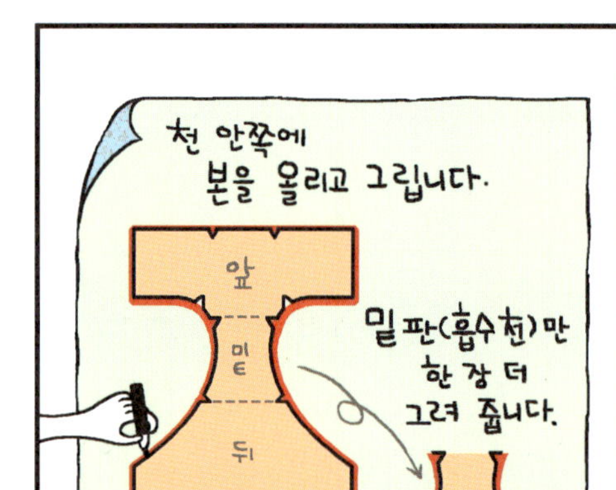

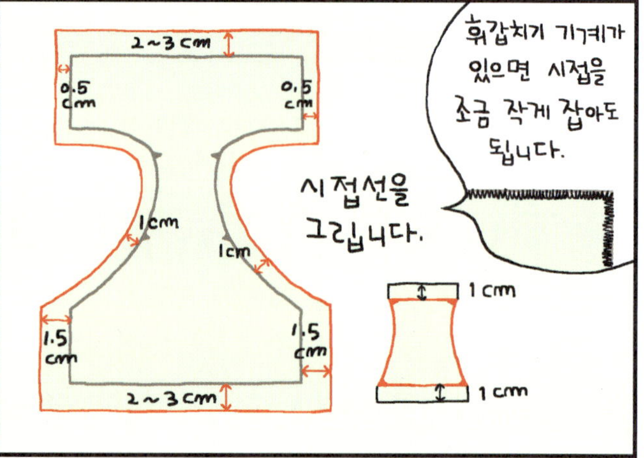

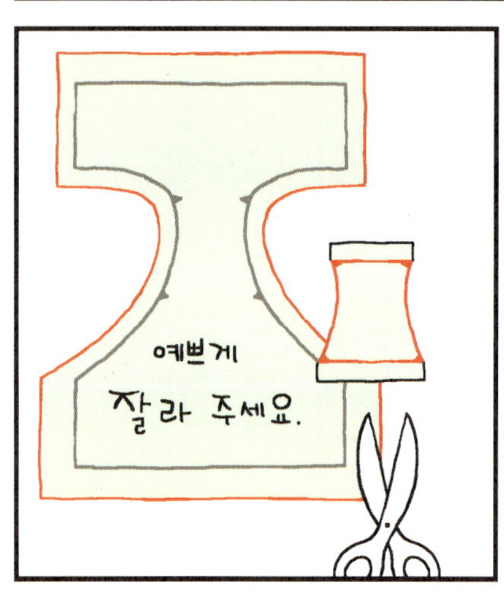

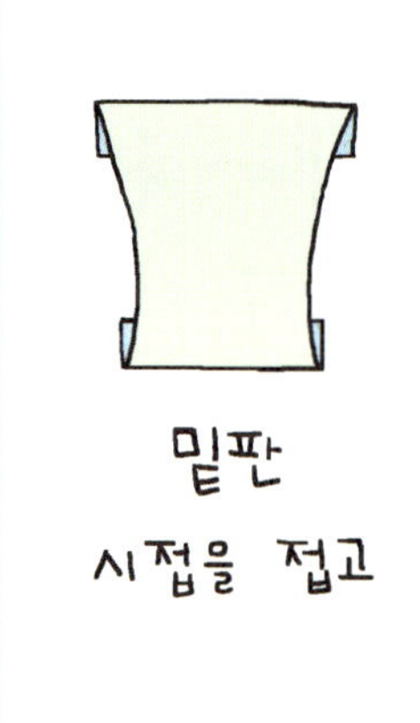

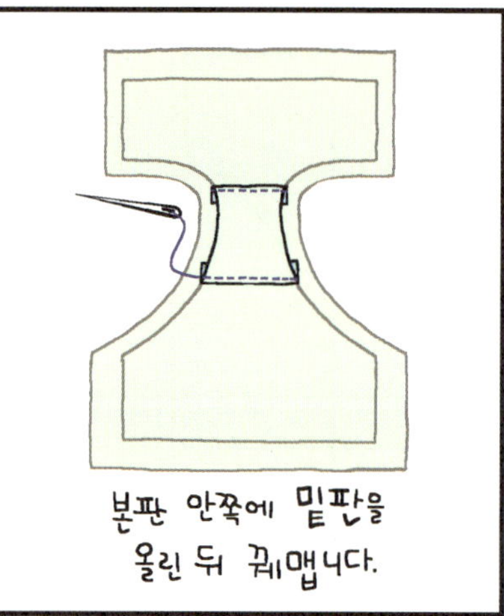

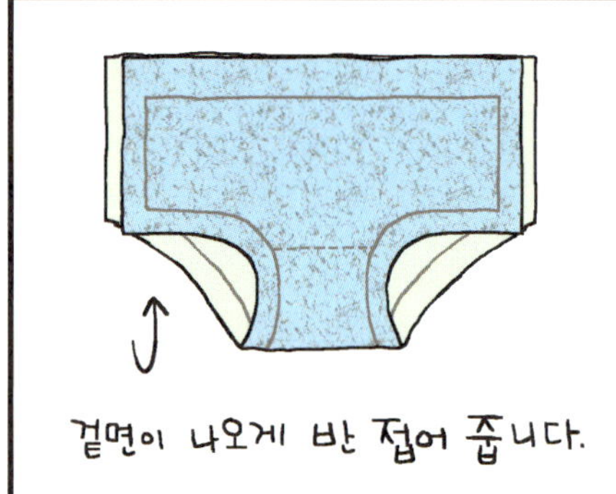

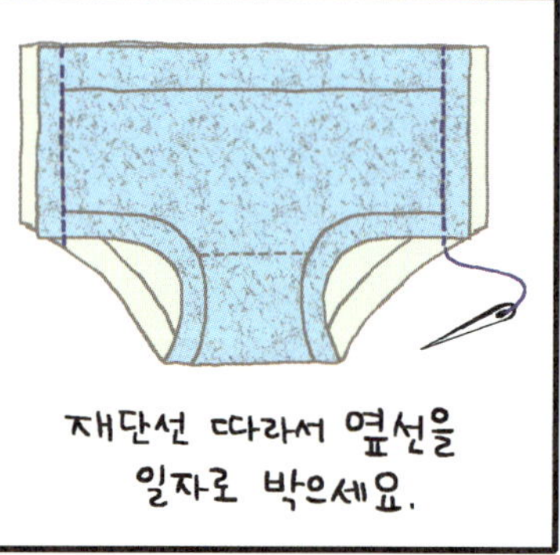

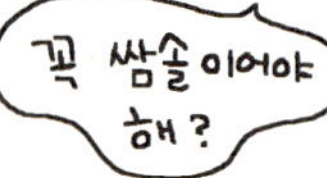

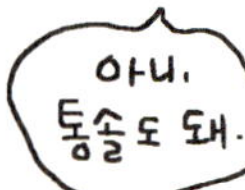

재봉틀로 할 땐 밑실을 '날날이 실'을 쓰면 실땀이 잘 늘어나 좋아요.

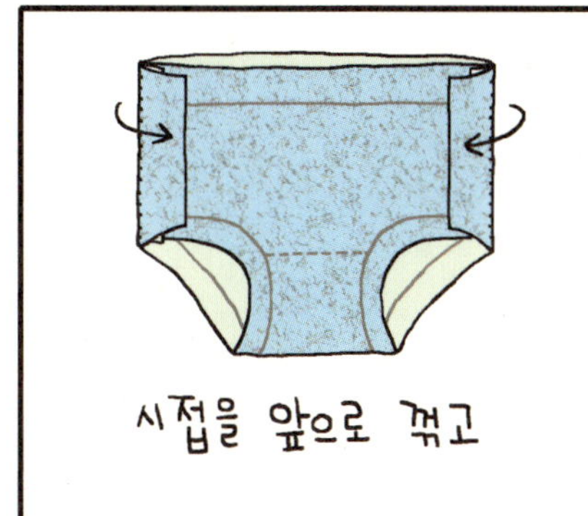
시접을 앞으로 꺾고

뒤판 시접으로
앞판 시접을
감싸 줍니다.

눌러서
앞판 천과
함께 꿰매면
쌈솔 완성.

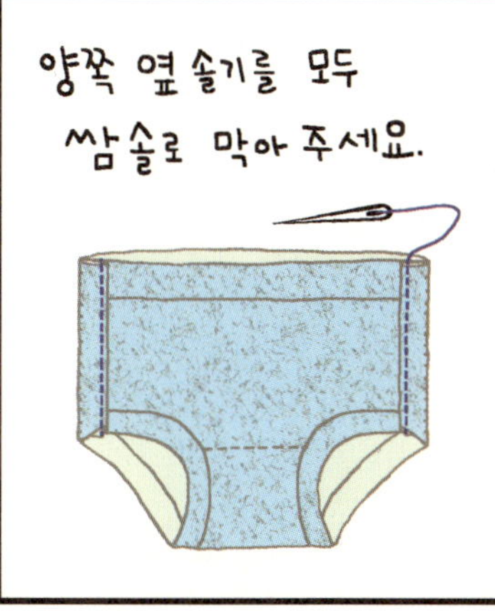
양쪽 옆 솔기를 모두
쌈솔로 막아 주세요.

뒤집어 줍니다.

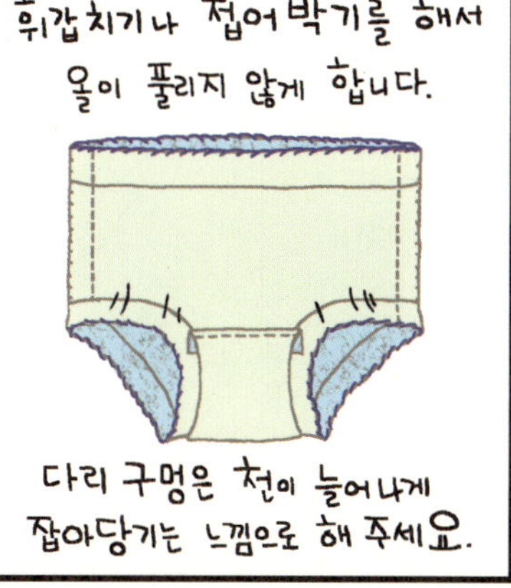
휘갑치기나 접어박기를 해서
올이 풀리지 않게 합니다.
다리 구멍은 천이 늘어나게
잡아당기는 느낌으로 해 주세요.

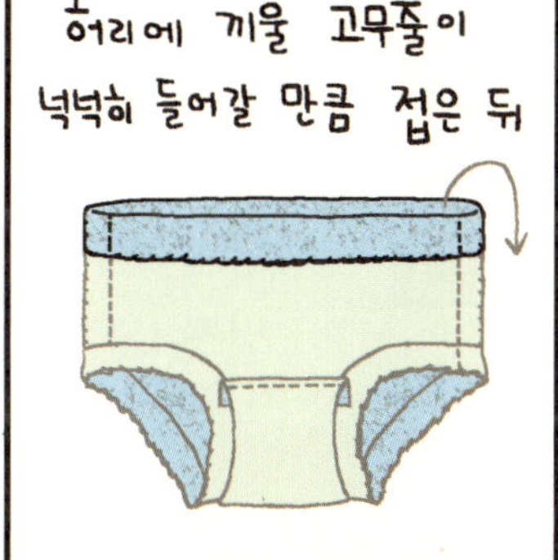
허리에 끼울 고무줄이
넉넉히 들어갈 만큼 접은 뒤

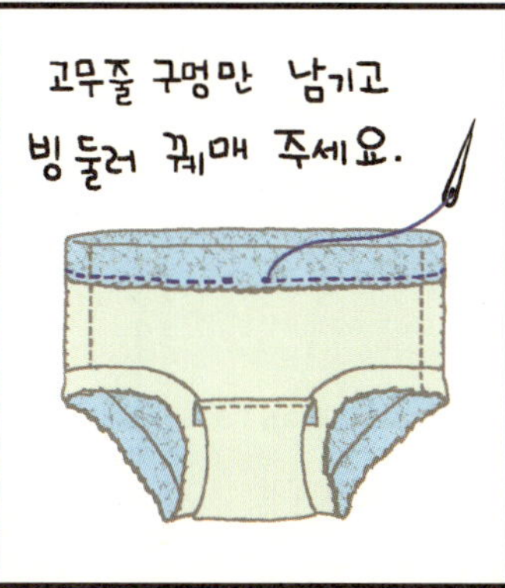
고무줄 구멍만 남기고
빙 둘러 꿰매 주세요.

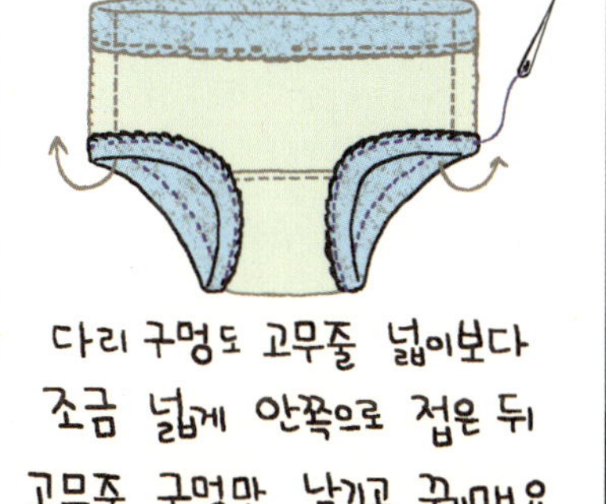
다리 구멍도 고무줄 넓이보다
조금 넓게 안쪽으로 접은 뒤
고무줄 구멍만 남기고 꿰매요.

아이의 허리 + 다리 둘레에
맞춰 고무줄을 잘라요.
짜여?

※ 속옷을 삶으면
많이 줄어드니까
고무줄도 넉넉히
잡으세요.

고무줄 끼우면
완성
뿌듯
뿌듯

근데, 이건
여자아이 거잖아.
우린 딸
없다고.

그럼 이번엔
남자아이
것으로
만들어
볼까?
야
호

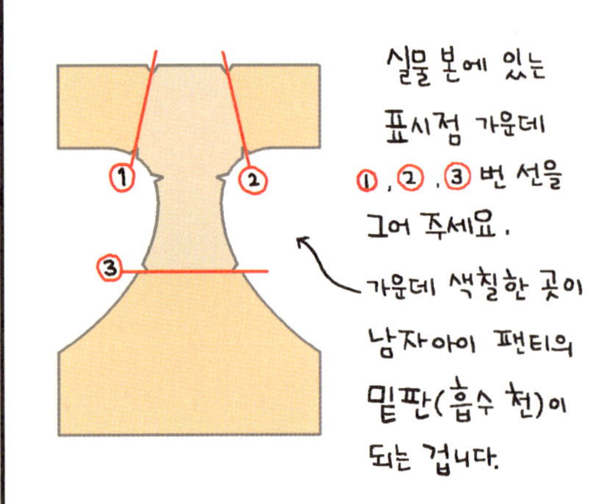

①
②
③
실물 본에 있는
표시점 가운데
①, ②, ③ 번 선을
그어 주세요.
가운데 색칠한 곳이
남자아이 팬티의
밑판(흡수 천)이
되는 겁니다.

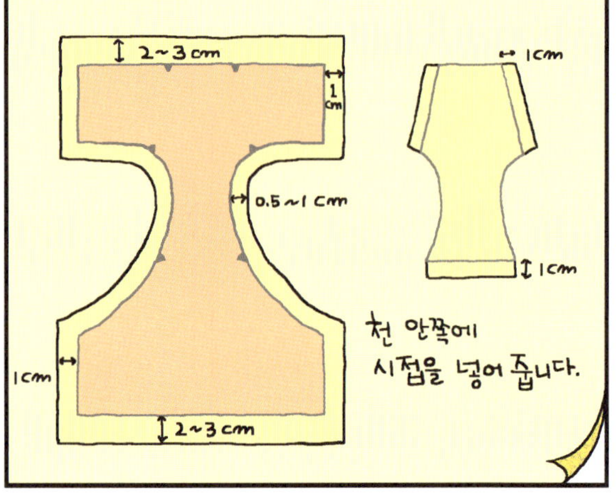

2~3cm
1cm
0.5~1cm
1cm
2~3cm
1cm
1cm
천 안쪽에
시접을 넣어 줍니다.

시접선 따라
자릅니다.

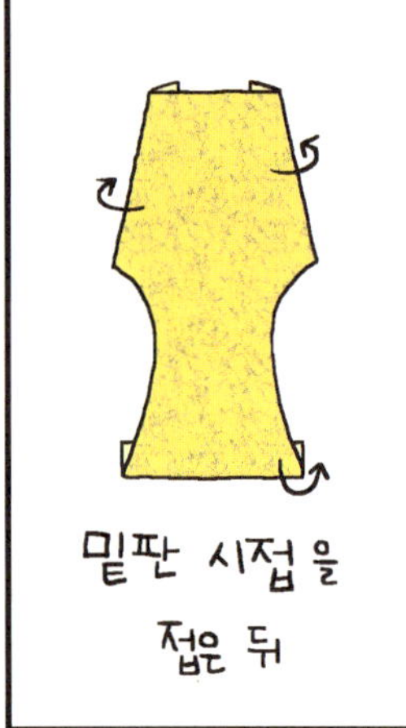

밑판 시접을
접은 뒤

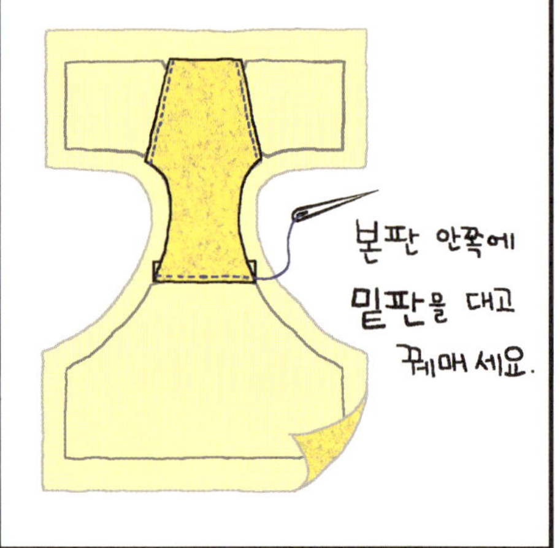

본판 안쪽에
밑판을 대고
꿰매 세요.

이번엔 옆선을
통솔로 막아 볼까요?
겉면이 보이게
본판을 반으로 접으세요.

1cm
0.4cm쯤
옆 솔기 시접에서
반이 안 되는 자리에
일자로 쭉 박습니다.
남자애 팬티는
꼭 통솔로 해야 해?
아니!
여러 가지로
꿰매 보자는
거지. 뭐.

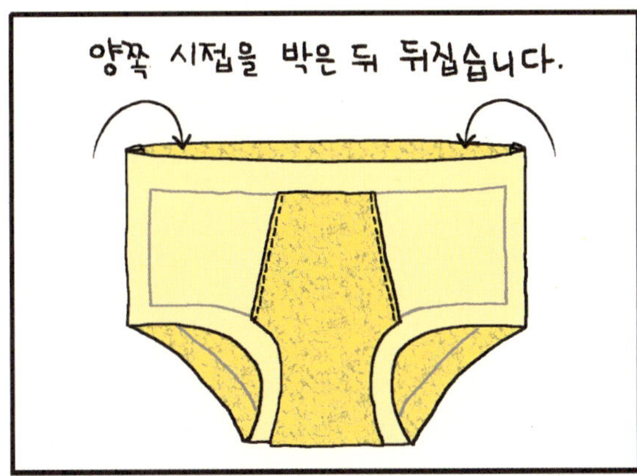
양쪽 시접을 박은 뒤 뒤집습니다.

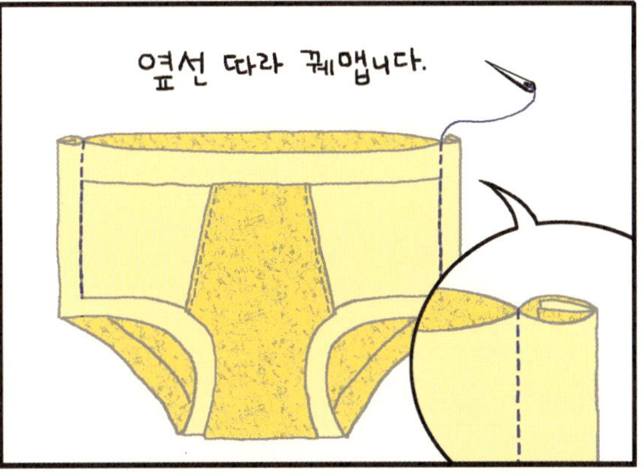
옆선 따라 꿰맵니다.

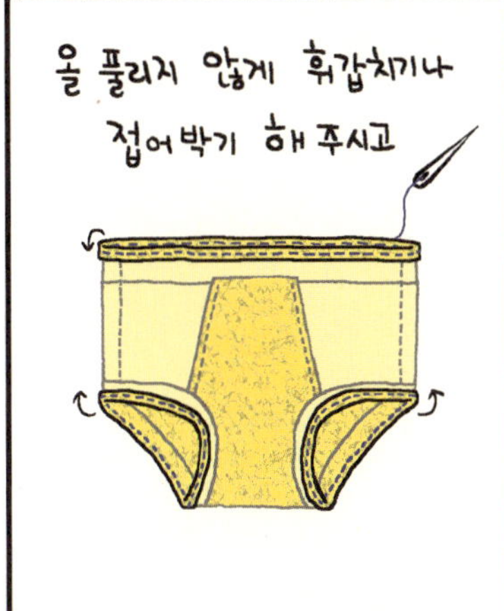
올 풀리지 않게 휘갑치기나
접어박기 해 주시고

허리 구멍과 다리 구멍을 접어
고무줄 넣을 길을 만든 다음
꿰매 주세요.

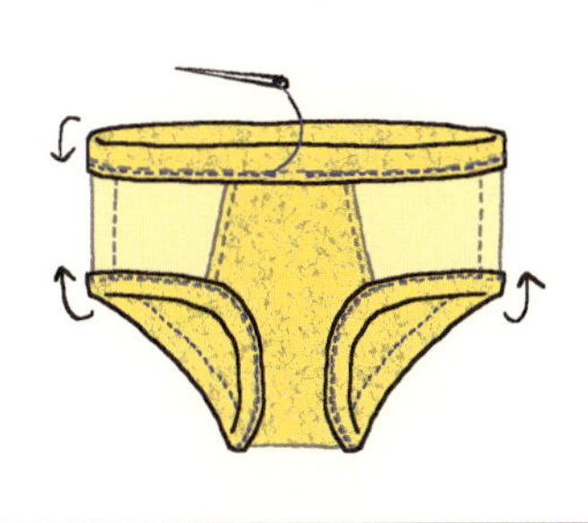

고무줄 넣고 뒤집으면
완
성
남자 팬티엔 고추 꺼내는 구멍 있어야 하지 않나?
거기로 고추 꺼내는 남자 아이 거의 없대.

어때? 쉽지?
으, 난 어려웠다고.
휘갑치기 기계가 있음 훨씬 편할 텐데.

엄마.
응, 왜?

나 이거 안 입을래요

뭐야? 니 엄마의 정성을 무시하는 게냐! 그냥 주는 대로 입을 일이지!!
어머, 왜?
파는 건 리본이나 꽃 장식도 있고 그림도 있는데, 이건…….

그럼, 예쁜 단추라도 달아 볼까?

뭐, 좀 낫네.
휴…
공주 키우는 거 쉽지 않네.

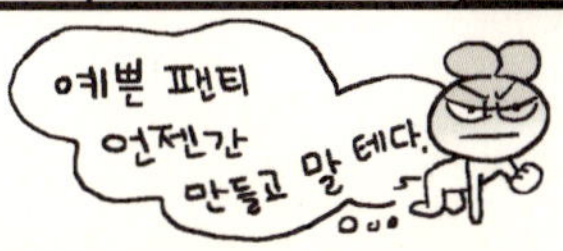
예쁜 팬티 언젠간 만들고 말 테다.

끝

시작

언니, 언니. 어린이 사각 팬티 만들 줄 알아요?
응, 우리 애들 많이 만들어 입혔지.
그럼 나도 알려 줘요.
알랑 알랑
삼각팬티 말고, 사각팬티, 사각팬티요!
딸인데 사각팬티는 왜?
너도 열렁이 팬티 만들어 입히잖아.
치마 중독 열렁이. 오후마다 놀이터에 가는데…….
엄마.
엄마!
거참. 너무 적나라한 거예요.
엄마!

봄가을엔 치마 밑에 반바지나 스타킹, 쫄바지를 입혔더랬으나.

여름에 팬티+반바지+치마 다 입혀 놓으니,
너무 너무 더워.

아직 어린앤데, 네가 과민한 거 아니니?
세상이 다 우리 같지 않잖냐.

치마 속에 사각팬티 입히면,
따로 반바지 안 입혀도 될 것 같아요.
딸 가진 엄마로서 완전 공감한다.
어린이 사각팬티 만들자

여자 아이 거니까 우린 넘어갈게요.
아들 하나
아들만 셋!
별 차이 없으니까 같이 만드셔.

전문 디자이너 생각은 어떨지 모르겠지만, 제 생각으론 사각팬티나 반바지나 비슷한 것 같아요.
다만 속옷이니까 땀 흡수 잘되고 공기 잘 통하고 부드러운 천을 써야겠죠?
아이들은 잘 자라니까 넉넉한 게 좋을 테고요.

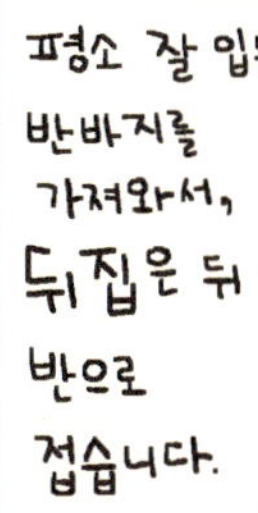
평소 잘 입는 반바지를 가져와서, 뒤집은 뒤 반으로 접습니다.

종이에 대고 그립니다.

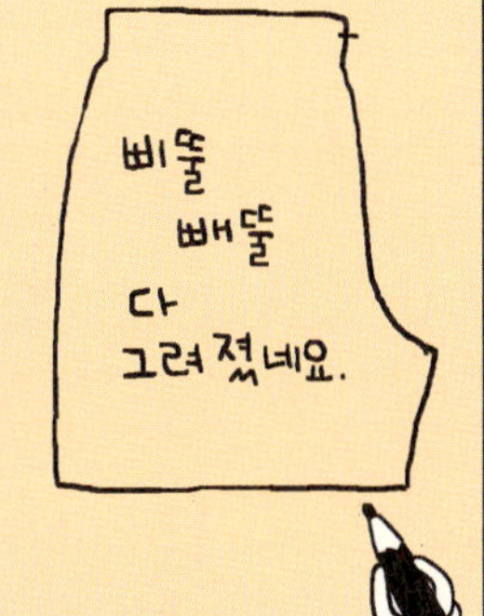
삐뚤 빼뚤 다 그려졌네요.

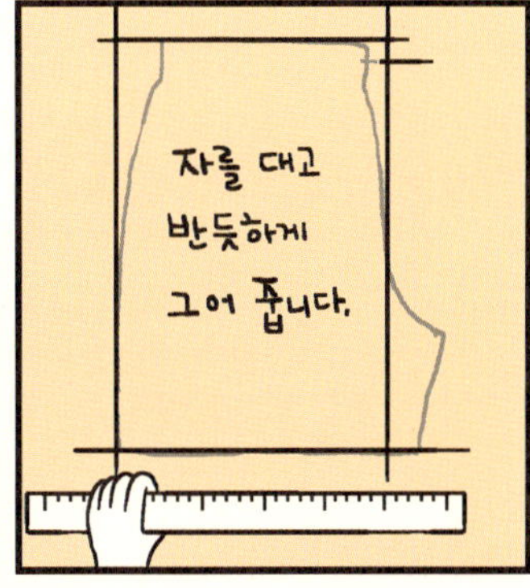
자를 대고 반듯하게 그어 줍니다.

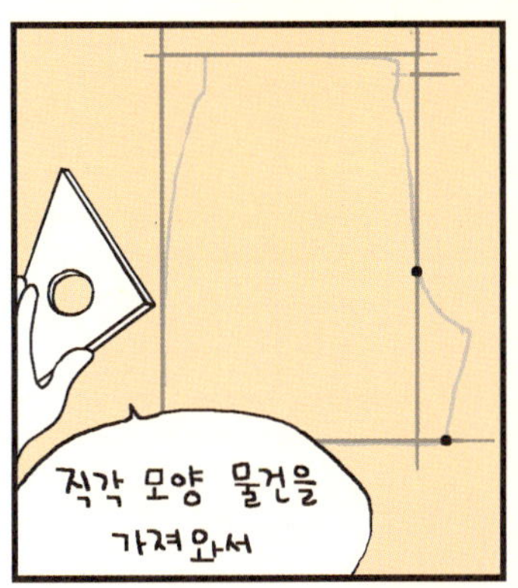
직각 모양 물건을 가져와서

두 점을 지나가게 자리를 잡고서
선을 그어요.

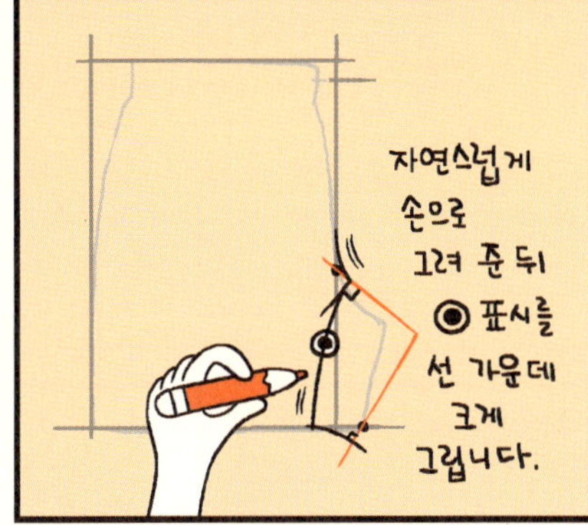
자연스럽게 손으로 그려 준 뒤 ◉ 표시를 선 가운데 크게 그립니다.

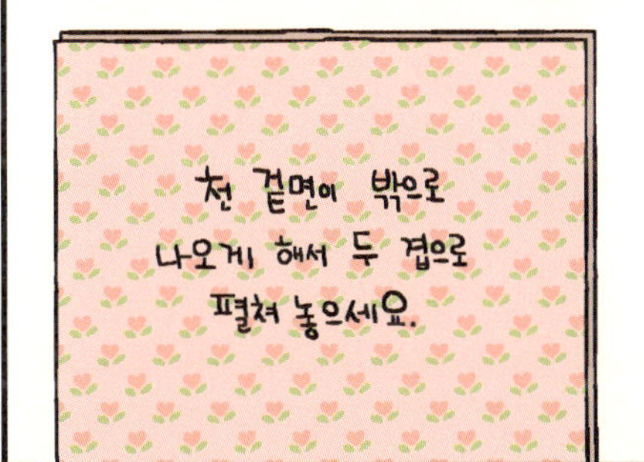
천 겉면이 밖으로 나오게 해서 두 겹으로 펼쳐 놓으세요.

가위로 자른 본을 천 위쪽에 대고 마름질 합니다.
허리선에 시접이 없는 까닭은?
겉옷(치마나 바지) 허리선보다 밑으로 내려오게 하려고.

본을 뒤집어서
한 번 더 그려 줍니다.

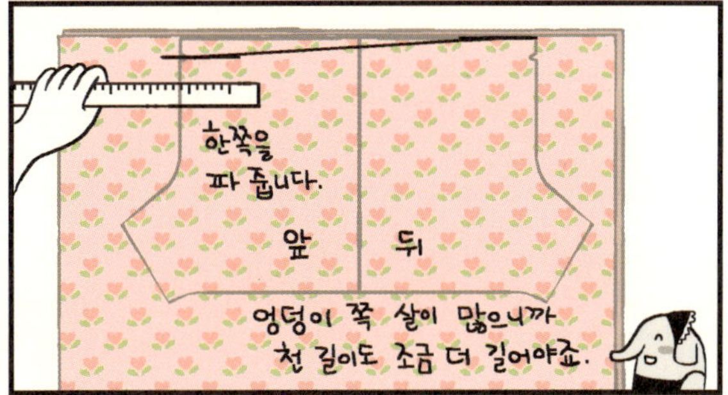
한쪽을 파 줍니다.
앞
뒤
엉덩이 쪽 살이 많으니까 천 길이도 조금 더 길어야죠.

1.5 cm쯤 시접을 주고
시침 핀으로 고정한 뒤
가위로 자릅니다.

여자아이는 밑에 흡수 천을
덧대어 줘야 하므로
종이 본을 가져와
샅 쪽을 자릅니다.

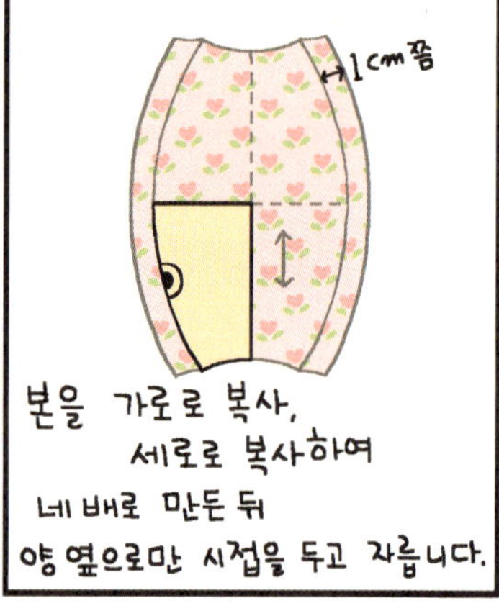
1cm쯤
본을 가로로 복사,
세로로 복사하여
네 배로 만든 뒤
양 옆으로만 시접을 두고 자릅니다.

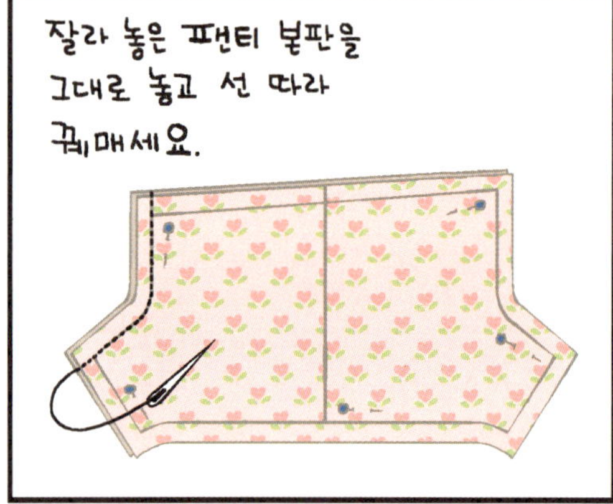
잘라 놓은 팬티 본판을
그대로 놓고 선 따라
꿰매세요.

시접 한쪽을
반쯤
잘라 냅니다.

넓은 시접으로
좁은 시접을
감싸 줍니다.
눈치
채셨죠?

눕혀서 상침 하세요.
바로 바로
쌈솔 입니다.

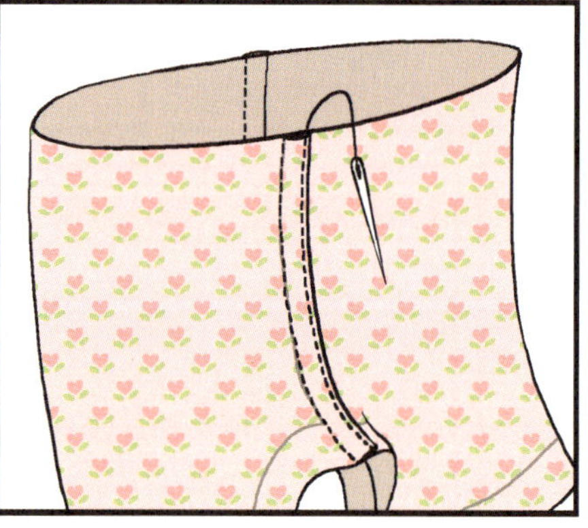

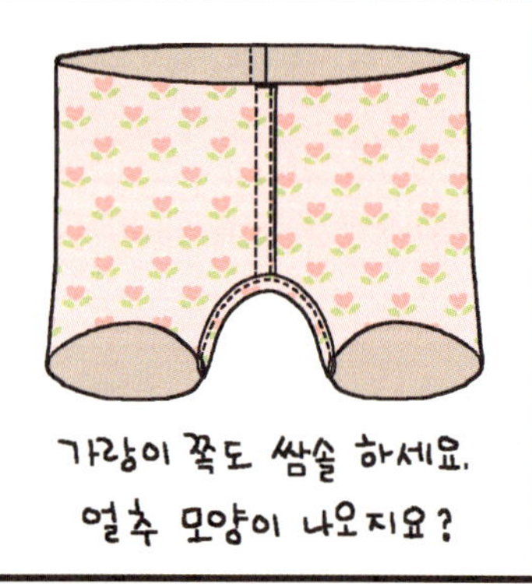
가랑이 쪽도 쌈솔 하세요.
얼추 모양이 나오지요?

허리선을 접어 고무줄 통로를
만든 뒤 꿰매고
고무줄을
넣습니다.

남자아이 팬티는
여기서 밑단을 꿰매면
완성입니다.
정말 반바지랑
똑 같네.
하하,
그렇지.
밑단을 말아박기 하거나
두 번 접어 꿰매세요.

이제 여자아이 것도 만들어 볼까요?

밑단을 박기 전에 팬티 안쪽이 나오게 뒤집어서 가랑이 쪽을 평평하게 펴 줍니다.

밑판 흡수 천 잘라 놓은 것 시접을 접어서

팬티 가랑이 쪽에 시침실이나 시침 핀으로 고정합니다.

그리고 촘촘히 꿰매세요.

시침 핀 빼고 입어 봅니다. 만든 본에 따라 천 성질에 따라 딱 붙기도 하고 헐렁할 수도 있습니다.

다리통 시접을 접어 올려 박으면 완성

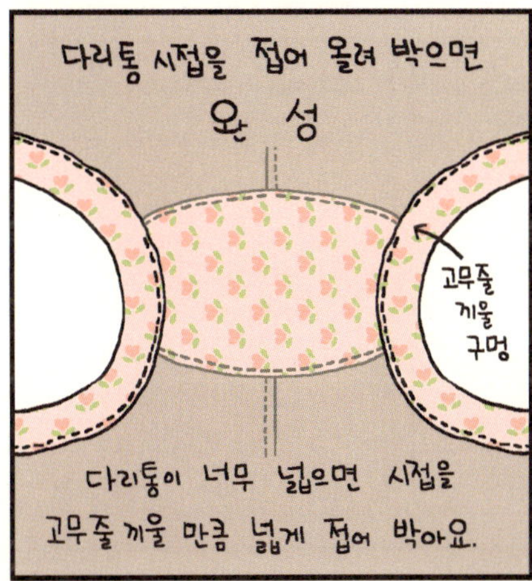

다리통이 너무 넓으면 시접을 고무줄 끼울 만큼 넓게 접어 박아요.

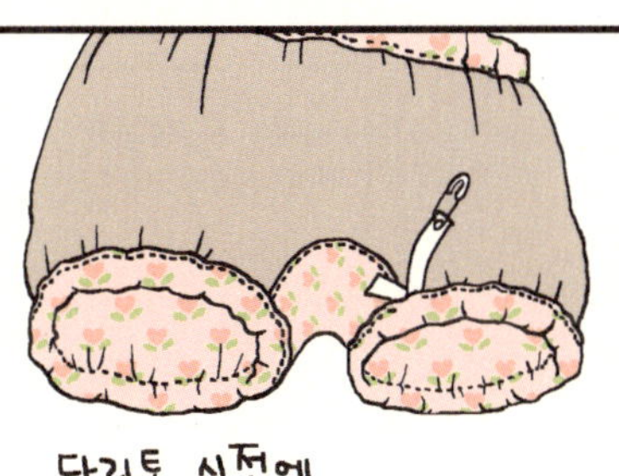

다리통 시접에 고무줄을 끼우니까, 블루머 모양이 되었네요. 너무 꽉 끼지 않게 하세요.

앞쪽 표시할 겸 장식 리본을 달았어요.

시작

뒤적 뒤적
잠 안 자고 뭐 하셔?

내일 유치원에 입고 갈 한복 찾고 있어요.
뭐이라?

한가위를 맞이하여 우리 아이들에게 민족 고유 명절의 뜻을 알리기 위해…… 한복이 있는 가정에서는 아이들에게 한복을 입혀 주시고 …….
정말이네!
찾았다!
지난 주에 받은 가정 통신문.

짠! 내일 입고 가야지.

훤하게 나온 팔목.
풋
깡충 올라간 치마.

안 먹는다 안 먹는다 해도 우리 얼렁이가 이렇게나 자라 주었구나.
꼬옥

가만…… 이러고 있을 때가 아닌 것 같은데?
숨막혀

얼렁아, 저기…… 한복 입고 가기엔 날씨가 너무 덥지 않니?
괜찮아요. 유치원은 시원해.

무엇보다, 얼렁이가 쑥쑥 자라다 보니 한복이 좀 작아.
팔목도 나오고.
치마도 짧고.
괜찮아. 괜찮아. 입을 수 있어요.

여기 가정 통신문 보니까 한복 없는 친구는 안 입어도 된 대.
가정통신문

싫어! 나 한복 있는데, 왜 못 입게 해요! 입고 갈 거야!
얼렁이는 한복을 너무 좋아하는 것 같다.

악!
뜨뜨뜨
드르륵 드르륵 드르륵 드르륵 드르륵
드륵드륵 드륵드륵
꼬끼오

우와앗!

아침밥 대충 먹고 가라.

작아진 여자 아이 한복 고쳐 입기

엄마 실신

설명은 자고 나서

예쁘죠?
예쁘죠?

먼저, 어디를 어떻게 고칠지 밑그림을 그려요.
조끼 어깨끈이 조여요.
소매가 짧아요.
치마도 짧아요.
뒤가 자꾸 벌어져 속이 보여요.
어깨끈을 바꾸고.
소매는 짧게!
뒤가 벌어지지 않게 통치마로.
치마는 짧은 2단 주름 치마로.
우리 애는 저고리 품이 너무 좁아서 못 입을 것 같아.
음…
그럼, 저고리 대신 그냥 윗도리 입고 치마만 고쳐 입으면 되겠네.
치마까지 작다면?
그렇담, 고치지 말고 다른 사람 주지.
원하는 윗단 길이에 맞춰 점을 찍은 뒤 선을 그어요.
원하는 윗단 길이
5~10 cm
윗단 길이 선 아래로 5~10cm 내려와 선을 하나 더 그어 줍니다.
윗단
선 따라 잘라요.
소매에 돌릴 바이어스로 쓸 것.
아랫단

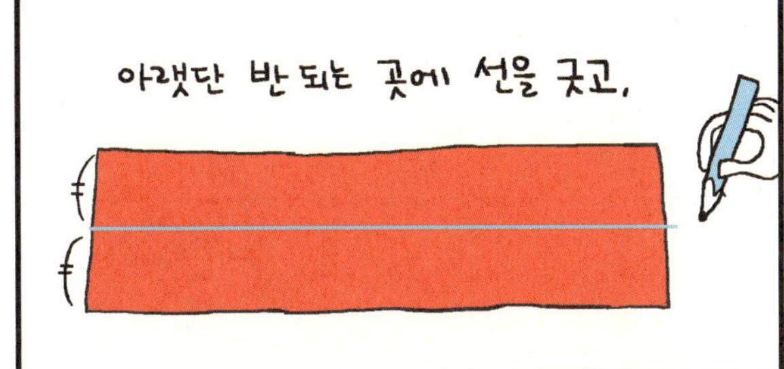
아랫단 반 되는 곳에 선을 긋고,

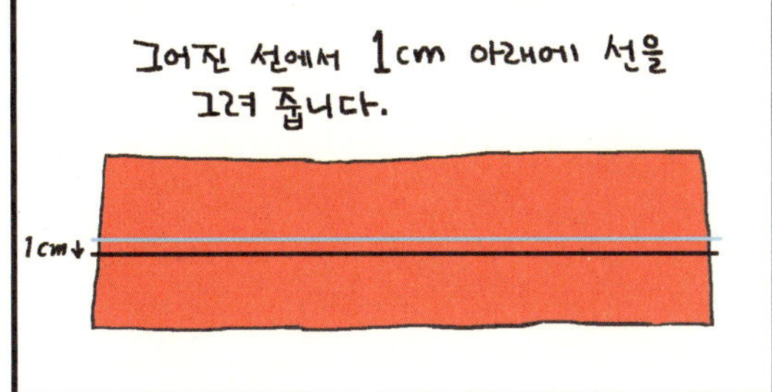
그어진 선에서 1cm 아래에 선을
그려 줍니다.
1cm

밑선을 따라 가위로 잘라 줍니다.
왜 똑같은 길이로
하지 않을까요?

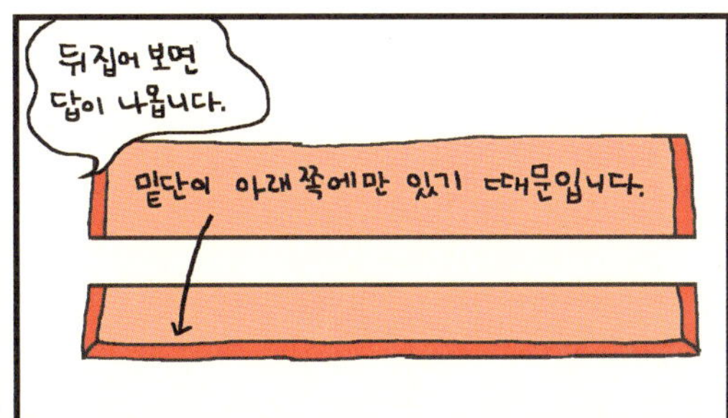
뒤집어 보면
답이 나옵니다.
밑단이 아래쪽에만 있기 때문입니다.

위쪽도 아래처럼 밑단을 만듭니다.
먼저 두 번 접어 다림질해 주고,

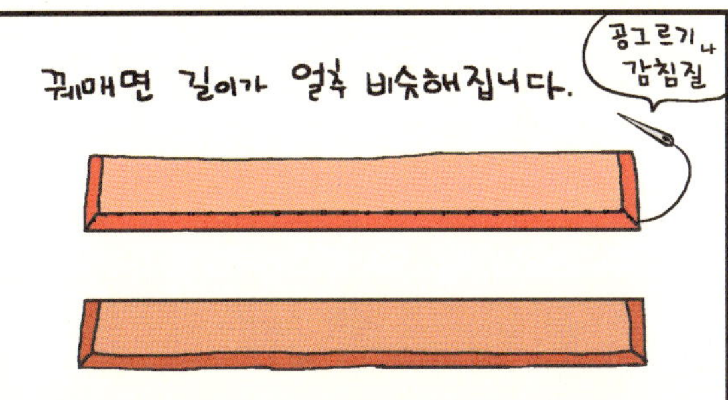
꿰매면 길이가 얼추 비슷해집니다.
공그르기나
감침질

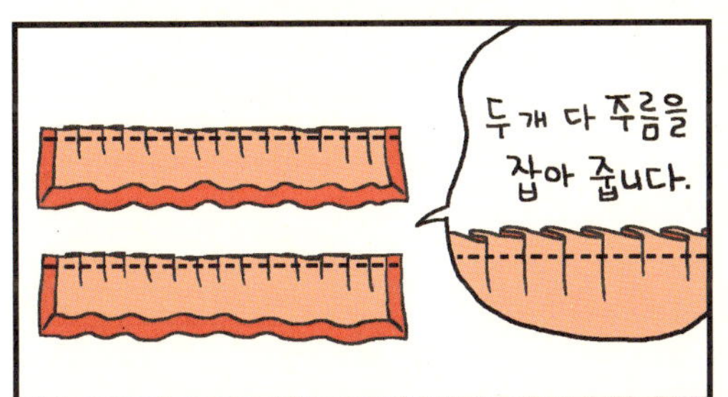
두 개 다 주름을
잡아 줍니다.

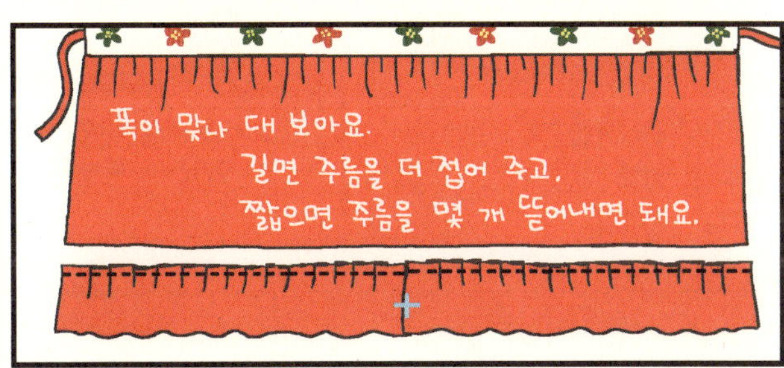
폭이 맞나 대 보아요.
길면 주름을 더 접어 주고,
짧으면 주름을 몇 개 뜯어내면 돼요.

주름 선을
다림질해 주고,
잠깐 치워 놓아요.

치마를 가져와
조끼 허리와
가슴 띠를
뜯어냅니다.

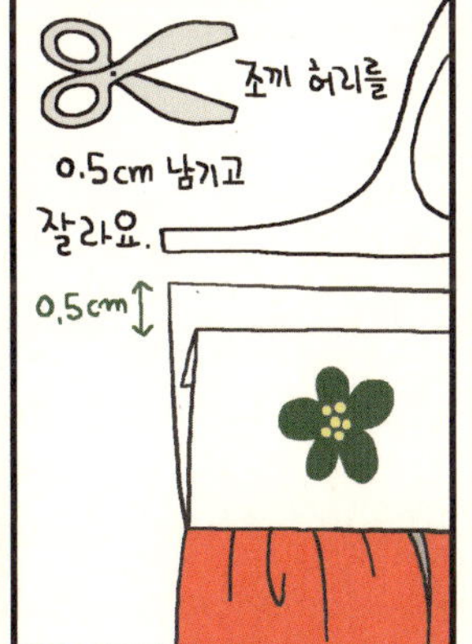
조끼 허리를
0.5cm 남기고
잘라요.
0.5cm

남긴
0.5cm를
안으로 꺾고
다림질
합니다.
0.5
cm

가슴 끈으로 썼던
끈이 두 개 있어요.

어깨끈을 적당한 곳에 핀으로 고정합니다.
끈이 길면 줄여 주세요.
안 그러면 찌찌 보이기 십상.

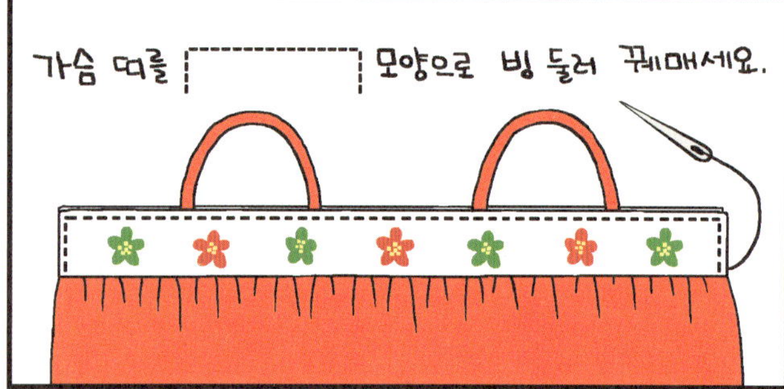
가슴 띠를 ┌──┐ 모양으로 빙 둘러 꿰매세요.

몸에 맞는 자리에 똑딱단추를 달아 주고.
치마는 양 끝을 이어 붙여 통치마로 만듭니다.

치마 앞쪽 (겉)
주름 단(안)
앞서 만든 주름 단 하나를 치마 앞쪽에 자리 잡아요.

치마 뒤쪽 (겉)
치마 겉감
치마 안감
주름 단 (안)
나머지 주름 단을 치마 뒤쪽에 핀으로 연결합니다.

그리고 치마 밑을 빙 둘러서 꿰매 주세요.
단순한데 힘이 드네.

주름 단을 밑으로 내리면
겉모양이 다 된 거예요.
이렇게 입어도 되겠지만,

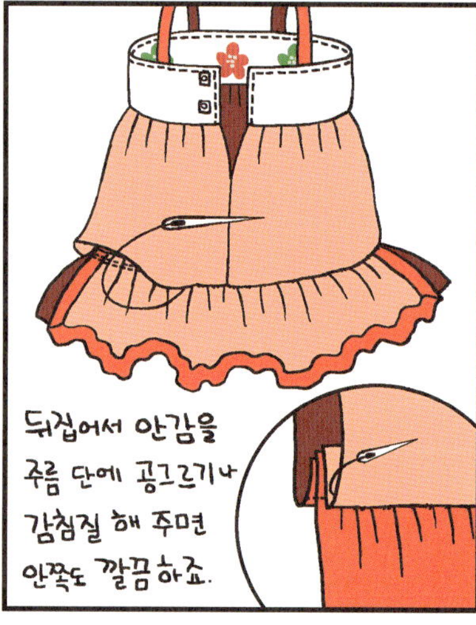
뒤집어서 안감을
주름 단에 공그르기나
감침질 해 주면
안쪽도 깔끔하죠.

옆선에 단이
갈라진 것은 그냥 둬도
좋고, 구슬이나 단추를
달아 주어도 예뻐요.

자, 드디어
저고리 차례♡

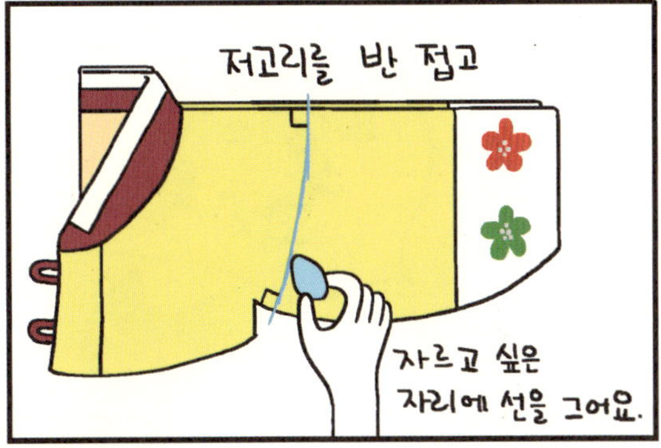
저고리를 반 접고
자르고 싶은
자리에 선을 그어요.

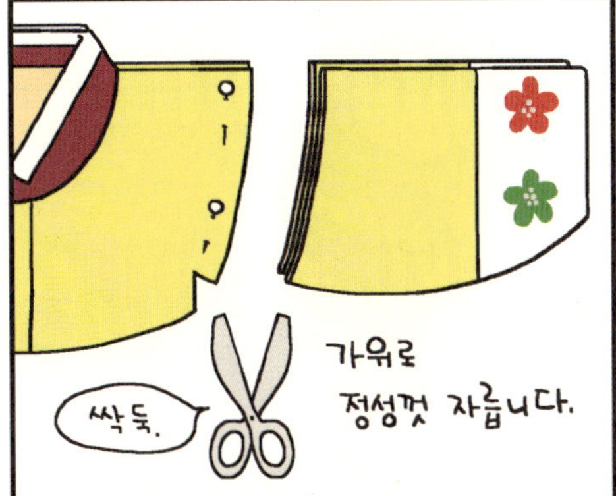
가위로
정성껏 자릅니다.
싹둑.

저고리는
안감과 겉감
두 겹으로 돼 있죠?
움직이지 않게
테두리를 꿰매고,

바이어스로
둘러 줄 천을
접어 다림질
합니다.

공그르기
또는
감침질
양 소매 끝에
바이어스를 둘러 주면 완성이오.

여밈이
매듭 아닌,
고름으로 된
저고리.

짧은 치마,
짧은 소매와 맞게
고름도 짧게 자르면
더 발랄해 보여요.

속에 입는
속바지도
치마 길이에
맞춰 잘라 낸 뒤,
고무줄을
넣어 주면,
귀여운
호박 바지(블루머)로
변신♡

잘라 낸
소맷부리 천과
옷고름으로 복주머니나 노리개를
만들어 주면 좋아해요.

완성!
나
이뻐?
끝

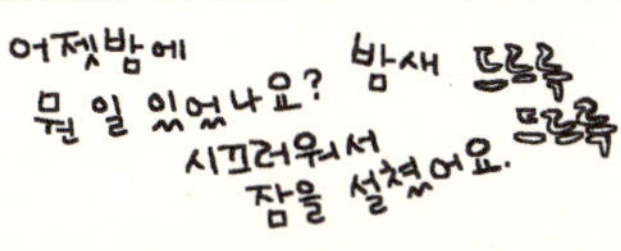
어젯밤에
뭔 일 있었나요? 밤새 드르륵
드르륵
시끄러워서
잠을 설쳤어요.

죄, 죄, 죄송해요.

명절엔 역시 화사한 한복이지!

막내 한복이 너무 깡똥하네.

깡똥이라네.

시끄러워! 이놈들아!

깡똥

깡똥

깜짝

아, 미안 미안. 엄마가 막둥이한테 화낸 거 아냐.

엄마. 자모해떠여. 엉엉.

애기 옷이 그게 뭐냐?
하지만 시어머니께서 한 소리 하실 텐데…….
한복 말고 다른 옷 찾아보자.

펑

히히, 놀랐지?
뭐야? 서랍 망가져!
내려와!

웬 신경질? 명절 증후군이야?
아니거든!

내가 얼렁이한테 뭘 만들어 줬게?
뭐지?

바로 바로
여자 아이
작아진 한복 고쳐 입기
아항!
감 잡았어?

남자 아이
작아진 한복 고쳐 입기!

어디 어디 손볼지 확인 해 볼까?
소매 올라 갔고,
품 꽉 껴요.
발목 나와요.
허리 쪼여요.

소매는 반팔로.
매듭 대신 장식 조각.
바지는 반바지로.
허리는 편하게.

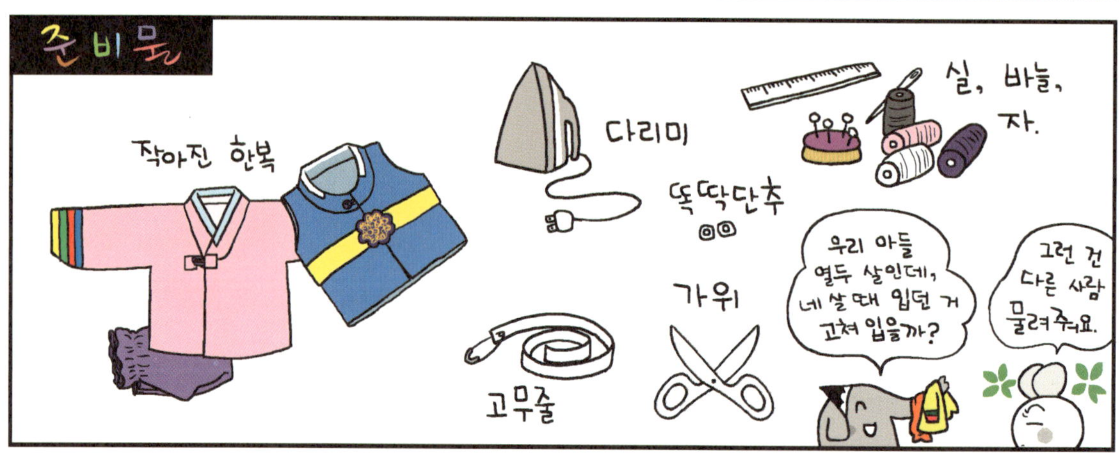

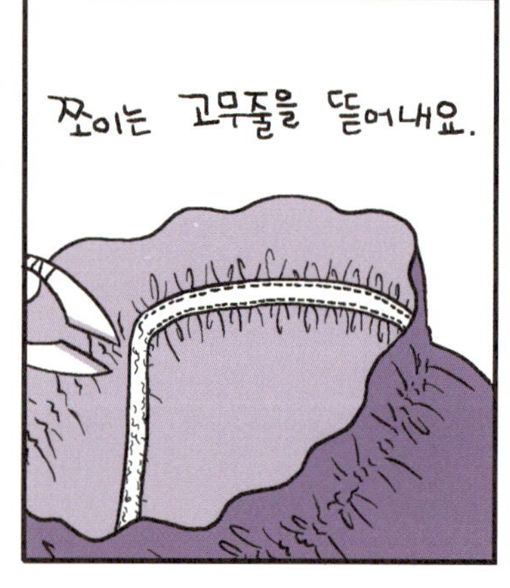

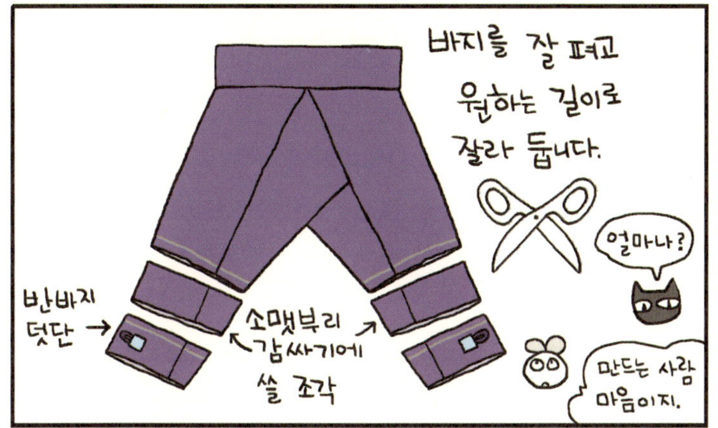

바지를 잘 펴고
원하는 길이로
잘라 둡니다.
얼마나?
반바지
덧단 →
소맷부리
감싸기에
쓸 조각
만드는 사람
마음이지.

허리에 맞게
고무줄을 끼워 주세요.

바지 아랫단을
안감과 겉감이
움직이지
않게 놓고
휘갑치기 합니다.

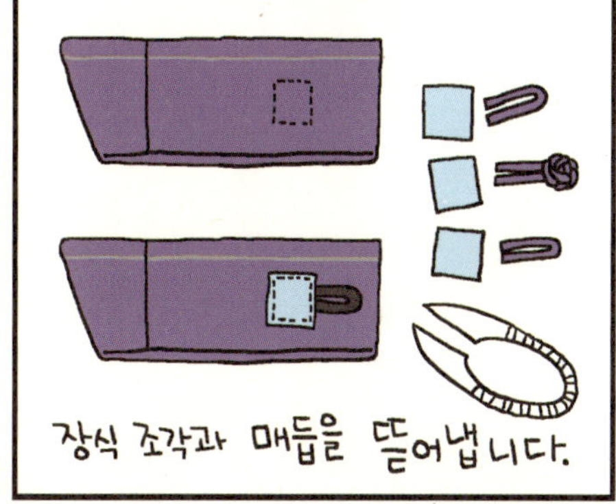

장식 조각과 매듭을 뜯어냅니다.

바지를
뒤집고,
덧단에
붙은 안감과 겉감을
벌려 바지통 속에 넣어요.
요렇게.

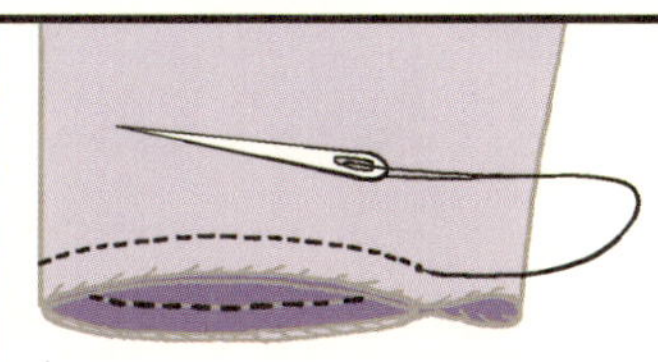

겉감에 있는 시접선에
맞춰서 덧단과 바지통을
이어 붙입니다.

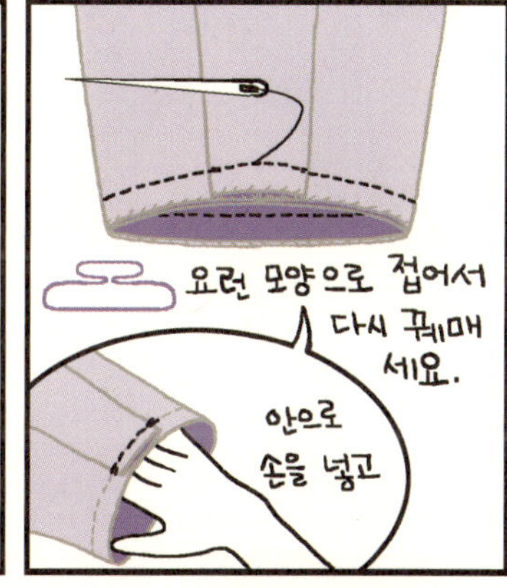

요런 모양으로 접어서
다시 꿰매
세요.
안으로
손을 넣고

덧단 천을
바깥으로
빼 준 뒤
안감을
접어 올려
공그르기로
마무리합니다.

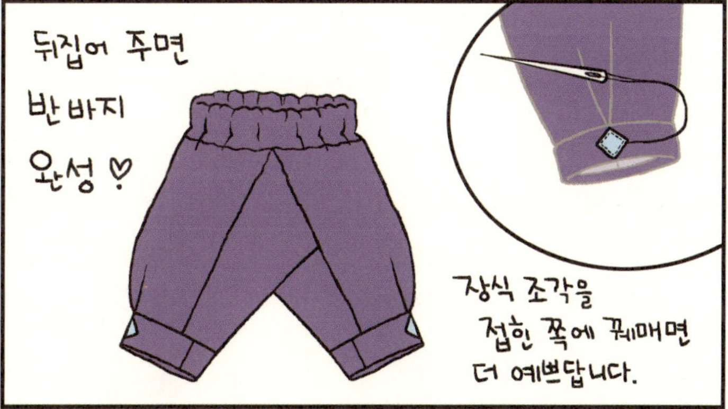

뒤집어 주면
반바지
완성 ♡
장식 조각을
접힌 쪽에 꿰매면
더 예쁘답니다.

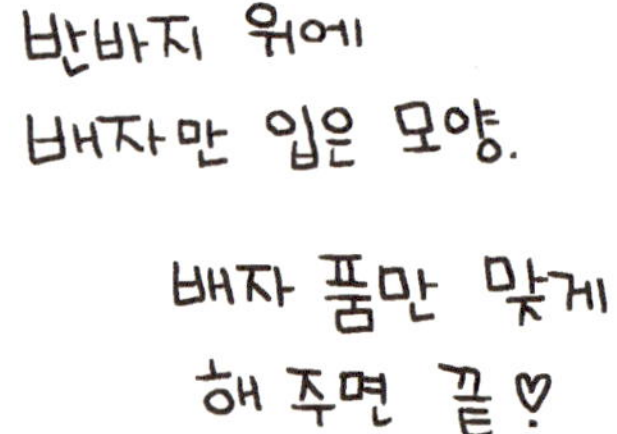

저고리만 입은 모양.
저고리 팔을 짧게 자르고, 품을 넓게 해 준다.

반팔 저고리 위에 배자를 덧입은 모양.

배자 매듭 고리와 장식에 있는
찍찍이를 바깥으로 옮겨 달면
♡끝♡

한복 저고리
불편해 하는
아이들한테
티셔츠
입히고
조끼처럼
입혀
보세요.
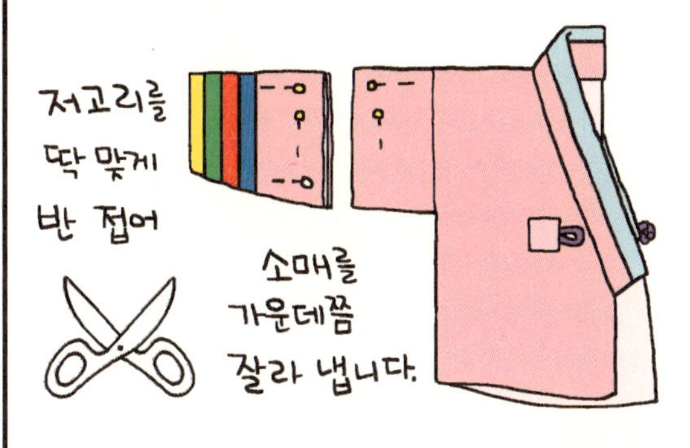
저고리를
딱 맞게
반 접어
소매를
가운데쯤
잘라 냅니다.
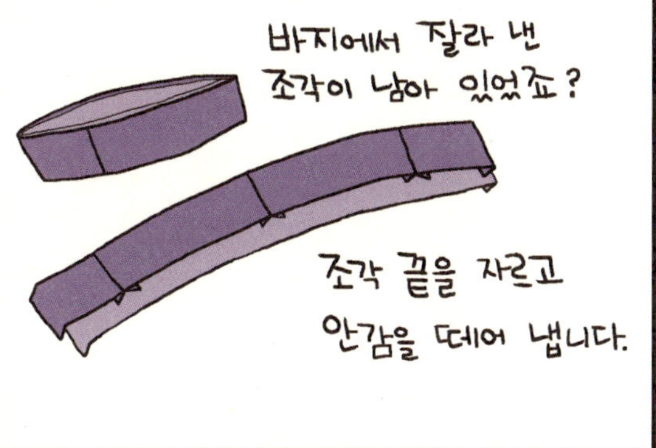
바지에서 잘라 낸
조각이 남아 있었죠?
조각 끝을 자르고
안감을 떼어 냅니다.
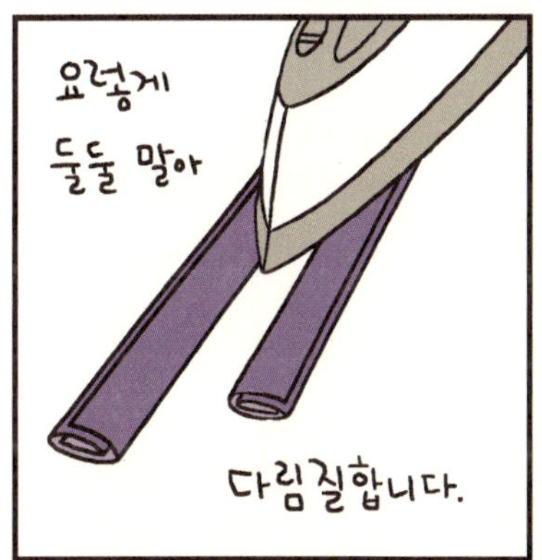
요렇게
둘둘 말아
다림질합니다.

요렇게
접으면 감싼 시접
끝이 생겨요.

소매 양 끝에 한 줄씩 둘러 줄 거예요.

저고리 등판
감싼 시접을
펼치고
소매 끝에
맞대고
꿰매요.

적당한
길이만
남기고
잘라요.
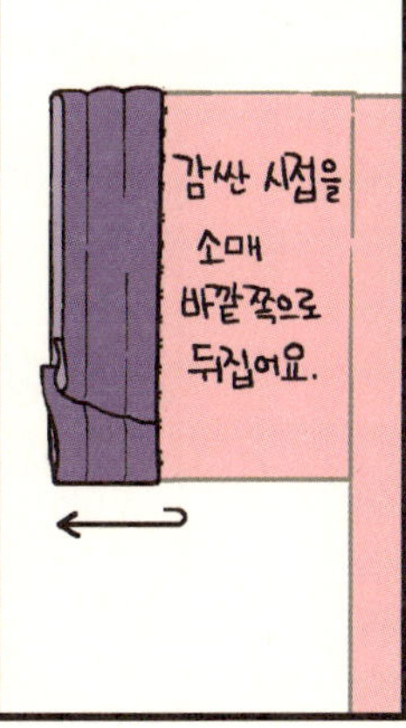
감싼 시접을
소매
바깥쪽으로
뒤집어요.
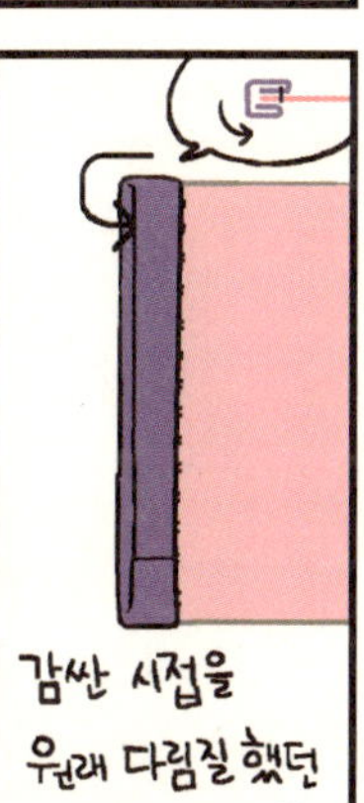
감싼 시접을
원래 다림질했던
대로 접어 넣어요.

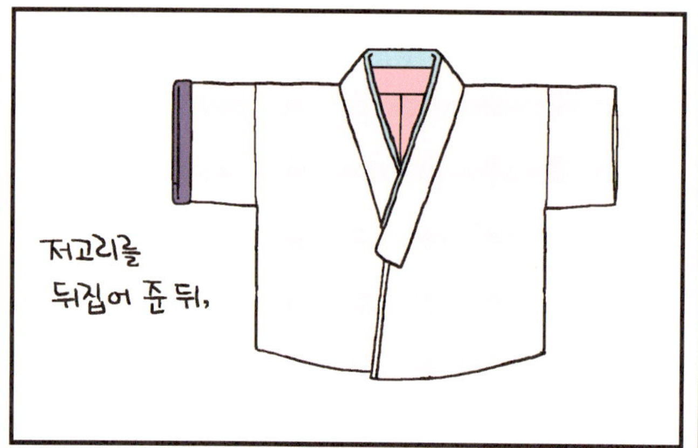
저고리를
뒤집어 준 뒤,

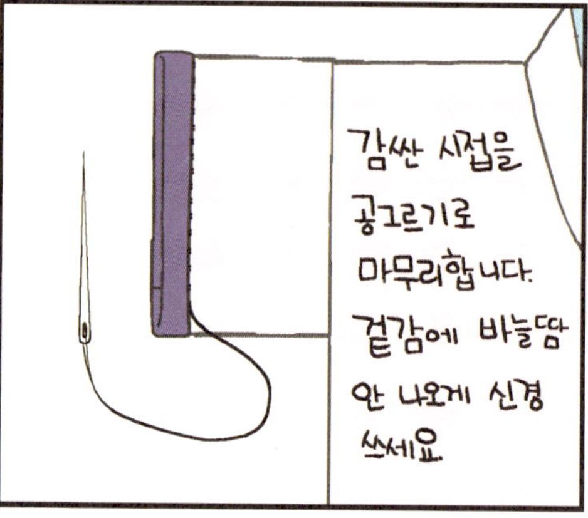
감싼 시접을
공그르기로
마무리합니다.
겉감에 바늘땀
안 나오게 신경
쓰세요.

나머지 팔도 똑같이
감싼 시접을 둘러주세요.

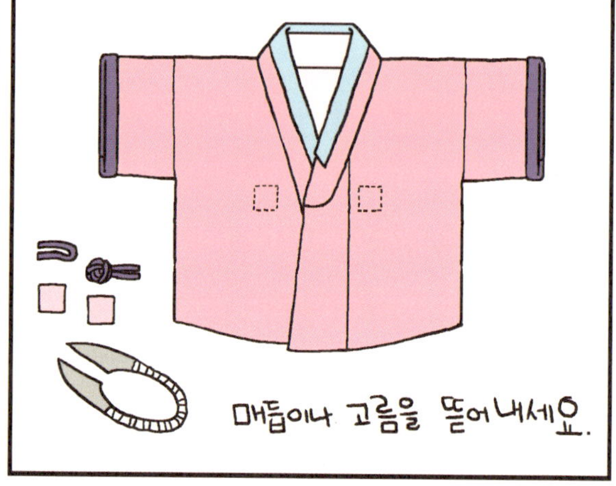
매듭이나 고름을 뜯어내세요.

저고리도
배자처럼
바깥으로
다시 달면
되는거야?
아니
!

그렇게 하면 앞쪽이
요렇게
헤벌쭉.
윽
어쩌지?

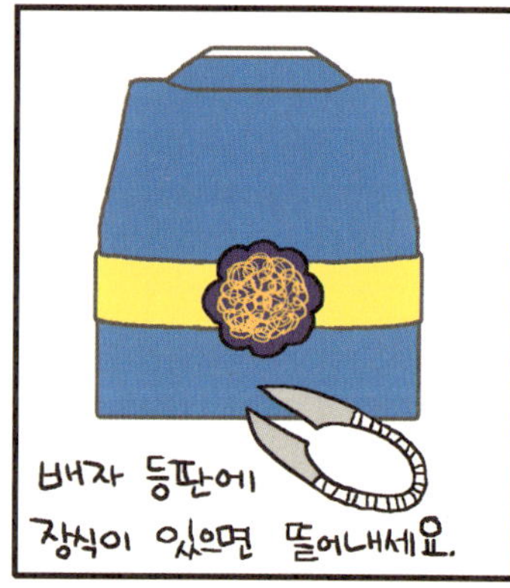
배자 등판에
장식이 있으면 뜯어내세요.

우리 집 거는
등판에
아무 것도
없는데?
그럼 앞판 거 뜯어.

앞판 거를
뜯어내면
배자 못 쓰게
되잖아.
그렇지.

장식이 없어도,
배자+저고리 둘 다
입을 수 있는
방법이 있을 거야.
남은 소매
조각을
이용해 보자고.

먼저
저고리를
입어 보고

붙일 조각
크기를
가늠해
봅니다.

잘라 내세요.

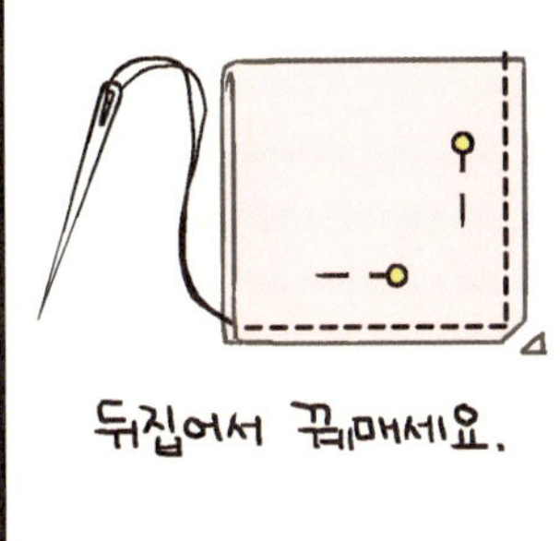
뒤집어서 꿰매세요.

다시 뒤집어서
창구멍을 막아요.

장식 조각을
가슴에 달고

찍찍이를
붙여요.

배꼽이 나올 거
같아.
똑딱단추 붙여!

짠!
날 더운
추석 때
짧은 한복으로.
우리 것도 해 주라.
시끄러워!
해 줘! 해 줘!

끝

시작

어서들 와.
어머, 토굴이도 왔네?
언니 안녕?

애들은 어디 갔어요?
방학이라서 시골 할머니 댁에 보냈어.
초등학교는 방학이 길어서 힘들어.

이치
어머! 꼬맹이 추운가 보다.
맨날 이불 차고 자서 그런지, 감기가 안 떨어지네요.

우리 애들 어릴 때 입던 건데…… 이거라도 걸치자.
언니가 만든 거구나?
우리 애들도 이렇게 인형 같았을 때가 있었는데.

조끼 이불 하려고 만들었어.
애들 잘 때 이불 걷어차기 일쑤잖아.
엄마는 밤새 덮어 주느라 잠 설치고.

내복 위에 입혀서 재우니까 배앓이 걱정도 없고 좋더라고.
낮에 놀 땐 보온 조끼로 입어도 좋고.
아하!

탐나면 가져. 우리 애들한텐 작아.
우, 우리는……?
진짜?
공평하게 가위.바위.보…….
한 벌 더.

너희들은 좀 만들어 입혀. 애도 하나잖아! 교구는 애가 셋인데!

따뜻하게 재워요♡
조끼 이불
나도 하나 더 만들어야 해, 두 벌만 있으면 큰일 나.

천 고르기
모든 만들기가 그렇듯 정답은 없어. 만드는 사람 맘이지.
그 말이 더 어렵다고.

계절에 따라 천 두께가 달라지고, 생각에 따라 종류가 정해지는데.
내복 위에 입히는 거니까, 합성 섬유도 괜찮아!
아이가 입는 건데 천연 섬유여야 지!

극세사, 수건 천, 양면 누빔, 융, 골덴, 쮸리, 폴라플리스 …….
언니가 준 건 뭘로 만든 거예요?
아, 그건 양면 누빔.
면
합섬 솜
면

우리가 만들 건 요런 모양.

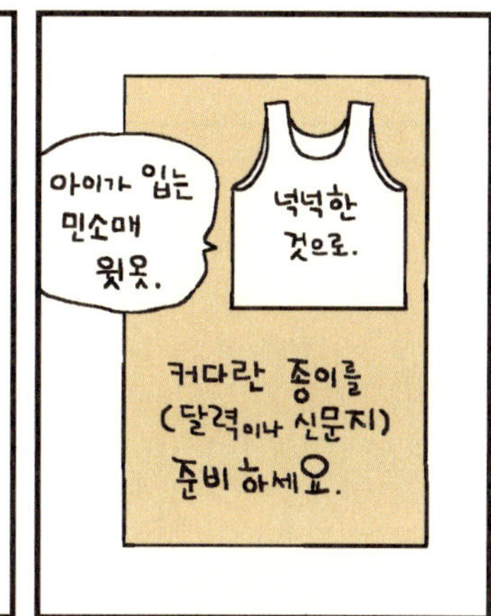
아이가 입는 민소매 윗옷.
넉넉한 것으로.
커다란 종이를 (달력이나 신문지) 준비하세요.

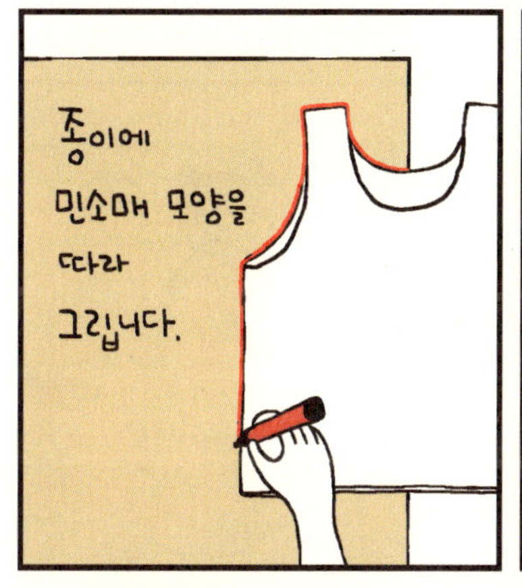
종이에 민소매 모양을 따라 그립니다.

겨드랑이 밑을 조금 팝니다.
1~2cm

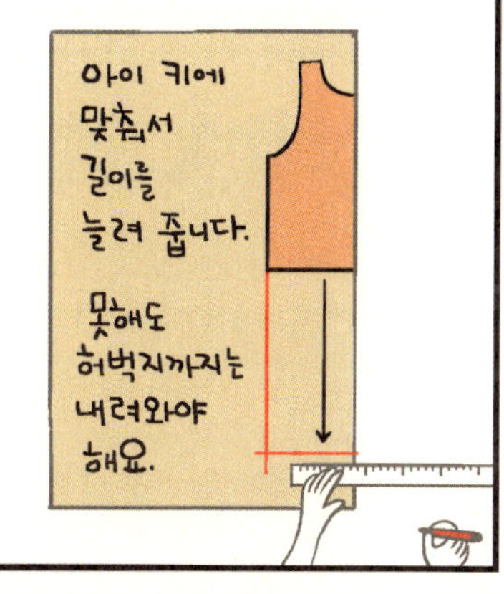
아이 키에 맞춰서 길이를 늘려 줍니다.
못해도 허벅지까지는 내려와야 해요.

움직이기 좋게 아래 폭을 조금 늘립니다.
1~2cm
뒤판 본 완성 이오.
자릅니다.

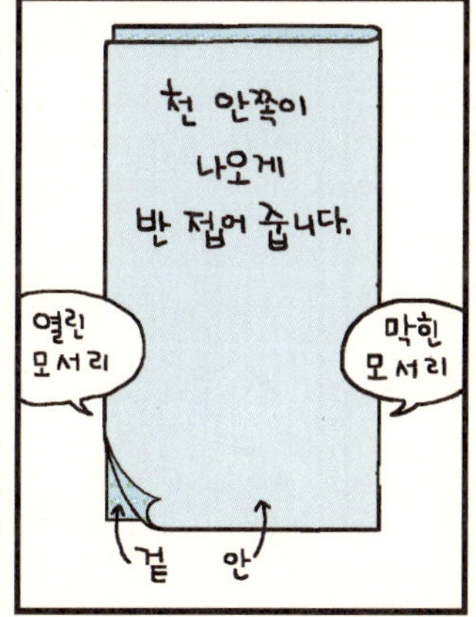
천 안쪽이 나오게 반 접어 줍니다.
열린 모서리
막힌 모서리
겉
안

시접은 1.5cm
잘라 놓은 종이 본을 막힌 모서리에 맞춰 올리고 그립니다.

열린 모서리에서 1cm 들어간 선에 본을 올립니다.
(단추 겹침 폭) 1cm
왜 뒤집혔지?
천 폭이 조금 모자라서.

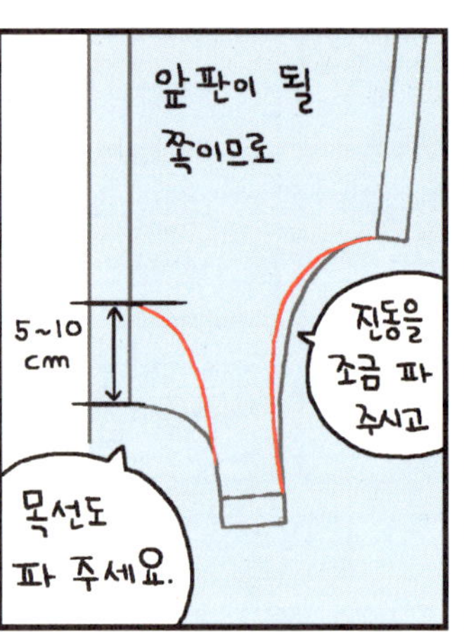
앞판이 될 쪽이므로
5~10 cm
진동을 조금 파 주시고
목선도 파 주세요.

자르면 앞면 두 장, 뒷면 한 장 나옵니다.

요렇게 이어 붙일 거예요.

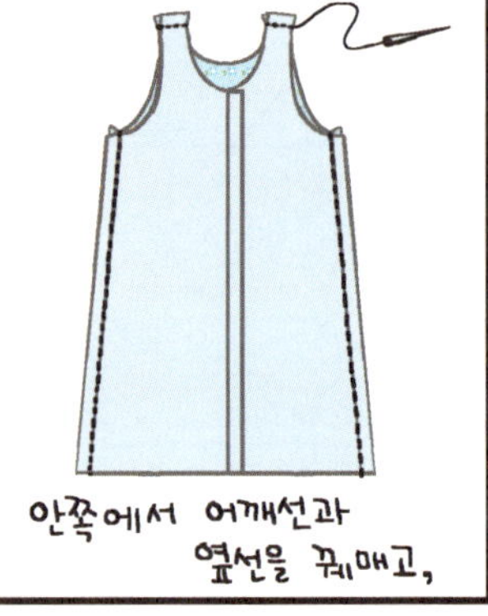
안쪽에서 어깨선과 옆선을 꿰매고,

뒤집은 뒤에 바이어스로 가장자리를 둘러 줍니다.

그리고 단추를 달아 주면 끝!
맨 아래는 터 줘야 움직일 때 편해요.

단춧구멍은 잘라서 버튼홀 스티치 하든지,

그냥 똑딱단추를 사서 달아 주세요.

막둥이가 입은 거랑은 모양이 다르네요?
에엣?
아, 그건 아기 거라서 그래.

어린 아이들한테 입히는 모양이지.

눕혀 놓고 입히기 쉽게.
배밀이할 때 배에 단추 배기지 않게.
위로 밀려 올라가지 않게.
어깨끈 풀어지는 게 맘에 드는걸.
얼렁이 조끼 이불도 어깨끈 풀어지게 만들어 볼까?
정말 입히고 벗기기 쉽네♡

이런 거 팔면 대박 나겠어요.
이미 여기저기서 팔고 있어.

그래요? 난 그럼 사서 입힐래요.
쿵

뭐야? 기껏 알려 줬더니만…….
난 재봉틀도 없고, 손재주도 없고, 천이나 단추 같은 재료 살 돈에 배송비 합치면 하나 살 것 같아요.

알았어. 모양은 안 나도 더 싸게 만드는 법을 알려 줄게.
그런 방법이 있었어요?

집에 이런저런 이유로 안 입는 윗옷이 있을 거야.
아이 옷?
아니, 어른 옷.

아이 몸집에 맞춰서 옆선을 잘라 냅니다.

앞트임 할 거면 앞판 가운데를 잘라요.
앞트임 안 할 거면?
안 잘라도 되지.

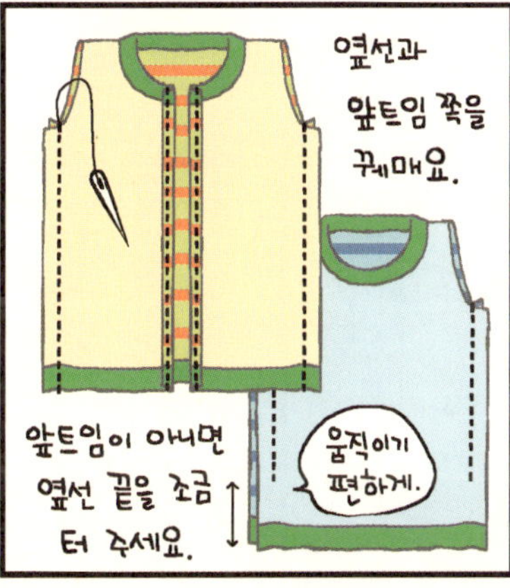
옆선과 앞트임 쪽을 꿰매요.
앞트임이 아니면 옆선 끝을 조금 터 주세요.
움직이기 편하게.

진동 둘레를 접어서 꿰매고,
옆선 끝도 접어서 꿰매요.

뒤집으면 완성.
뒤집어서 단추 달면 완성.

그래, 그래. 살쪄서 작아진 티셔츠 많은데, 이거 좋네♪
저것도 귀찮은데…….

으이구. 그냥 엄마 반팔 티셔츠 입혀서 재워.
그렇게 하는 사람도 많대.
그래요?

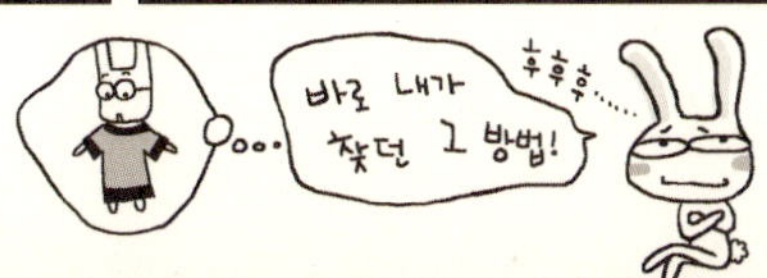
바로 내가 찾던 그 방법!
후후후…….

애가 군말 없이 입어만 준다면야 그게 젤로 편하긴 하지.

끝

시작

수면 바지로
따뜻한 겨울밤을!

단돈! 오천원
아동용
겨울이 되니, 갑싼 수면 바지를 여기저기서 많이도 팔고 있네.
베로아

오천 원, 싸기도 하다.
물 건너 중국에서 왔겠지?
저쪽은 만 원. 국산이라 그런가? 진짜 우리 것이긴 한 건지…….
천값에, 품삯에, 운송비에 이 값으로 되다니.
이쪽은 털이 북실북실 하고
요건 좀 가볍고 낭창낭창한 천이네.
5,000원
와 공주그림

어서 옵쇼! 수면 바지 찾으세요?
깜짝이야

괜찮으니까 구경하다 가세요.
아, 아뇨. 괜찮아요.
후다닥

춥지?

강추위 풀렸다고 해도 겨울은 겨울이다.
안녕하세요. 교구 이모.
어머, 얼렁이는 더 예뻐졌네♡
우다당
이놈들! 손님 오셨는데 인사도 안 하고!
안녕하세
안녕하세

큰놈은 140 치수,
둘째는 120 치수
막둥이는 100 치수니까,
150cm 폭 두 마면
세 녀석 수면 바지
하나씩은 나오겠네.

근데, 가족 사진을 수면 바지 입고?

자, 시작해 볼까나?
바지를 준비 해 주세요.

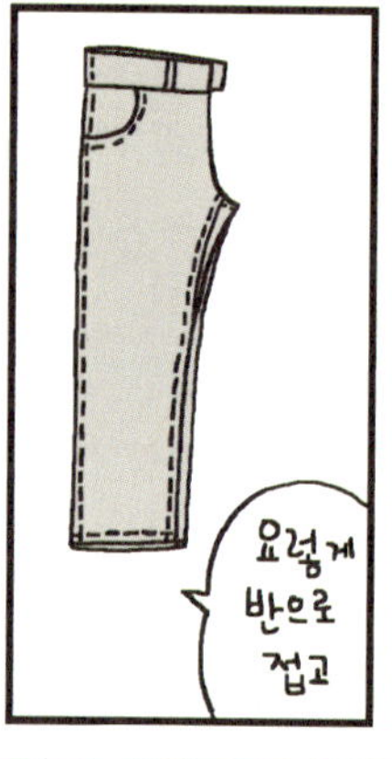
요렇게 반으로 접고

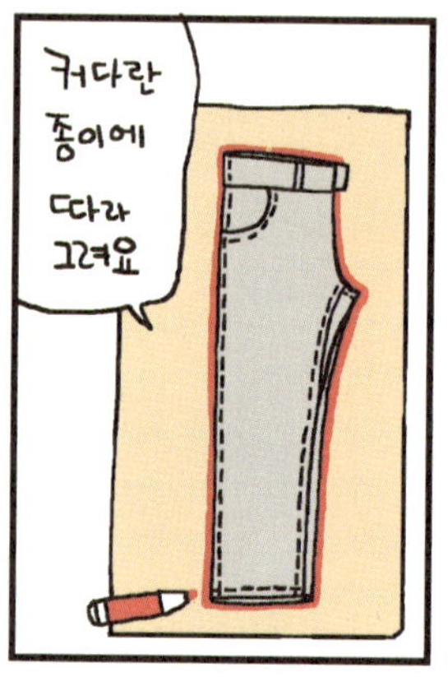
커다란 종이에 따라 그려요

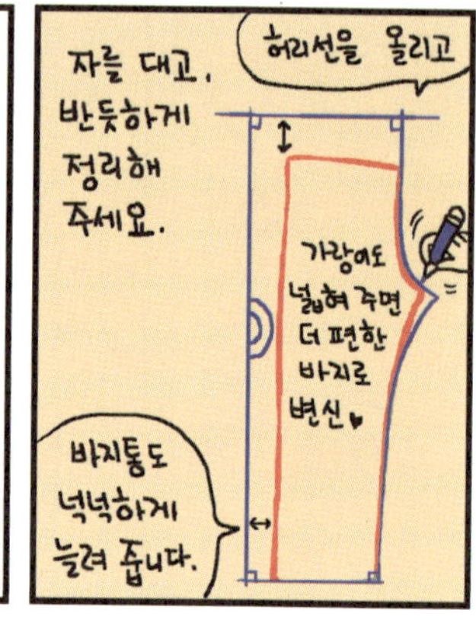
자를 대고, 반듯하게 정리해 주세요.
허리선을 올리고
가랑이도 넓혀 주면 더 편한 바지로 변신♥
바지통도 넉넉하게 늘려 줍니다.

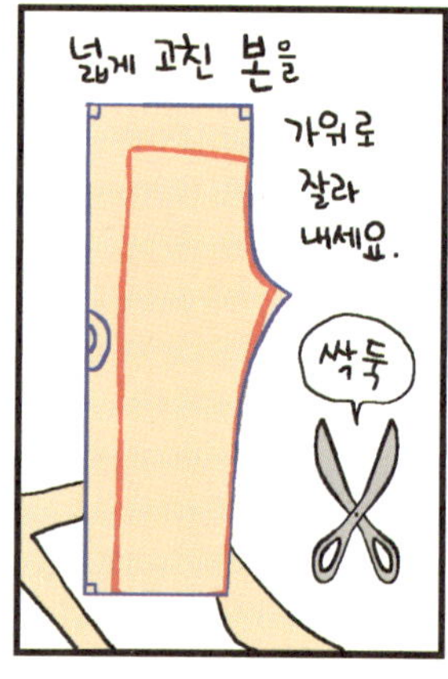
넓게 고친 본을
가위로 잘라 내세요.
싹둑

천을 두 겹으로 접은 다음,
5cm
안
겉
본을 올리고 그립니다.

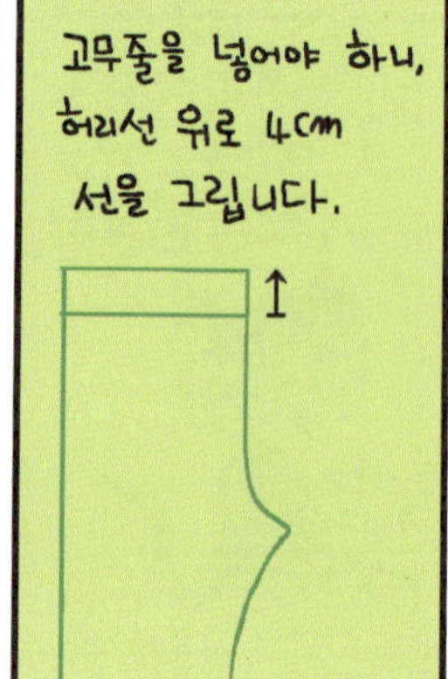
고무줄을 넣어야 하니, 허리선 위로 4cm 선을 그립니다.

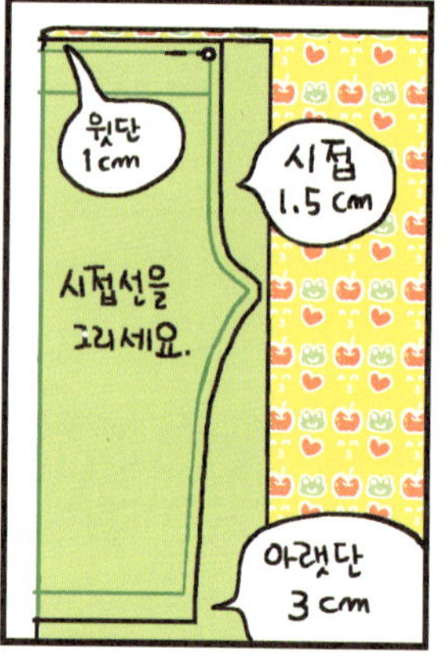
윗단 1cm
시접 1.5cm
시접선을 그리세요.
아랫단 3cm

군데군데 시침 핀을 꽂아 둡니다.

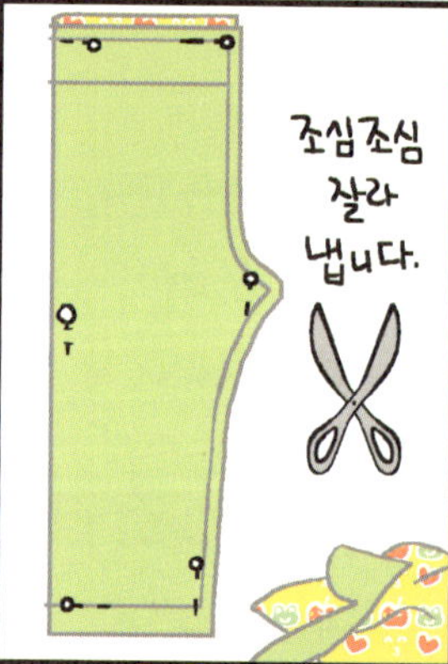
조심조심 잘라 냅니다.

이렇게 생긴 걸 하나 더 만들어 두 짝이 되게 하세요.

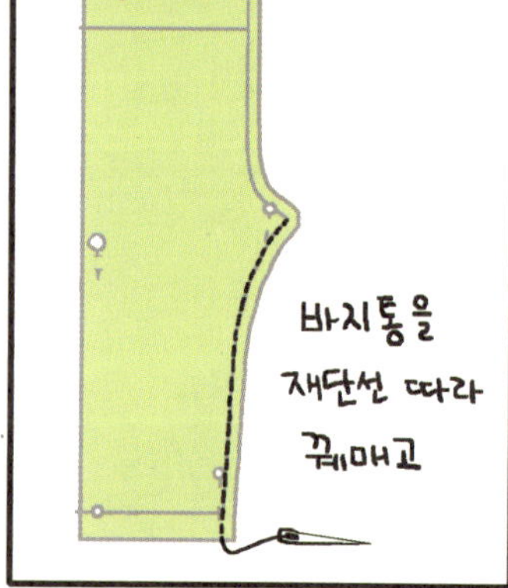
바지통을 재단선 따라 꿰매고

(천이 얇다면)
시접을 벌려 한쪽을 0.5cm 남기고 잘라 내세요.
눈치 채셨죠?

휘갑 치기 기계 없는 이의 숙명! 쌈솔입니다.
숙명 아니거든.

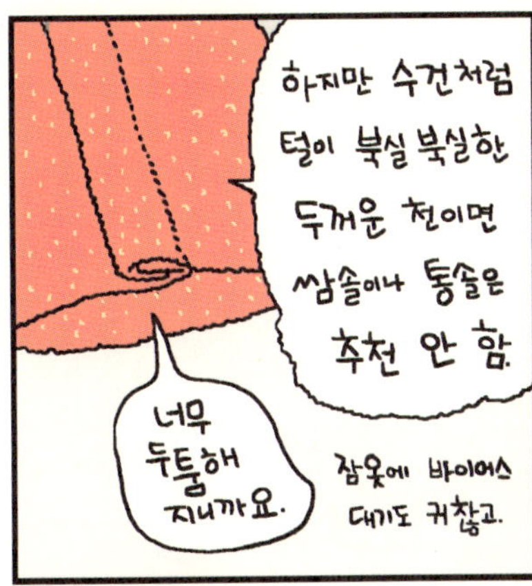
하지만 수건처럼
털이 북실북실한
두꺼운 천이면
쌈솔이나 통솔은
추천 안 함.
너무
두툼해
지니까요.
잠옷에 바이어스
대기도 귀찮고.

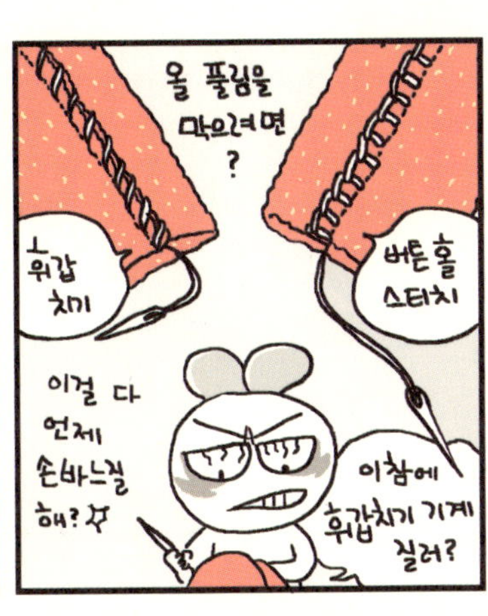
올 풀림을
막으려면
?
휘갑
치기
버튼홀
스티치
이걸 다
언제
손바느질
해?
이참에
휘갑치기 기계
질러?

그래?
살 거야?
그럼 나 가끔
빌려 쓰러 갈게.
네가 사!
집도 나보다
잘 살면서!

두꺼운 천은
시접을
가름솔 해서
접어박기
하는 게 나을듯.

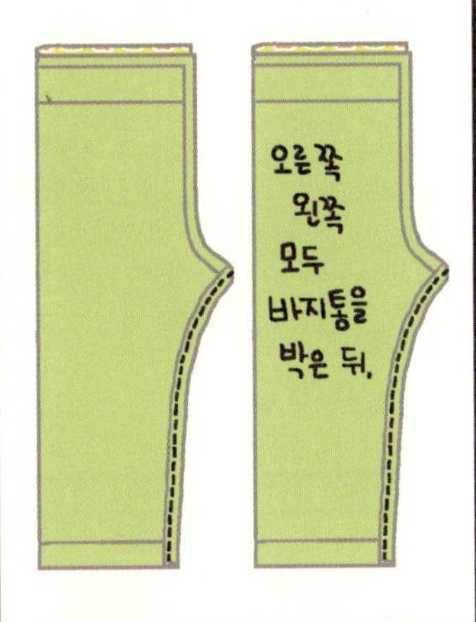
오른쪽
왼쪽
모두
바지통을
박은 뒤,

한 짝을
뒤집어
주세요.

오른 다리, 왼 다리 천
겉면끼리
마주 보게
해서,
한 개를
나머지에
통째로
끼워
넣으세요.

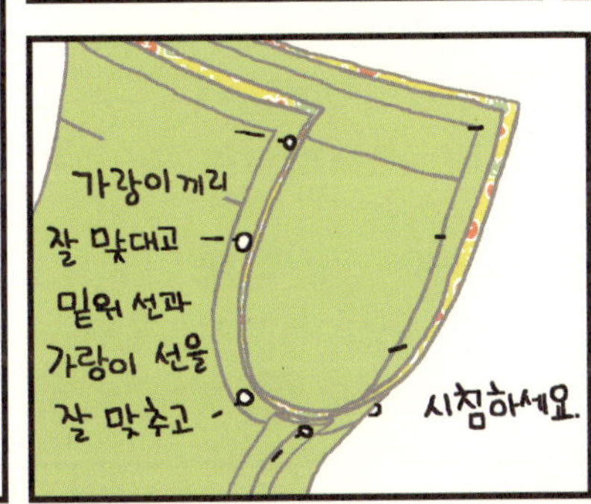
가랑이끼리
잘 맞대고
밑위 선과
가랑이 선을
잘 맞추고
시침하세요.

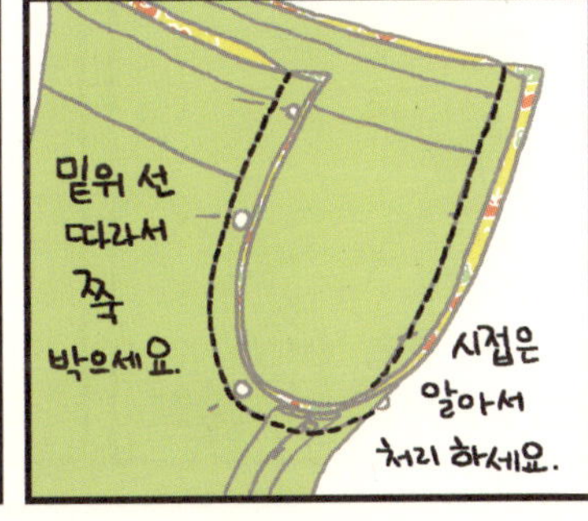
밑위 선
따라서
쭉
박으세요.
시접은
알아서
처리 하세요.

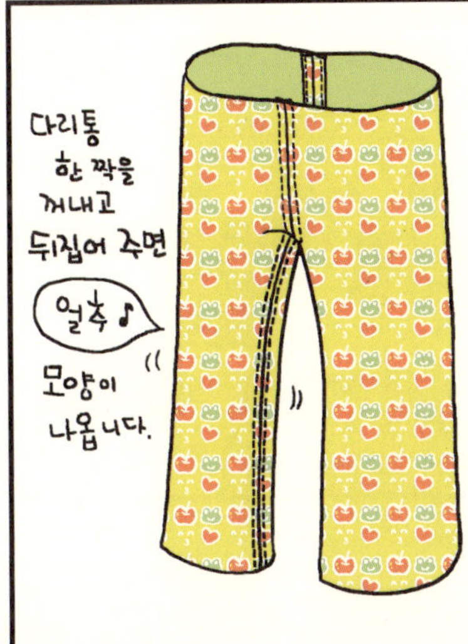
다리통
한 짝을
꺼내고
뒤집어 주면
얼추 ♪
모양이
나옵니다.

허리단 접어
고무줄 넣고
고무줄이 꼬이지 않게
군데군데
찝어
주세요.
밑단
접어박기
하면

짠
수면 바지 납셨어요.

끝

다음 주 금요일에 얼음 썰매장에 갈 예정이오니,
학부모님께서는 그날 아이들이 젖지 않게

방수 바지

를

입혀 보내 주시고
여벌 옷과 여벌 속옷, 양말도
함께 준비해 주세요.

가정 통신문

으으

눈썰매 눈썰매

방수 천…

스키 바지?

뭐 해?

응, 방수 천 사려고 검색 중이야.

만들게? 만들 수 있어?

수면 바지도 만들었잖아.

방수 바지가 별 건가? 방수 천으로 만든 바지가 방수 바지지.

얼렁아, 엄마 콧대 올라간 것 좀 봐.

맞는 말인데,

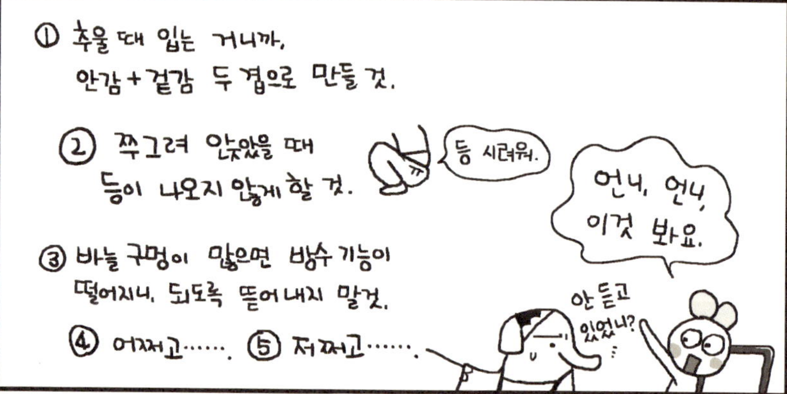

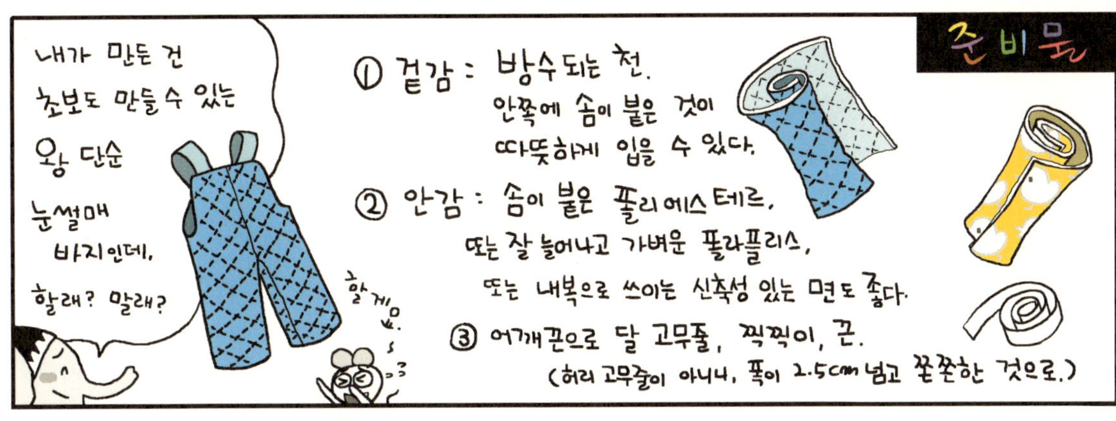
준비물
내가 만든 건
초보도 만들 수 있는
왕 단순
눈썰매
바지인데,
할래? 말래?
할게요.
① 겉감 : 방수되는 천.
안쪽에 솜이 붙은 것이
따뜻하게 입을 수 있다.
② 안감 : 솜이 붙은 폴리에스테르,
또는 잘 늘어나고 가벼운 폴라플리스,
또는 내복으로 쓰이는 신축성 있는 면도 좋다.
③ 어깨끈으로 달 고무줄, 찍찍이, 끈.
(허리 고무줄이 아니니, 폭이 2.5cm 넘고 쫀쫀한 것으로.)

집에 있는 아이에게
낙낙한 멜빵바지를
찾아오세요.
멜빵바지가 없다면
아이 몸 치수를 재본 뒤,
바지 위에 덧붙여
그리면 됩니다.
대충
허리선부터
겨드랑이 밑까지

멜빵바지를
반 접어 준 뒤,
커다란
종이 위에
올려놓고
낙낙하게
테두리 선을
그립니다.

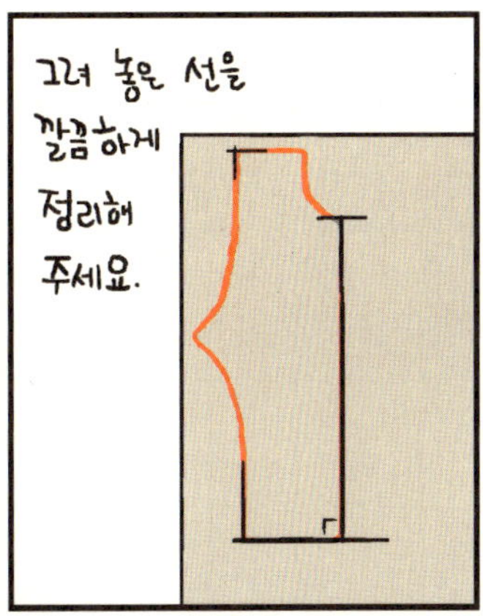
그려 놓은 선을
깔끔하게
정리해
주세요.

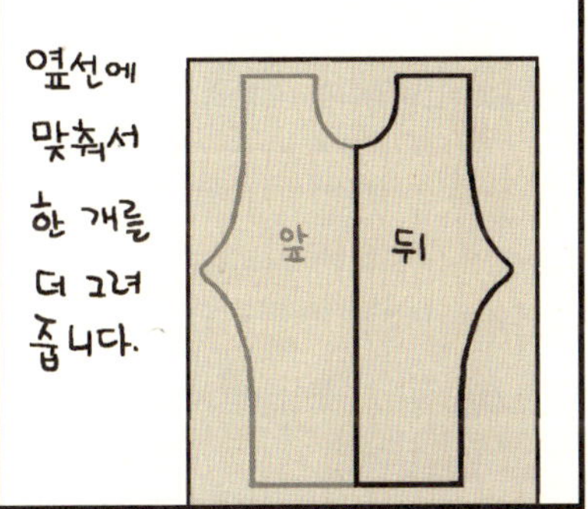
옆선에
맞춰서
한 개를
더 그려
줍니다.
앞
뒤

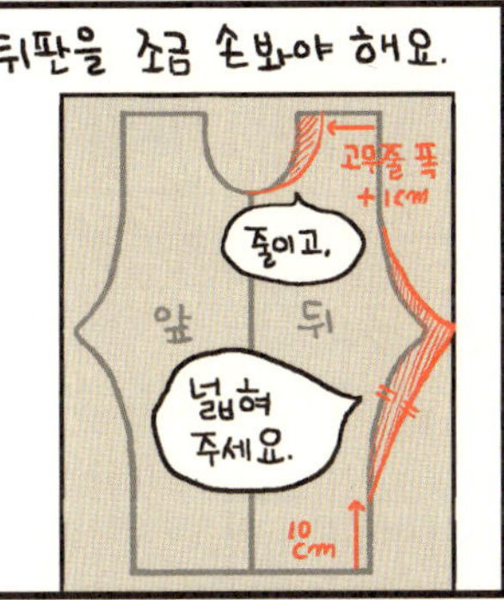
뒤판을 조금 손봐야 해요.
고무줄 폭
+1cm
줄이고,
앞
뒤
넓혀
주세요.
10
cm

앞
뒤
본 완성.
종이를
자르세요.

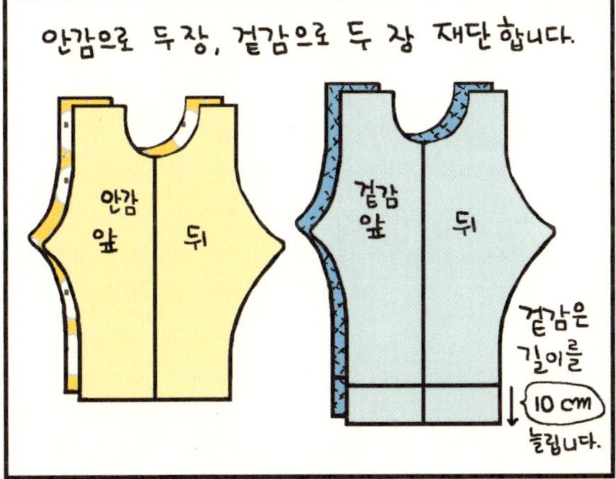
안감으로 두 장, 겉감으로 두 장 재단합니다.
안감
앞
뒤
겉감
앞
뒤
겉감은
길이를
10 cm
늘립니다.

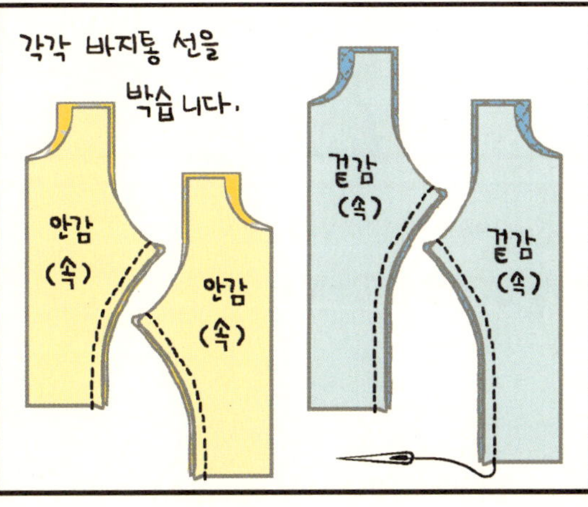
각각 바지통 선을
박습니다.
안감
(속)
안감
(속)
겉감
(속)
겉감
(속)

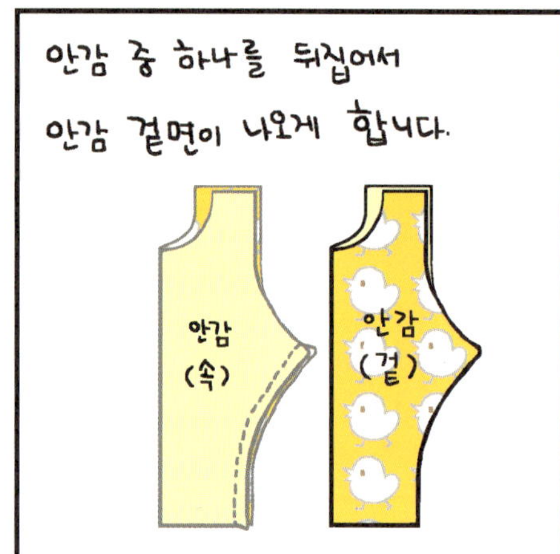
안감 중 하나를 뒤집어서
안감 겉면이 나오게 합니다.
안감
(속)
안감
(겉)

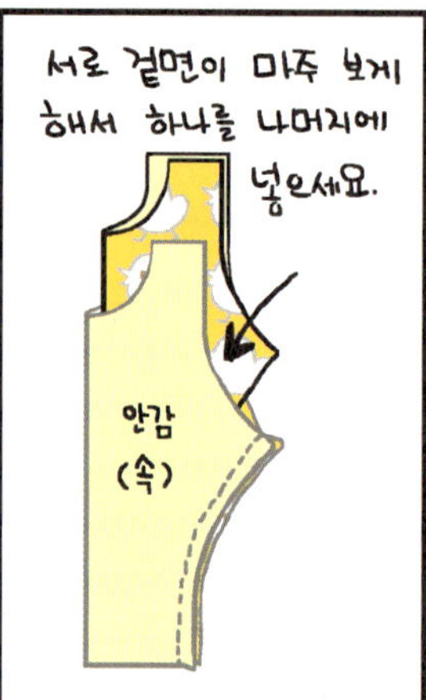
서로 겉면이 마주 보게
해서 하나를 나머지에
넣으세요.
안감
(속)

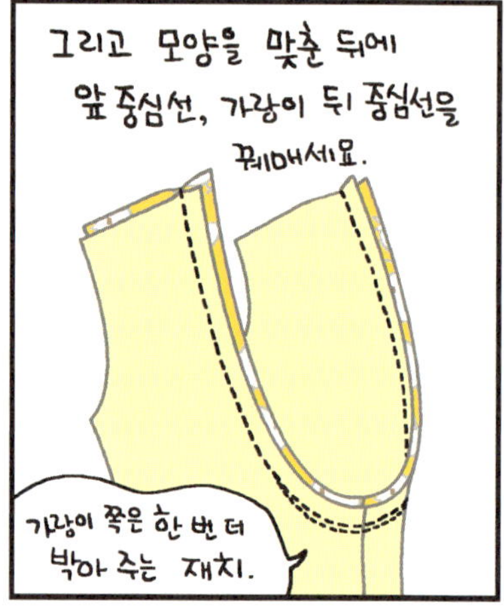
그리고 모양을 맞춘 뒤에
앞 중심선, 가랑이 뒤 중심선을
꿰매세요.
가랑이 쪽은 한 번 더
박아 주는 재치.

바지통을 꺼내
뒤집으면,
짜자잔
모양이
나오네?
안감
(겉면)
정말
쉽지요?

겉감도 안감처럼
만듭니다.

겉감을 다시 뒤집은 뒤,

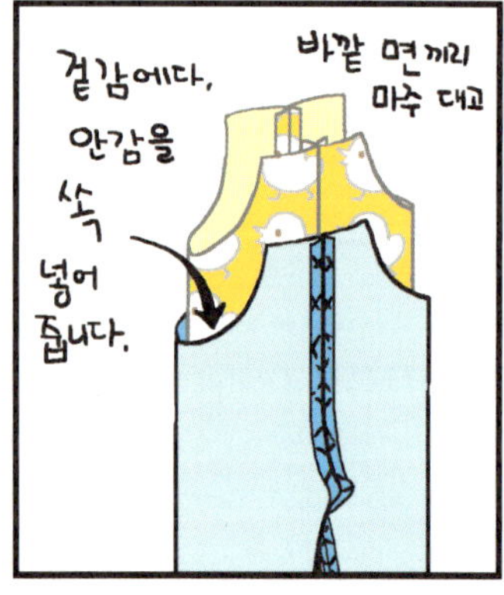
겉감에다,
안감을
쏙
넣어
줍니다.
바깥 면끼리
마주 대고

모양을 잡아 주고,
진동 둘레 양쪽을 박습니다.

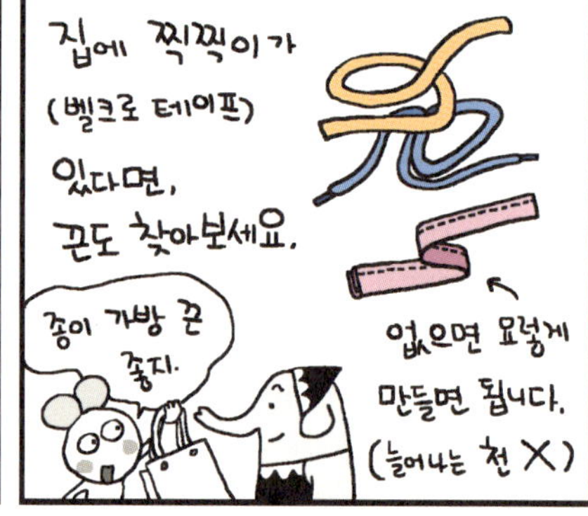
집에 찍찍이가
(벨크로 테이프)
있다면,
끈도 찾아보세요.
종이 가방 끈
좋지.
없으면 요렇게
만들면 됩니다.
(늘어나는 천 X)

끈이 빠지지 않게 매듭지고
실로 고정해 주세요.
어깨끈
걸어 주는 고리가
돼요.
고무줄 폭
(가슴쪽)

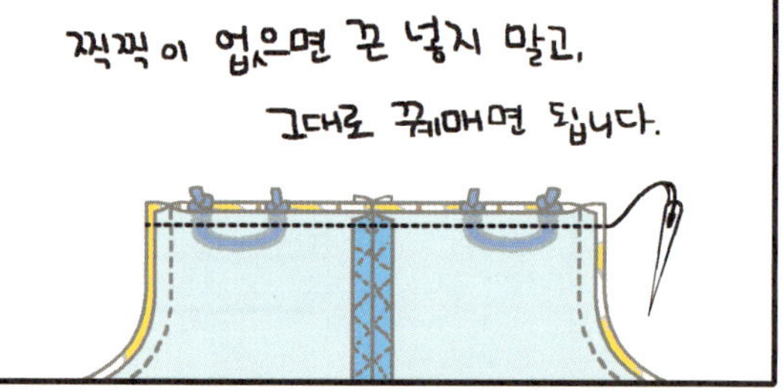
찍찍이 없으면 끈 넣지 말고,
그대로 꿰매면 됩니다.

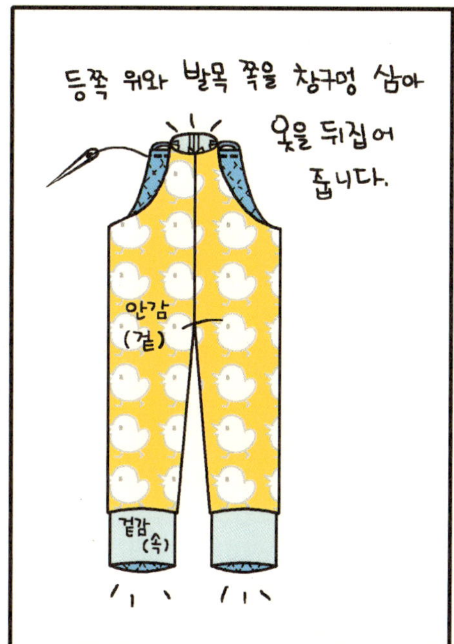

겉감이 안감보다
10cm 길게
만들었으므로,
키에 맞게 접어 올리면 됩니다.

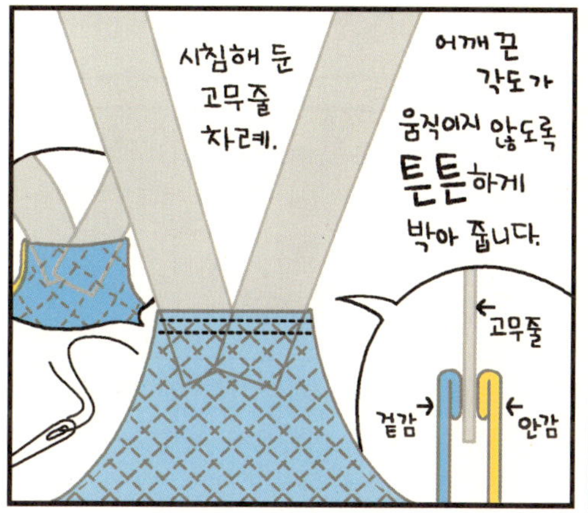

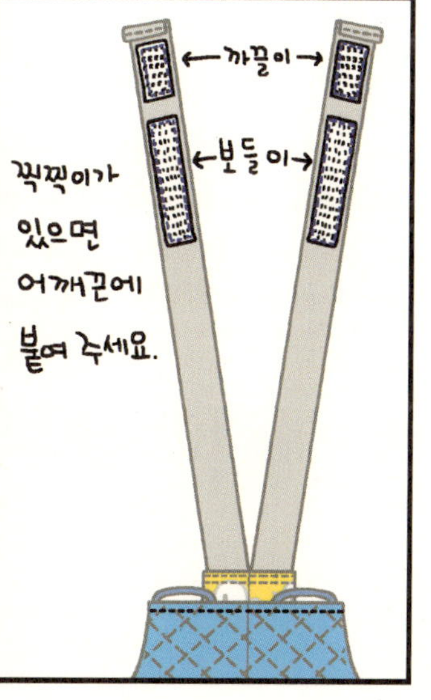

시작

설날인데, 선물로 뭐 만들어 줄까?
낚시 물고기? 퍼즐?
아니.
괜찮아요.

엄마 건 안 예뻐.
쿵

세상에 하나뿐인 엄마표 장난감을!
예쁜 것에 마음가는 건 본능이라니까.

본능? 좋았어!
나도 예쁜 거 만들 수 있다는 걸 보여 주겠어!
과연?

짜잔
CD
뭐, 뭐야?
카드는 왜 꺼내?

반짝반짝 비즈 공예를 배우려면 재료가 있어야 할 거 아냐!
켁

정신 차려.
앗, 차가워

집에 잔뜩 쌓여 있는 만들기 재료에 뭘 더 보태려고!
원단
펠트
천연
천연 비누
뜨끔

저것들 가운데 골라서 예쁜 거 만들면 되잖아!
음 음 음
알았어, 알았다고.

결정했어.
겨울엔 따뜻한 느낌이 최고
펠트 배씨 머리띠 만들기
휴

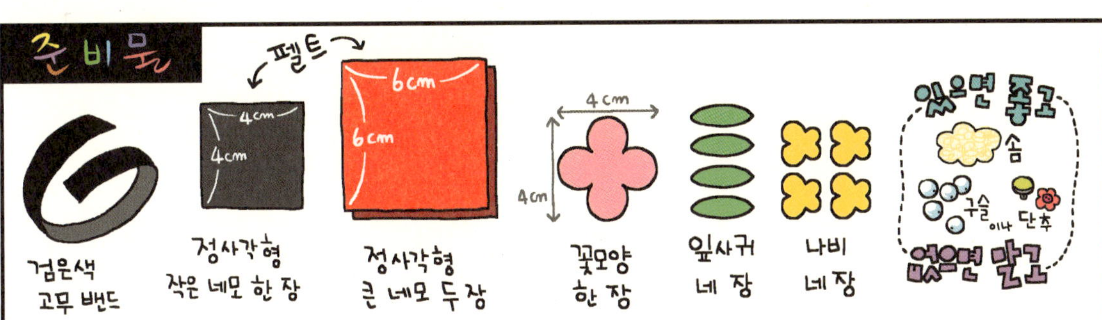

큰 네모 한 장 위에 작은 네모를 올려 버튼홀 스티치 합니다.

박음질이나 홈질로 잎사귀를 답니다.

박음질로 꽃을 달아 줍니다.

구슬이나 어울리는 단추를 함께 달아 줘도 예뻐요.

나비까지 달면 앞면 완성♡.

남은 큰 네모에 고무줄을 붙입니다.

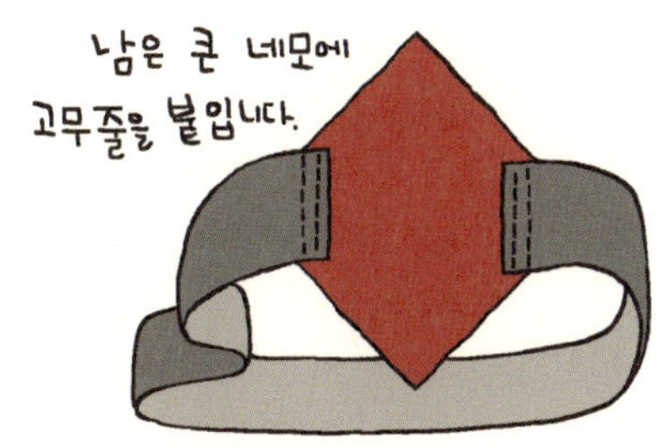

앞판 네모를 위에 올리고

가장자리를 버튼홀 스티치로 돌려 주면

구슬이나 단추 남은 거 있으면 달아 주시라. 없음 말고.

솜을 넣어 주면 도톰하니 예뻐요.

고무줄 대신 검은 머리띠 위에 장식을 붙여 주기도 해요.

천 생리대 · 가슴 싸개 · 수유 가리개 · 사각팬티 · 베갯잇

수젓집 · 남자 앞치마 · 물주머니 덮개 · 실내화 · 장갑 · 커튼

시작

천 생리대 써 보아요

여자의 몸은 소중해요.
남자도 소중해.
고정 관념에서 벗어나라고.
남자는 빠져 주라.
그런가?
흠.
가임기 여성의 삶에서 약 1/4을 차지하는 월경 기간 (500번쯤 한대요.)
짓무르고,
따갑고,
어쩐지 찝찝……
전 가려워요.
짜증나요.
물론, 아무렇지도 않은 여인도 있지요.
무덤덤

옛 여인들은 천을 접은 '개짐'을 찼지만,
현대 여성들은 일회용 생리대를 사용하고 있죠.

이렇게 얇은 종이에
이렇게나 많은 물이 흡수된다니.
흡수 파우더 1g에 물 200g이상 흡수.

물 먹는 생리대.
빵 빵
정상이 아냐.
얼마나 많은 약품 처리를 한 걸까?

전진하라 직장 여성!
전 세계 여성들이 버리고 있는 생리대들의 산
편리함에 우리의 건강과 자연을 쉽게 내놓는 것은 아닌지……
이 몸 바쳐 생리대가 되리.
안녕.

많은 일회용 생리대들이 순면 느낌을 강조합니다.
순면 느낌이란, 진짜 순면이 아니란 소리죠.
역설
바나나맛 우유에 바나나가 안 들어가듯.
천연 코튼이 들어 있다는 일회용 생리대도 있던데……
그건 면으로 만들어진 일회용 생리대란 뜻이 아니라,
합성섬유와 면으로 혼방된 부직포 부분만 말하는 거예요. 온갖 표백제, 응고제 따위가 화학물질로 범벅이 된!

잎사귀들 다 떨어져라!
면화 생산량을 높이기 위해 고엽제를 뿌려서 수확한다는 사실.

으악! 순면도 이 지경이면 어쩌라는 거냐.

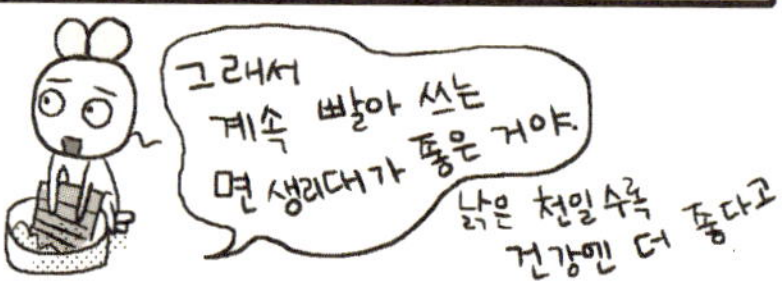
그래서 계속 빨아 쓰는 면 생리대가 좋은 거야.
낡은 천일수록 건강엔 더 좋다고.

"집과 자동차는 내려 살기 힘들다."는 말이 있죠?
천 생리대를 써 본 사람들의 경험담을 들어 볼까요?
말이 필요 없어요. 몸이 말아요.
생리대도 마찬가지랍니다.
포름알데하이드 걱정 없어요.
짓무르지도 따갑지도 않아요.
두툼한 속옷을 입은 느낌이에요.
불쾌하지 않죠
저는요, 전에는 월경이 지저분하게 느껴졌는데, 이젠 소중하게 느껴져요.
생명의 신비랄까.

천 생리대의 단점은 없어?
빨래를 해야 한다는 게 일은 일이더라고.
치명적인 단점이 있지.
근데, 귀찮은 걸 감수할 만큼 몸이 좋아해서 말이지.

월경 기간 내내 빨아야 겠네?
No
그렇진 않아.
물론 날마다 빨면 더 좋겠지만
두세 번만 빨고 있어.

한 번 쓴 천 생리대는
주물 주물
찬물에 대충 핏물을 빼고.
요 장면이 처음엔 약간 충격.

비누를 묻혀,
문질 문질

찬물에 담가 둡니다.
뜨거운 물은 피를 굳게 하니까 꼭 찬물로.

하루에 한 번.
통에 있는 물을 새 물로 갈아 주면 됨.
이렇게 며칠 모아서
한 번에 빨아 버린답니다.
양이 적은 날이나 외출했을 때 쓴 생리대가 얼룩이 더 남네요.
피가 마르면서 천에 물든 건데요, 깨끗하기만 하면 되죠.

깔끔한 분들은 널기 전에 삶아 주신답니다.
세균들이 싹 없어지는 기분이라고요.
물에 넣고 끓이기만 하면 끝. 정말 쉽죠?

면은 햇볕에 말려 주면 더 좋습니다.
장마철, 말려도 눅눅하다 싶으면,
다리미도 좋아요. 단, 방수 천이 들어간 것은 낮은 온도로!
기분 좋아.
세수는 했나?

좋은 거 누가 모르나?
하지만, 재택근무를 하거나, 전업주부나 할 수 있지.
직장 다니면서는 불가능해요.

천 생리대를 쓰는 직장인들의 말을 빌리자면 "문제 없음."

무엇보다 일터에서 냄새가 날까 걱정이에요.
그렇다면 더더욱 천 생리대를 써야죠.

일회용 생리대를 쓰고 나면, 비릿하고 역한 냄새가 나죠.
사실은 통풍이 잘 안 되는 비닐 속에서 화학 첨가물과 월경혈이 섞여서 나는 냄새랍니다.
순수하게 월경혈 자체의 냄새는 심하지 않아요.

월경혈도 체액이니까, 냄새는 조금 있겠지만.
코를 대고 맡는다면 모를까, 생각만큼 역겹지 않아요.
킁
킁

일터 갈 때 주머니 두 개를 준비해서
안 쓴 것
쓴 것
나누어 보관하세요.

그래도 냄새가 걱정된다면?
걱정 마! 내가 있잖아. 비닐 가방(지퍼백).

퇴근하고 나서 비누칠해서 찬물에 담가 두면 됩니다.
하루에 한 번 물 갈아 주는 것만 잊지 마세요. (특히 여름!)

천 생리대를 쓰면, 응고제가 아니라 천 자체가 월경혈을 흡수해서 몸에 좋다는 거죠?
자연에도 좋고.
그렇죠!

그럼담, 무척 두툼해야 하지 않나요? 겉옷에 실수하는 일은 없어야죠.
두툼

옛날 할머니들이 쓰셨던 개짐도 한복을 입었으니까 가능했지.
풍성한 치마를 입고 다닐 수 없는 직장도 많은데.

아뇨, 아뇨.
천 생리대는 개짐처럼 두툼하지 않아요.
크기는 일회용 생리대랑 비슷하답니다.

타이즈만 입고 다닌다면 티가 나겠지만.

보통 옷차림이면 거의 티가 나지 않는답니다.

샐까 봐 불안해요.
일회용이나 천 생리대나 샐까 봐 불안한 건 마찬가지.

양이 많은 날엔 방수 천을 댄 대형 크기 생리대를 쓰시면 되고요.
흡수대를 여러 장 끼워도 좋아요.
일회용이든, 천 생리대든 자주 바꾸는 게 건강에도 좋겠죠.

활동할 때 생리대가 움직이면 어쩌죠?
팬티 위에
거들이나 위생팬티 같은 신축성 좋은 속옷을 더 입어 주면 훨씬 안전해요.

일회용보다는 자주 바꿔 줘야 할 것 같은데.
하루에 몇 개나 필요한가요?
음.
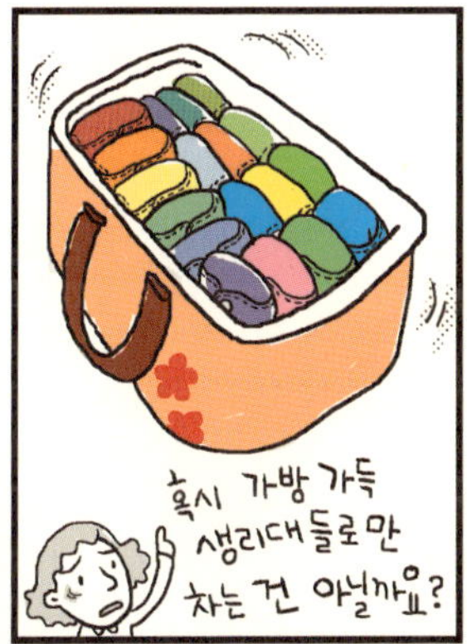
혹시 가방 가득 생리대들로만 차는 건 아닐까요?

가방이 아주아주 작으면 저렇지도……
보통, 하루 기준으로 일회용 생리대 쓸 때보다 한두 개 더 있으면 충분해요.
하하하
양 많은 날엔 두 개 추가. 양 적은 날엔 한 개 추가.

흠, 어디서 구할 수 있죠?
인터넷
천 생리대
면 생리대
대안 생리대
검색
요즘엔 대형 할인 매장에서 파는 곳도 있고요. 생협 매장에서도 팔아요.
인터넷 쇼핑몰도 아주 많으니까 취향에 맞게 고르세요.
착

싸아아아악
너무 비싸요!
예상 했던 반응
그래서 말이죠. 값싸게 구할 수 있는 방법은 다음 장에.

끝

시작

참삶은
아무나 사는 게
아닌가 봐.
천 생리대
가격표

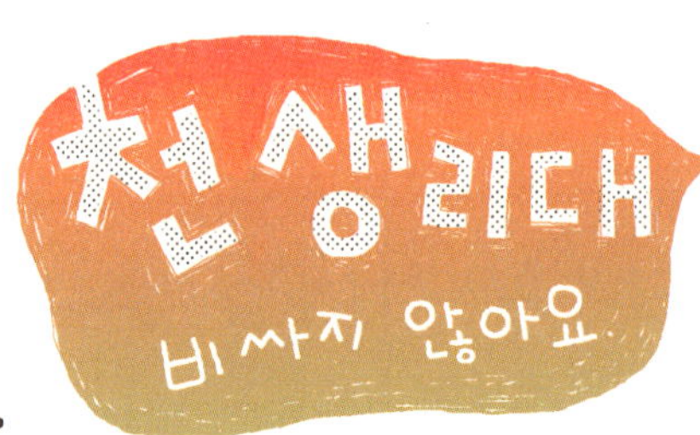
천 생리대
비싸지 않아요.

좌절금지
잠깐!

천 생리대는 보통
몇 년 동안 쓸 수 있어요.

다달이 일회용 생리대를
8000원어치씩 쓴다고
했을 때,
8,000×12달=96,000
한 해 동안
10만원 어치를 사서
버리는 셈!

≦ ×12
따져 보면
비싼 건 일회용이죠.
더군다나 환경
오염도 심하고.

그렇다고 해도
처음 투자 비용이
너무 세요.
목돈
없음.
같은 생각! 하지만
손수 만들면 아주
값싸게 가질
수 있어요.

저보고 만들라고요?
저는 손재주가 꽝.
손이 아니라, 발이라니까요.
무엇보다 시간도 없어요.
초급은
발재주로도
가능.
시간도
걸리지
않아요.

그럼 살며시
'초급'을 살펴
볼게요.
면으로 된 손수건이나,
수건 천만 있으면
돼요.
수건은
적당히
자른
뒤에
올 풀리지 않게
휘갑치기 해 주세요.

새 행주도 좋아요.
행주요?
할인 매장에서 열 장에
오천 원쯤 하는
면 100% 또는
테리타월
(면80% 폴리20%)
을 말하는 거예요.

일회용
생리대 위에
수건을
적당히 접어
올려 놓고
쓰는 겁니다.
이렇게만 해줘도
몸에는 훨씬 좋아요.
흐음.
너무
시시하다.

행주 사러
가야지.
꼭!
한 번 이상
빨고 나서
쓰세요.
(먼지 장난
아님.)

저는 초등학교
5학년인데요.
얼마전에
초경이 있었어요.
와,
축하해요.

외숙모가
면 생리대 모음을
선물로 주셨답니다.
와,
정말 예뻐요.
부럽다.
유생 팬티도 함께.

인터넷을 찾아 보니,
면 생리대가
좋다는 건 알았어요.
근데요,
안 써요.
엥?

남자애들이
장난으로 가방
뒤질까 봐 너무너무
불안하고요.
엄마한테
빨래를 맡기긴
싫고, 제가 하기엔
너무 많아요.
또,
반 애들 중에
면 생리대 쓰는
애들도 없어요.
흠…

정말
그렇겠군요.
아직 철부지
동급생들에,
손빨래 양도
너무 많고,
다 큰 숙녀가
엄마에게
생리대를 빨아
달라고 하기도
그렇고……
하지만!
반 애들이
안 쓰는 건 아직 잘
몰라서 그런 거예요.

이런 분께는 취침용
생리대를 권합니다.

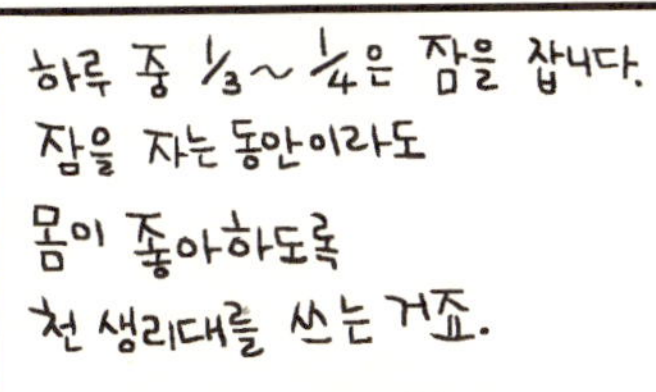
하루 중 1/3~1/4은 잠을 잡니다.
잠을 자는 동안이라도
몸이 좋아하도록
천 생리대를 쓰는 거죠.

하루에
한 장.
빨래 부담도
적어요.
취침용은 선물
못 받았는데.

만들어도
되고요.
대형
천 생리대를 하고
엉덩이 쪽에
수건을 대고 자면 됩니다.
요렇게.
그렇구나.
다 같이 건강해져요.
저도
만들 수
있을까요?
어렵지
않나요?
?
쉬워요.
홈질만 할 줄
알면 돼요.
애들한테
선물하세요.
예뻐야 해요.
아하!

끝

모양을 뜨기 위해선 '본'이 있어야겠죠?
인터넷에 검색해 보면 구할 수 있어요.

■ 피자매 연대
www.bloodsisters.net

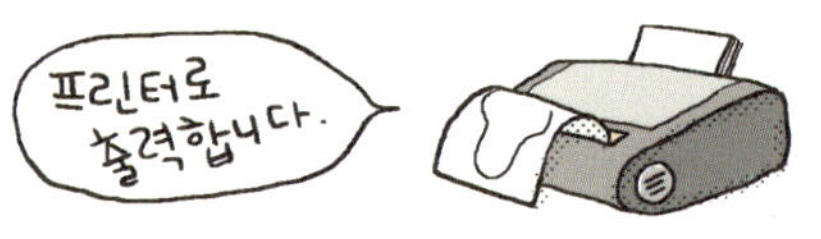

겉감으로 융(플란넬)이 인기가 많아요.
그 밖에 흡수가 잘 되는 면이라면, 뭐든 상관없어요.
수건 천을 겉감으로 쓰는 분들도 있어요.

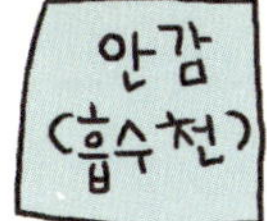

생리혈을 가장 많이 머금는 것으로
알려진 수건 천. 집에 있는
오래된 수건 하나 잡으세요.

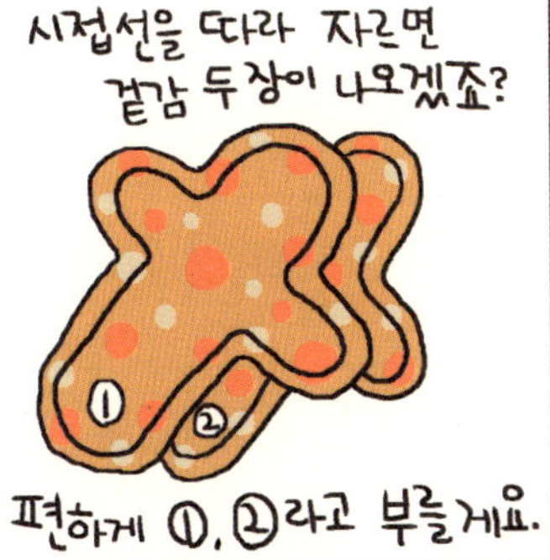

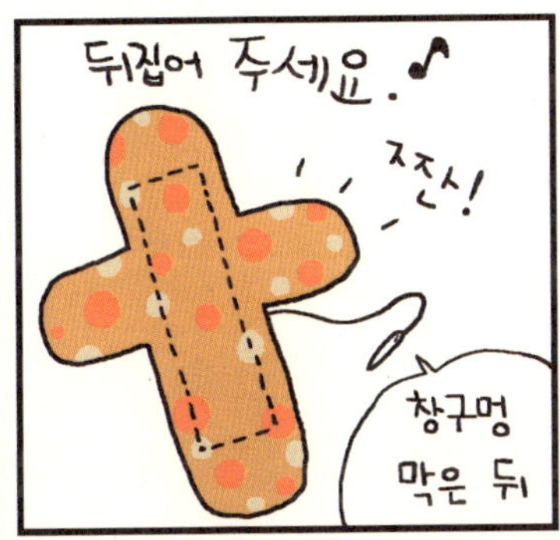

시작

이번엔
뭘 만들 거야?
흡수대가 분리되는
네모 생리대

생긴 건 투박하지만
본 만들기 쉽고, 버리는 천이 거의 없는
친환경 생리대랍니다.

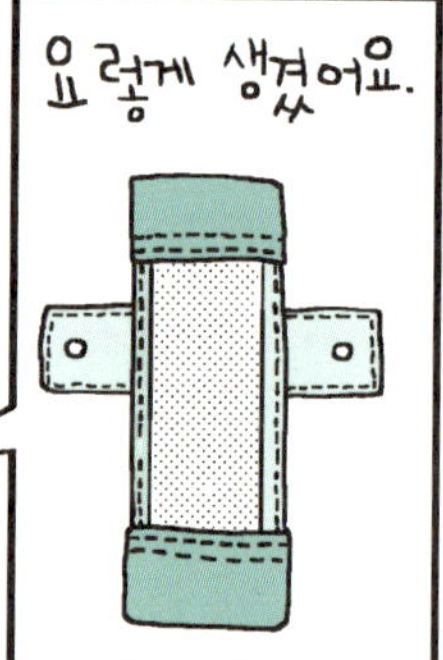
요렇게 생겼어요.

본 만들기
두꺼운 종이에 자를 대고 그립니다.
4.5cm
7cm
7 cm
18 cm
25 cm
주머니
날
개
본
판
길이나 폭은 자기 몸에 따라 바꾸세요.

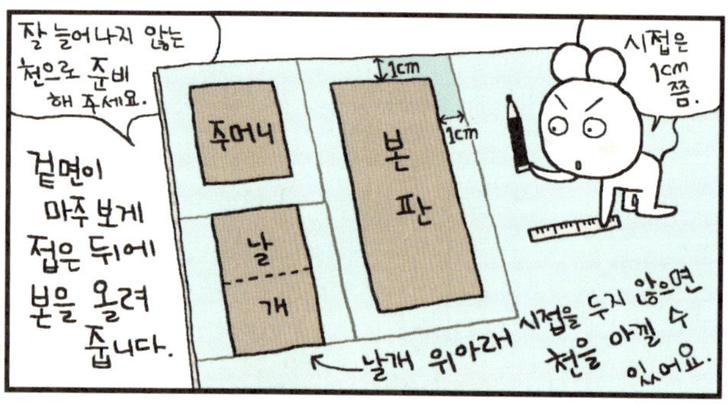
잘 늘어나지 않는 천으로 준비해 주세요.
겉면이 마주 보게 접은 뒤에 본을 올려 줍니다.
1cm
1cm
주머니
본
판
날
개
시접은 1cm 쯤.
날개 위아래 시접을 두지 않으면 천을 아낄 수 있어요.

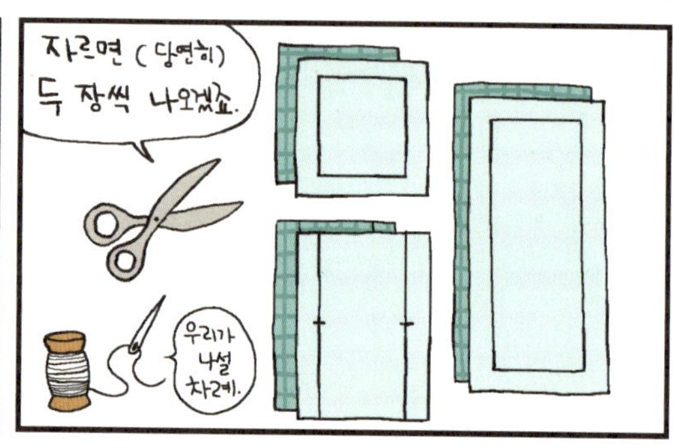
자르면 (당연히) 두 장씩 나오겠죠.
우리가 나설 차례.

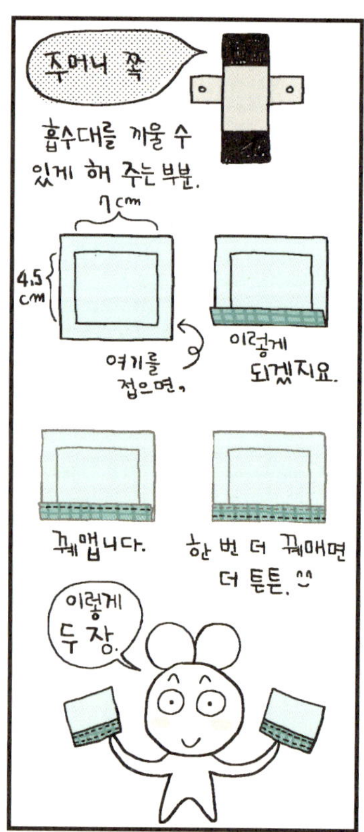
주머니 쪽
흡수대를 끼울 수 있게 해 주는 부분.
7cm
4.5 cm
여기를 접으면,
이렇게 되겠지요.
꿰맵니다.
한 번 더 꿰매면 더 튼튼. ^^
이렇게 두 장.

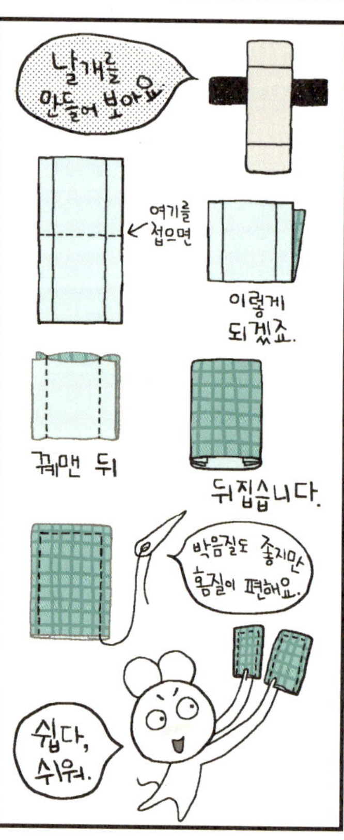
날개를 만들어 보아요.
여기를 접으면
이렇게 되겠죠.
꿰맨 뒤
뒤집습니다.
박음질도 좋지만 홈질이 편해요.
쉽다, 쉬워.

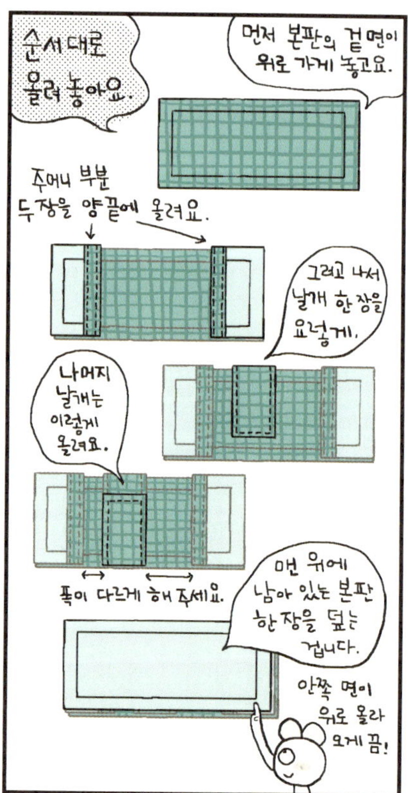
순서대로 올려 놓아요.
먼저 본판의 겉면이 위로 가게 놓고요.
주머니 부분 두 장을 양끝에 올려요.
그리고 나서 날개 한 장을 요렇게.
나머지 날개는 이렇게 올려요.
폭이 다르게 해 주세요.
맨 위에 남아 있는 본판 한 장을 덮는 겁니다.
안쪽 면이 위로 올라오게끔!

모두 모아 꿰매기 시작.
주머니 양쪽과 날개 쪽을 시침 핀으로 고정시키고
창구멍만 빼고 나머진 촘촘히 홈질해 주세요.

모서리는 살짝 잘라 주는 재치.
시침 핀들은 다시 바늘방석으로.

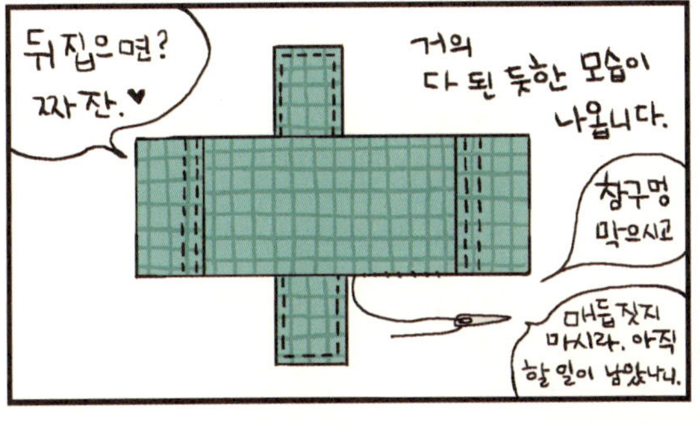
뒤집으면? 짜잔.♥
거의 다 된 듯한 모습이 나옵니다.
창구멍 막으시고
매듭짓지 마시라. 아직 할 일이 남았나니.

장식 홈질로 한 바퀴 돌려 꿰매 주고 매듭지으세요.
똑딱 단추 달아 주면
완성
흡수대는?

가장자리가 풀리지 않게 휘갑치기한 수건을 쓰든지
가제 수건을 끼우든지.
느낌이 좋은 걸로.
요렇게 쏙.
으흠

흡수대는 많을수록 좋아요.
양이 많은 날엔 여러 장 끼울 수도 있고요.
월경혈이 흡수대에만 묻었을 때는 흡수대만 바꾸면 되니까요.

잠깐! 고정대 천은 면이면 다 되는 거야?
흡수대를 고정해야 하니까 늘어나는 면은 좋지 않아.
오래된 남방
오래된 면티
월경혈이 많은 날에는 생리대가 부족할 때가 많죠.
특히 흡수대.
바빠서 못 빨았거나

아직 덜 말랐거나
이럴 땐 소형 천 생리대를 흡수대 대신 써 보아요.
소형 생리대나 팬티라이너는 보통 일체형으로 많이 만드는데,

대형이나 중형 고정대 위에
소형 천 생리대를 올려서 쓰는 거죠.
꽤나 요긴하답니다.
분리형은 네모 말고도 모양이 많잖아.

난 이게 좋던데? 다른 모양 하고 싶으면 인터넷 찾아 봐!
피자매연대
www.Bloodsisters.net

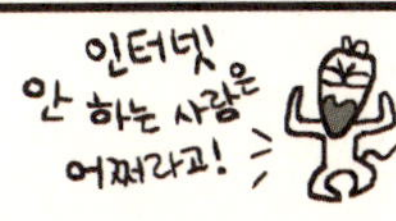
인터넷 안 하는 사람은 어쩌라고!

끝

시작

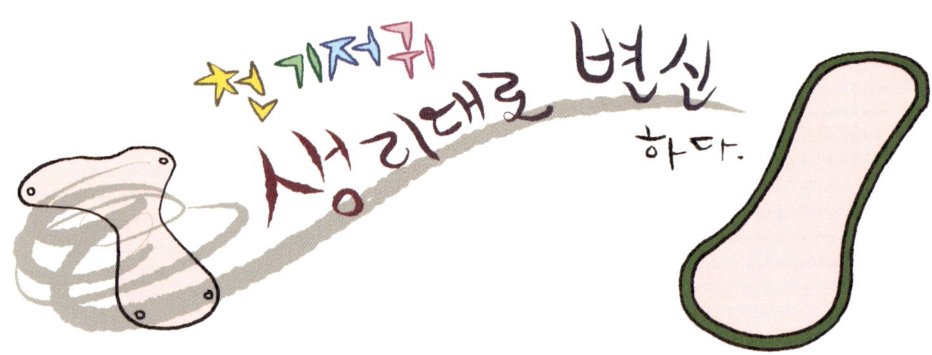
천 기저귀
생리대로 변신
하다.

얼렁이가 아기였을 때
만들었던 팬티 모양
천 기저귀.

버리자니 아깝고
물려 달란 사람도 없고
쟁여 놓으니 짐만 되고,
나름 작품인데.
처치 곤란일세……

그러던 어느 날
계시를 받았으니,
달거리대로 쓰임을 바꾸라.
예잇

추억 삼아
가장 예쁜 거
하나 남기고
얘들아!
기다려라!
새 삶을 주마!
?

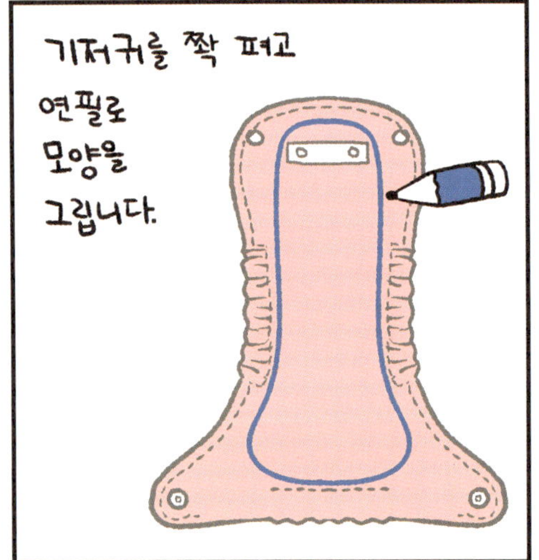
기저귀를 쫙 펴고
연필로
모양을
그립니다.

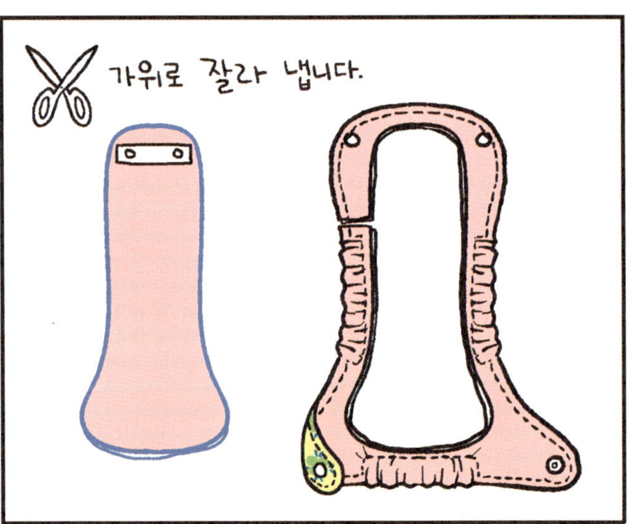
가위로 잘라 냅니다.

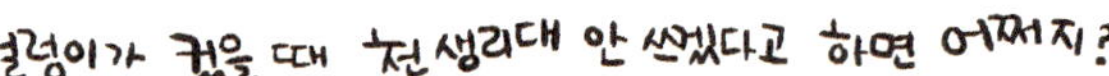
얼렁이가 컸을 때 천생리대 안 쓰겠다고 하면 어쩌지?

앗…….

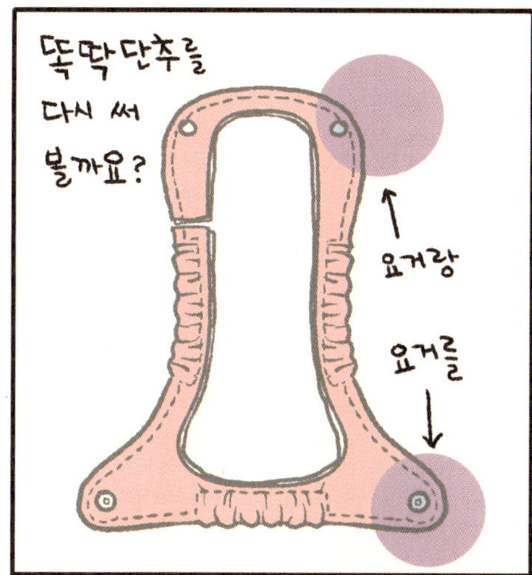
똑딱단추를
다시 써
볼까요?
요거랑
요거를

붙여 주세요.
똑딱!

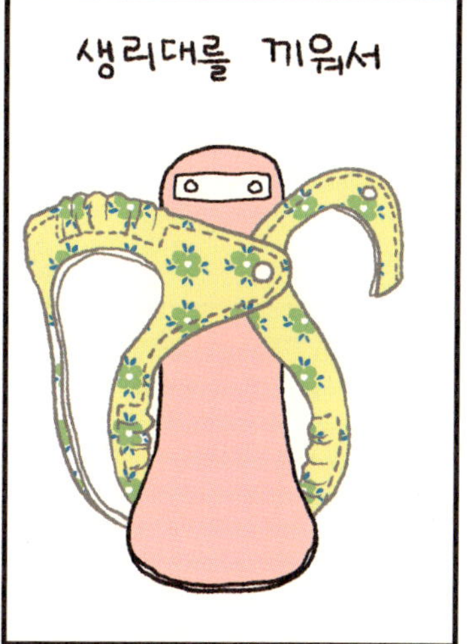
생리대를 끼워서

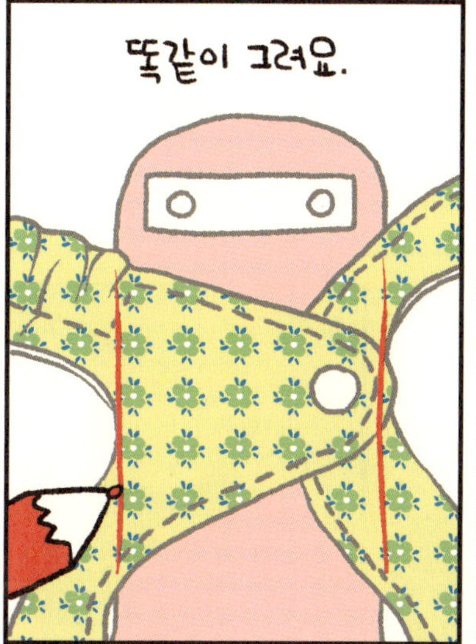
똑같이 그려요.

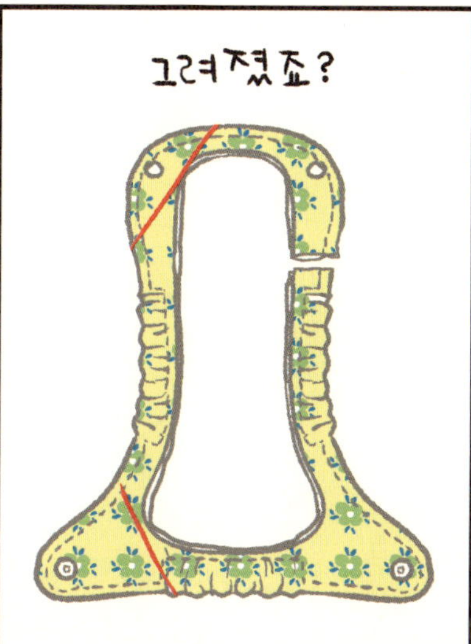
그려졌죠?

잘라요.
삭둑

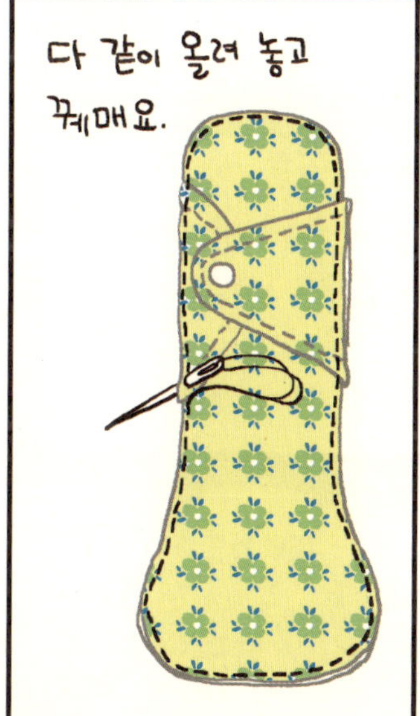
다 같이 올려 놓고
꿰매요.

가장자리에 바이어스를
대고
빙 둘러
꿰매세요.

오줌받이를
흡수대로
붙여 쓰면
잠잘 때도
걱정 없어요.

끝

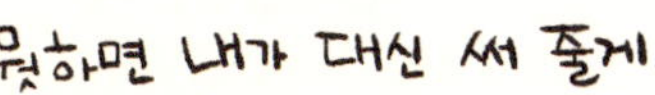
뭣하면 내가 대신 써 줄게.

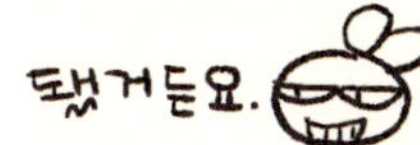
됐거든요.

시작

맴
맴
맴
맴……

아~. 끈적끈적.
덥다, 더워.

이봐.
교구 여왕.
왜?

세상에 불만 있어?
요즘 발레 배우는 모양인걸?
계속 표를……

아, 그게, 여름이 왔잖아.
그러다 보니……
뭐?

아니, 윗옷은 얇은데, 내가 답답해서……
에 엥? 뭐라는 겨?

어휴! 내가 위에 속옷을 안 입었다고.
글~
아.

왜? 속옷 빨래를 못 했어?
아니거든! 내가 너냐?

근데 왜? 가리고 다니기 힘들 텐데.
가슴에 자유를
양성평등!!
혹시 저런 뜻으로?
음! 저 정도 용기까진 없지만,

마음으로는 지지해.
왜 젖가슴을 야한 눈길로 쳐다 보는 세상이 된 걸까?
내 젖은 애 셋 먹인 것으로 할 일을 다했다 여기건만.
조선 시대 때는 내놓고 다녔다잖아.

하지만 브래지어를 안 하면 더 야한 눈길을 받을 텐데……; 더군다나 가슴도 크면서.
브래지어 한 사람은 안 한 사람보다 유방암 발병률이 125배란 소문도 있더라.
거봐라!
신문

그럼, 언니도?
나야 직업이 선생이다 보니 다 챙겨 입게 되지.
단정

집에서라도 안 하고 싶은데, 다 큰 애들 앞이라,
반창고 붙이고 다닌다니까.
하하 반창고!
뭐야? 집에서도 자유가 없어지는 거야?

옷 두툼한 겨울이 좋았는데.
그러게.

난 내가 만들어서 입는데,
딱히 불편한 건 모르겠더라고.

뭐야? 지금껏 혼자 편히 입었다 이거지?
용서 못 해!
살려.
혼 좀 나야겠네.

가슴싸개
본 만들어 보아요.
다들 재료도 없을 테니 본부터!

대량 생산되는 물건들은 평균치에 맞춰 만들기 때문에 사람마다 가진 개성을 맞춰 줄 수가 없잖아.

물건에 몸을 맞춰야 하지.

그 기본이 되는 본!
그리기 시작합니다.
♥ = 가슴둘레/4
♥+1.5cm
38~40cm
앞판

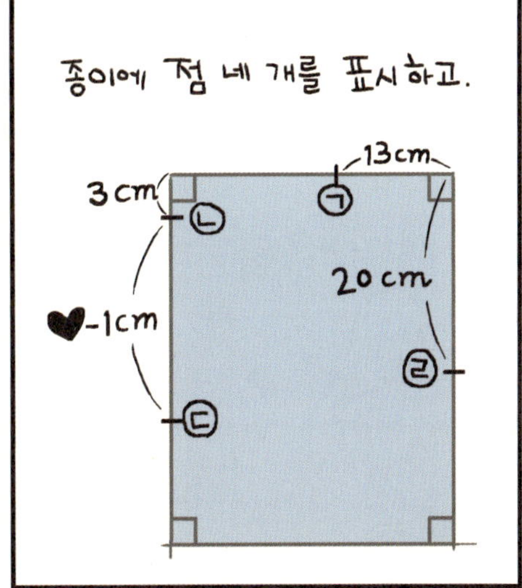
종이에 점 네 개를 표시하고.
13cm
3cm
ㄴ
ㄱ
20cm
♥-1cm
ㄹ
ㄷ

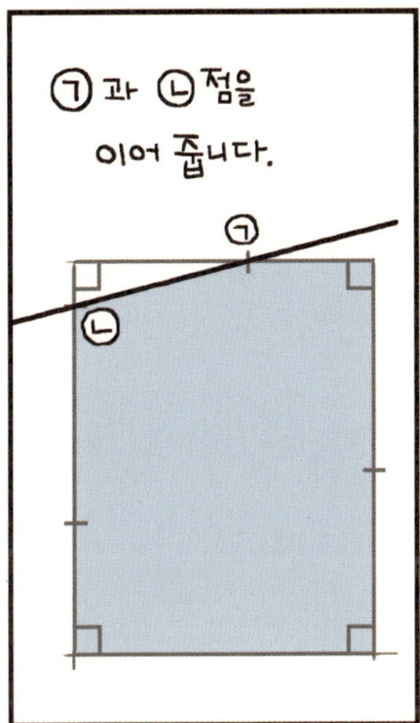
ㄱ과 ㄴ점을
이어 줍니다.
ㄱ
ㄴ

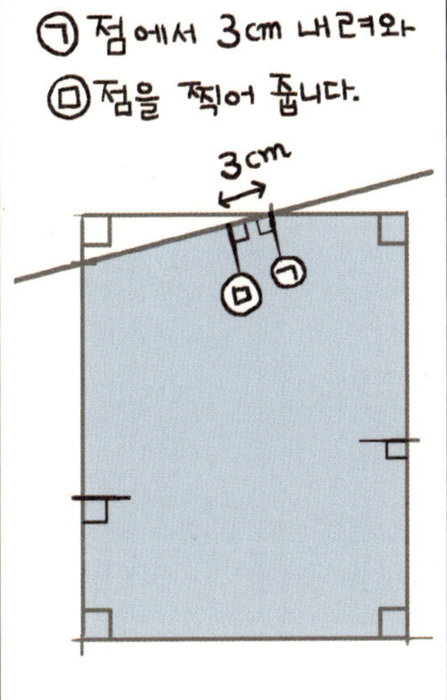
ㄱ점에서 3cm 내려와
ㅁ점을 찍어 줍니다.
3cm
ㅁ
ㄱ

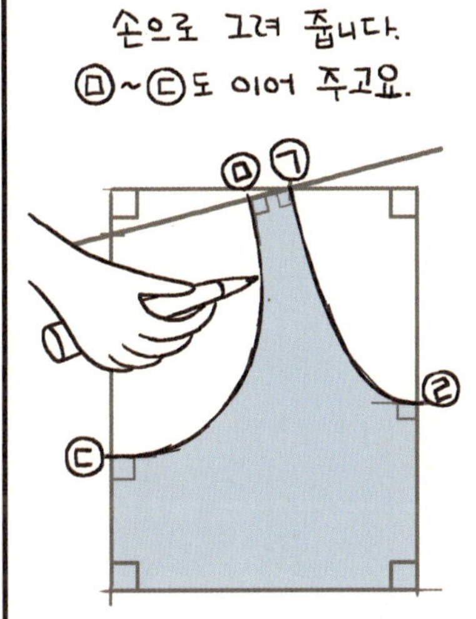
ㄱ~ㄹ을 자연스럽게
손으로 그려 줍니다.
ㅁ~ㄷ도 이어 주고요.
ㅁ
ㄱ
ㄹ
ㄷ

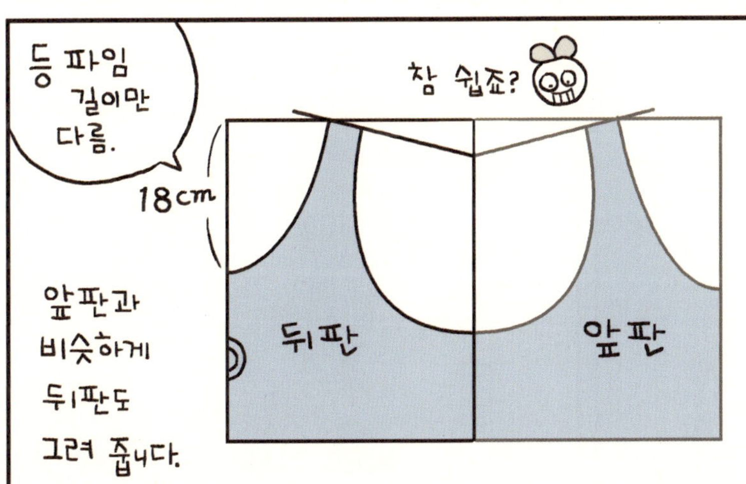
등 파임
길이만
다름.
참 쉽죠?
18cm
앞판과
비슷하게
뒤판도
그려 줍니다.
뒤판
앞판

적당한 천 구해서
만들어 보아요.

어떤 천?
처음엔
광목으로
시작해요.

끝

시작

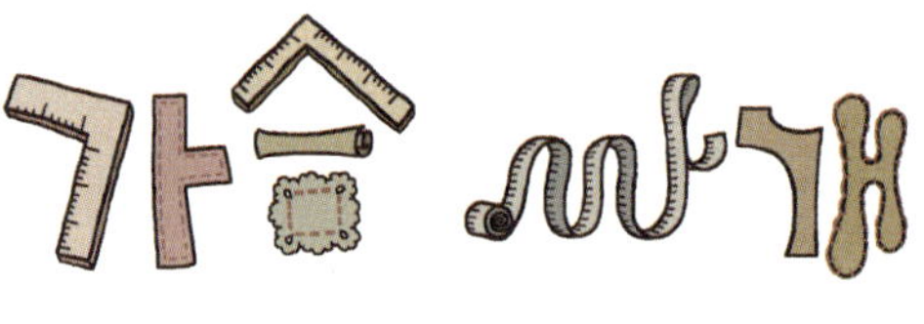

가슴 싸개 만들기

준비 됐나요.

네, 네,
네, 네, 네.

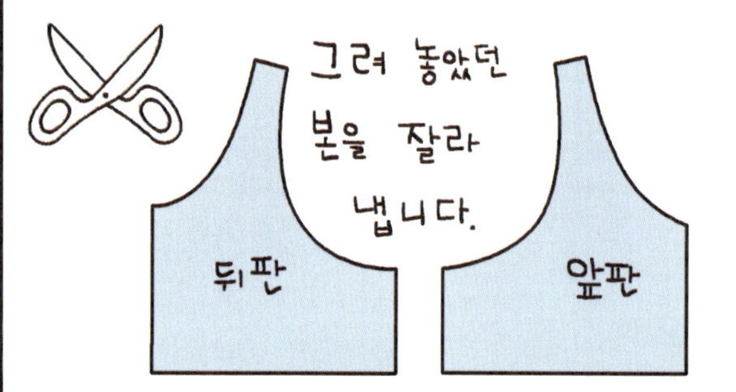
그려 놓았던 본을 잘라 냅니다.
뒤판
앞판

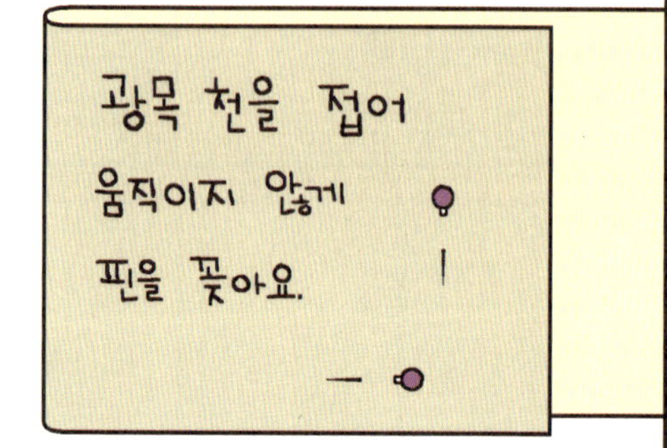
광목 천을 접어 움직이지 않게 핀을 꽂아요.

뒤판
앞판
잘라 낸 본을 천 위에 올려요.

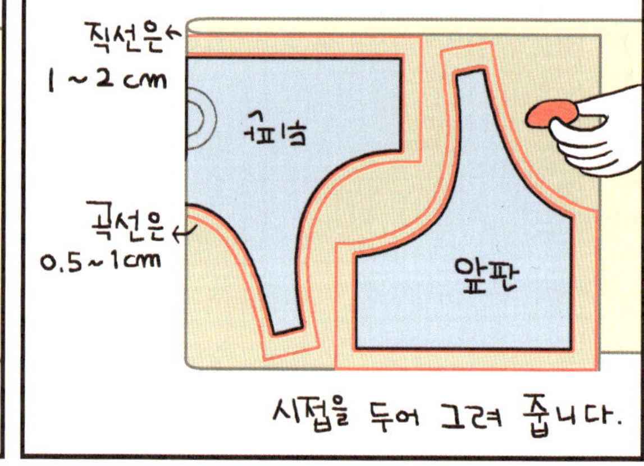
직선은
1~2cm
곡선은
0.5~1cm
뒤판
앞판
시접을 두어 그려 줍니다.

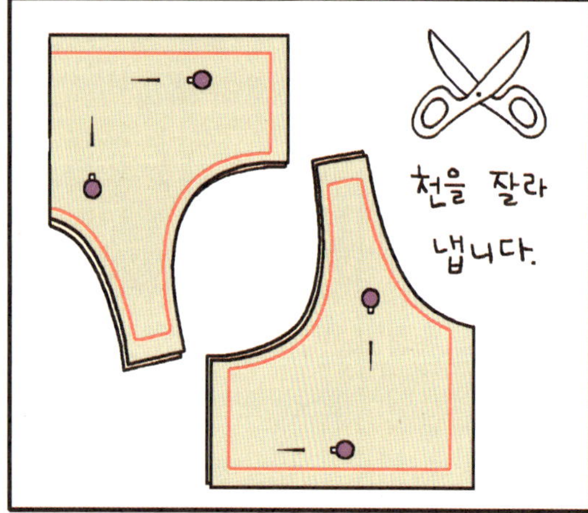
천을 잘라 냅니다.

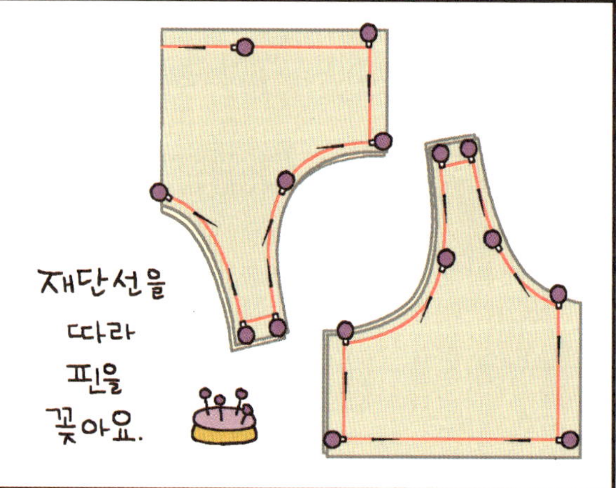
재단선을 따라 핀을 꽂아요.

뒤집어 줍니다.

핀 자리를 따라 뒤쪽에도
재단선을 그려 줍니다.

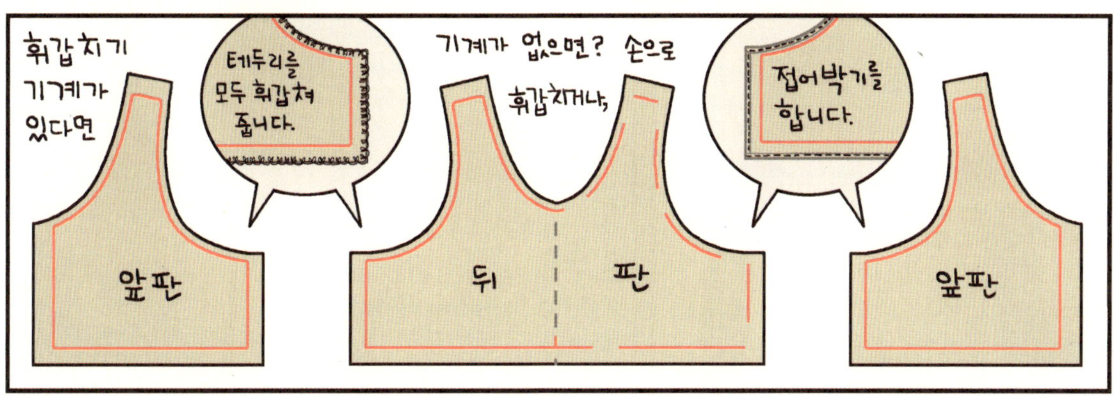
휘갑치기
기계가
있다면
테두리를
모두 휘갑쳐
줍니다.
기계가 없으면? 손으로
휘갑치거나,
접어박기를
합니다.
앞판
뒤
판
앞판

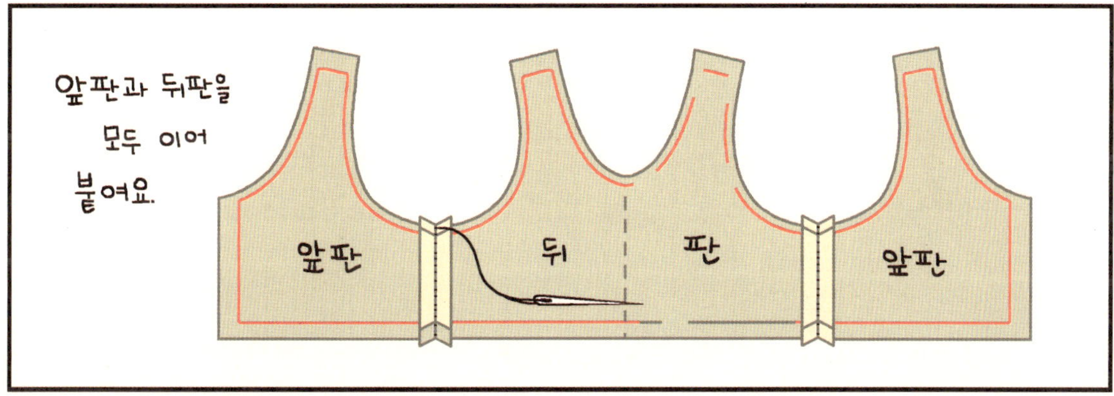
앞판과 뒤판을
모두 이어
붙여요.
앞판
뒤
판
앞판

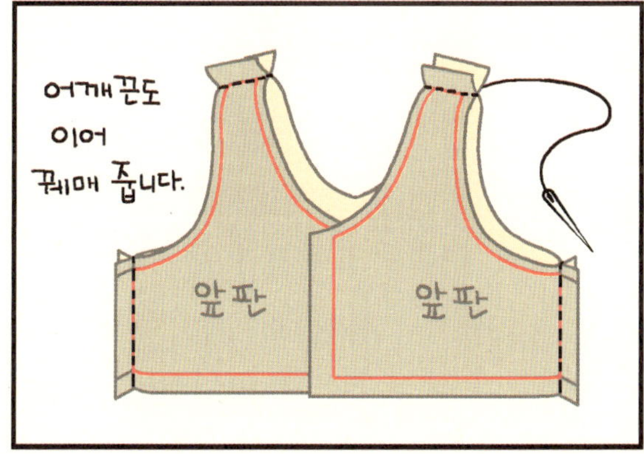
어깨끈도
이어
꿰매 줍니다.
앞판
앞판

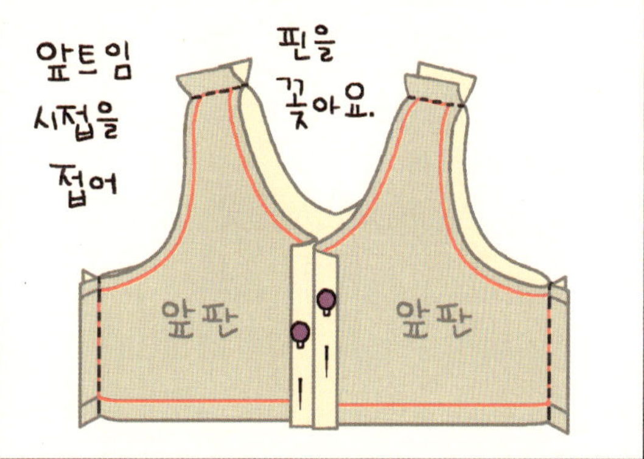
앞트임
시접을
접어
핀을
꽂아요.
앞판
앞판

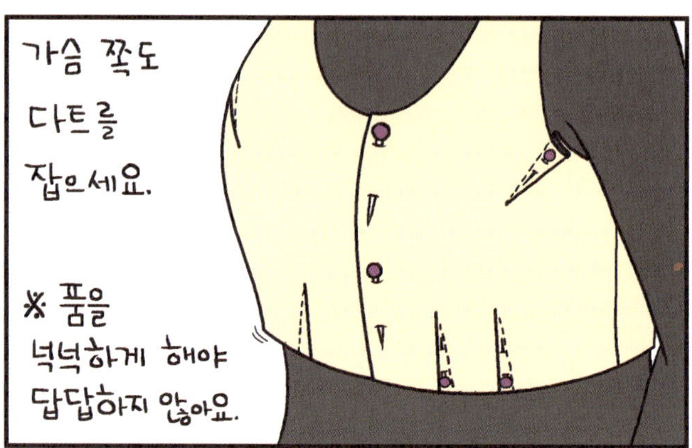

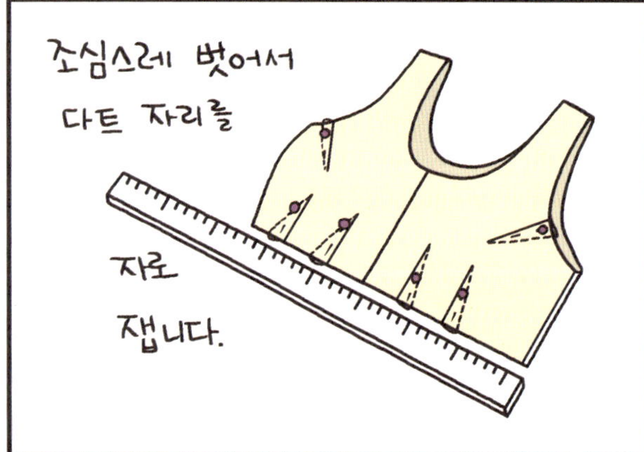

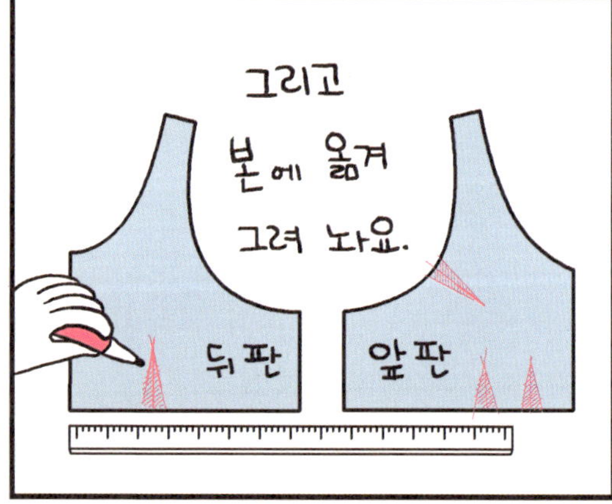

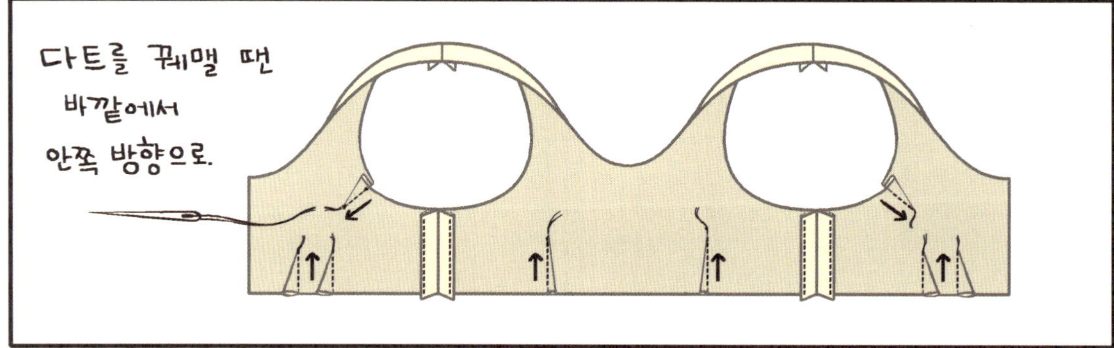

* 다트: 옷감을 몸에 맞추기 위해 긴 삼각형으로 주름을 잡는 일. 또는 그 줄인 부분.

불편한 데가
없는지
다시 한 번
입어 봅니다.
천이 얇아서
젖꼭지 선이
드러남!

난 그 쪽에 수건 천
덧대서 꿰맸어.
그럼, 난
수유 패드 쓰던 거
재활용.♪
그게
아직도
있어?

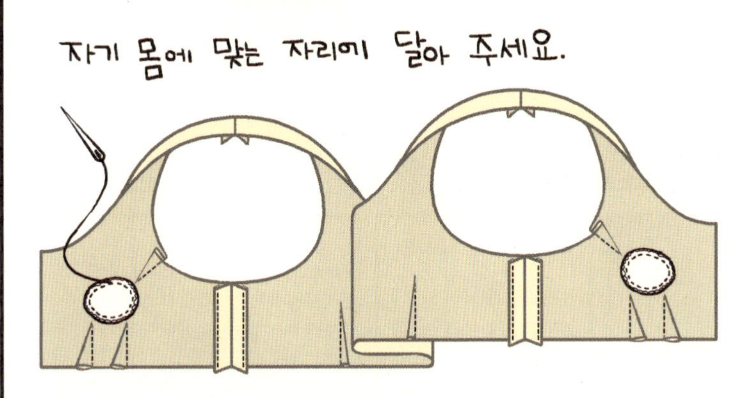
자기 몸에 맞는 자리에 달아 주세요.

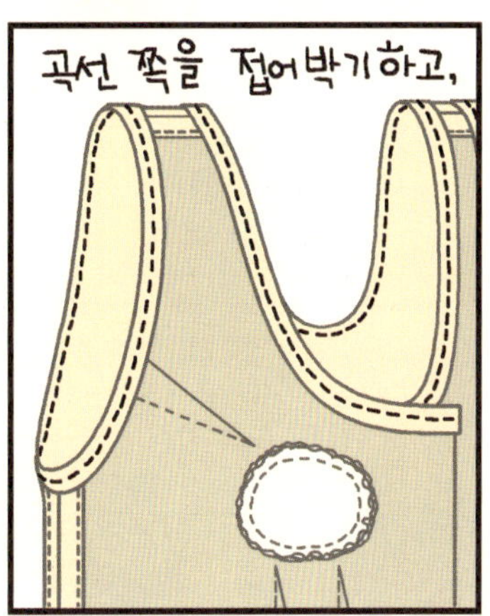
곡선 쪽을 접어박기하고,

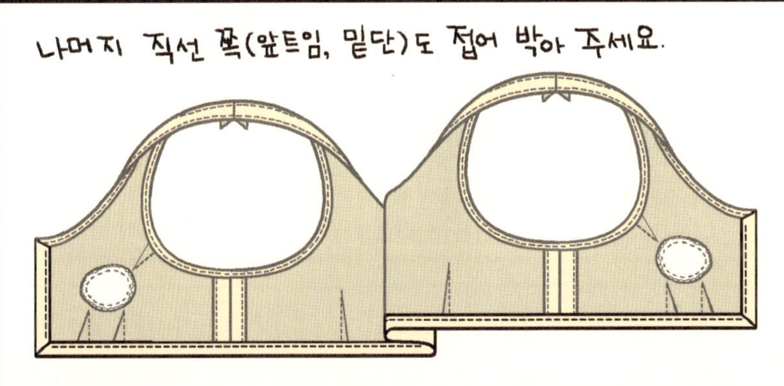
나머지 직선 쪽(앞트임, 밑단)도 접어 박아 주세요.

앞섶에
똑딱단추 달면 끝!

다트 대신
앞판 밑단에
고무줄 넣을까 봐.
난 어깨끈
폭을 넓게
만들 거야.
길게 그려서
러닝셔츠처럼
입을까?

자기 취향에 맞게
만들어 보아요.

끝

시작

안녕.
앙앙앙
수유 가리개

어서 와.

휴, 젖부터 먹이자.
앙앙
언제까지 젖 먹일 거야?

막둥이라 두 돌까지 먹이려고 하거든.
진작 먹이지 왜 울렸어?
쭈쭈쭈

전철에서 주고 싶었는데 영 신경 쓰여서.
젖 주는 건 창피한 게 아니라고.
나야 당당하지.

예전에 전철에서 젖을 물려 본 적이 있는데.
황당하다는 눈초리
치근대는 눈초리
웃긴다는 눈초리
이상하다 눈초리
더럽다는 눈초리
변태 같은 눈초리
눈빛들을 견디는 게 어렵더라고.

아이는 젖 달라고 울어 대고,
사람들 쳐다보는 건 불편하고,
지하철 수유실은 어딨는지 모르겠고.
애가 우니 젖도 울고.

공공 장소에서 젖 물리는 거 뻔뻔스럽고 더럽다며 화장실 가서 먹이라고 구박 당한 엄마도 있었잖아.
애 있고 자가용 없는 엄마들은 집에만 처박혀 있으라는 거지.
다시 열 받네…
지들이나 밥 변소에서 먹으라고 해!
걱정 마! 내가 수유 가리개 만들어 줄게!

준비물
면 (한 마 사면 넉넉해요. ^^)
90~100cm
60cm 쯤
얇고 비치지 않는 천으로.
8~10cm
봉제용 와이어 50cm 쯤.
(있으면 좋고 없어도 괜찮아요.)
시작해 볼까?
두꺼운 천은 여름에 사우나 합니다.
기대 기대!

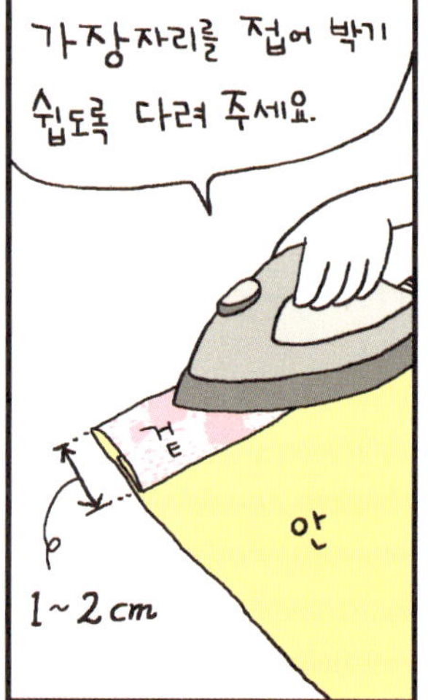
가장자리를 접어 박기 쉽도록 다려 주세요.
겉
안
1~2cm

재봉틀을 잘 다루시면 다림질 안 하셔도 돼요. 쓰읍
네 쪽 모두 다려 둡니다.
혹시 가제 수건 있어?
넘치게 많지.
귀퉁이도 예쁘게 접어 다려요.

가제 수건을 삼각형으로 접습니다.
남은 여로 가제 수건이나 다려 줄까.♪
없음 말고요.

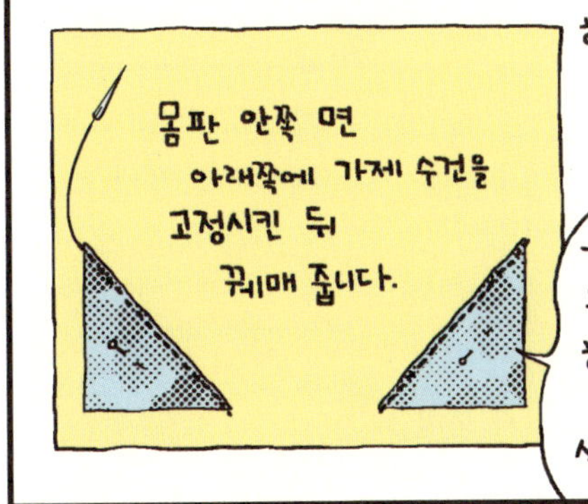
한 장만 붙여도 돼요.
요렇게.
몸판 안쪽 면 아래쪽에 가제 수건을 고정시킨 뒤 꿰매 줍니다.
가제 수건을 붙여 놓으면 갑자기 필요할 때 쓸 수 있고, 아래쪽이 처지게 살짝 무게를 준답니다.

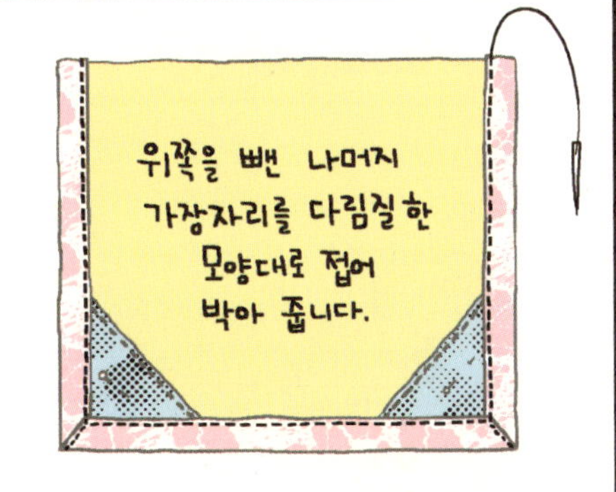
위쪽을 뺀 나머지 가장자리를 다림질한 모양대로 접어 박아 줍니다.

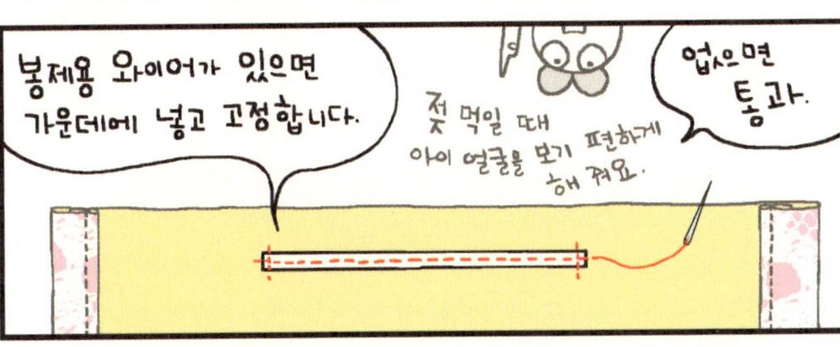
봉제용 와이어가 있으면 가운데에 넣고 고정합니다.
젖 먹일 때 아이 얼굴을 보기 편하게 해 줘요.
없으면 통과.

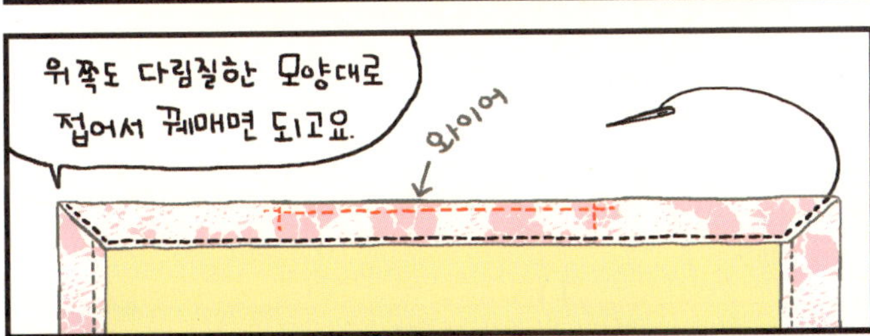
위쪽도 다림질한 모양대로 접어서 꿰매면 되고요.
와이어

목에 두를 끈을 만들어
한쪽을 몸판에 붙입니다.

끈의 다른 쪽 끝에 단춧구멍을 만들면 길이를 조절할 수 있어요.
단춧구멍을 만들 줄 모르면?

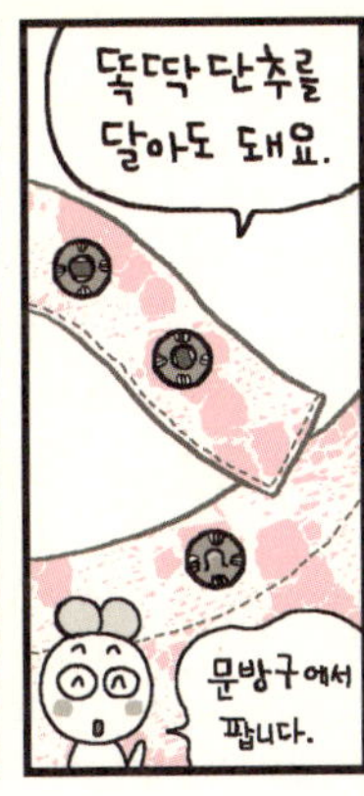
똑딱단추를 달아도 돼요.
문방구에서 팝니다.

길이만 잘 맞추면 그냥 꿰매도 괜찮아요.
쓰고 벗을 때 편하게 맞추어야 해요.
킥

앞으로 숨어서 먹이지 않아도 되겠다.♡
햇빛 가리개로도 쓸 만하니, 아기 있는 집에 선물해 보세요.

끝

시작

헐렁 시원 사각팬티

이번엔 신랑을 위해 사각팬티를 만들어 보자.

오 호 라

사각팬티는 헐렁해서 정자가 더 활발해진다는 소리를 들었어.

교구! 애가 셋인데 남편 정자가 더 활발해져서 어쩌게?

킥킥

넷째 아들 보려고?

윽! 악담 마.

열심히 배워서 아들내미들 정자 기 살리려고 그런다.

우리 신랑은 사실 사각팬티는 안 입고, 삼각팬티를 즐겨 입는데.

근데, 왜 만들어?

여기는 열렁이 동생 봐야지.

푸

애 더 생기면 우리 집은 파산이야.

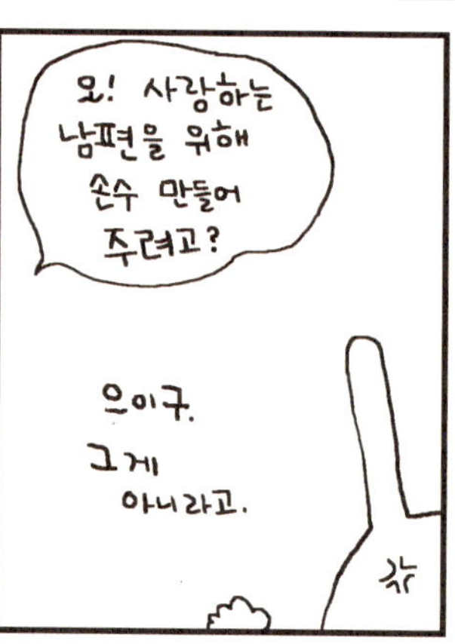

요건 '치수 100'짜리. 95나 105는 허리 폭을 줄이거나 늘이면 됩니다.
(보통 95는 고무줄 길이를 적게 잡고 105는 허리를 32cm로 늘려 본을 만듦.)

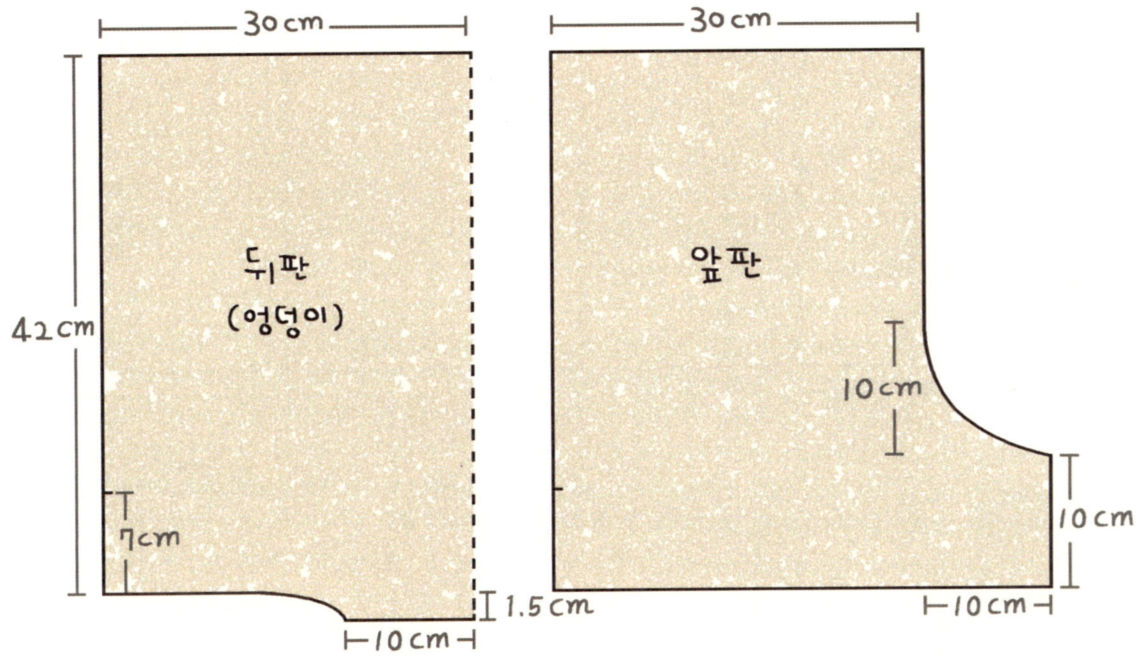

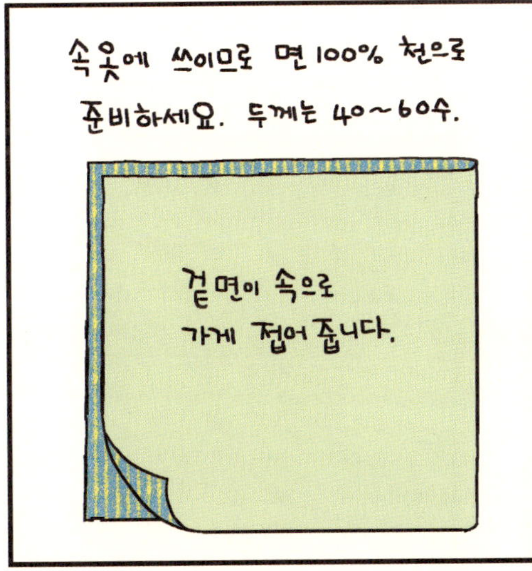

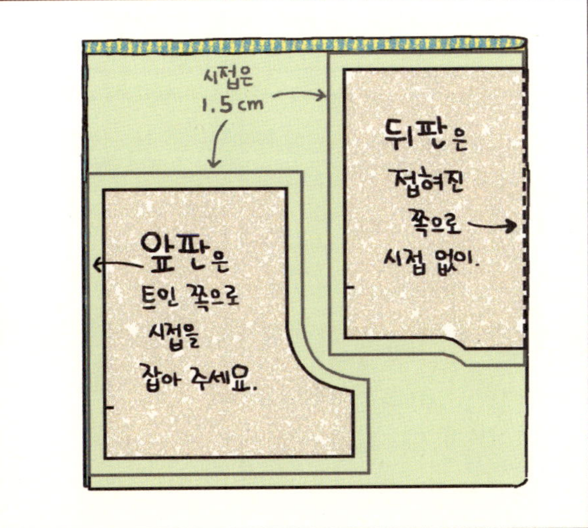

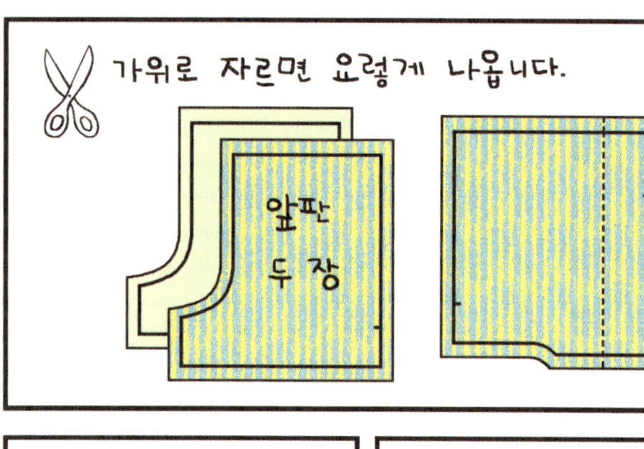

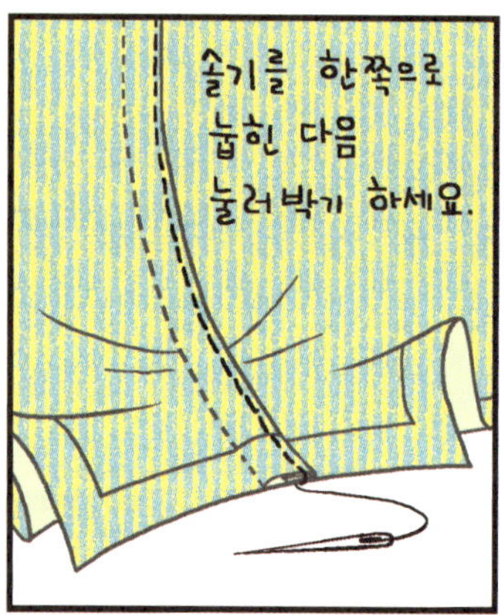

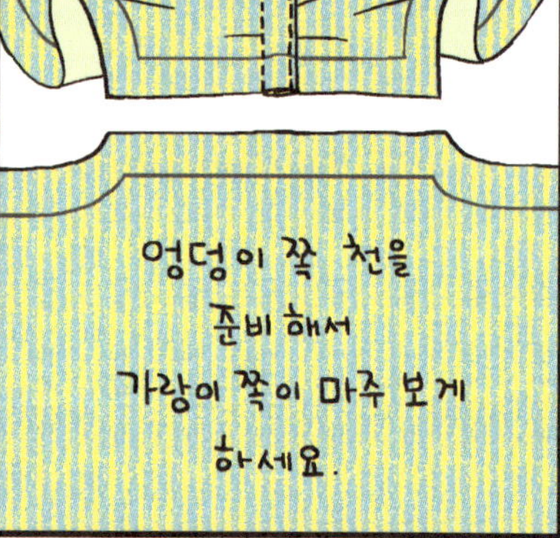

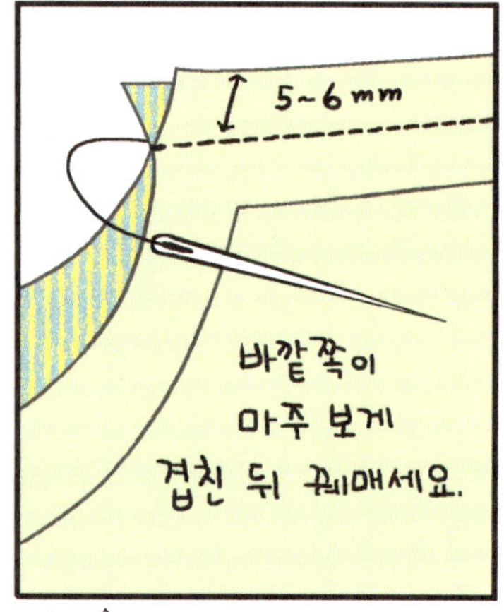

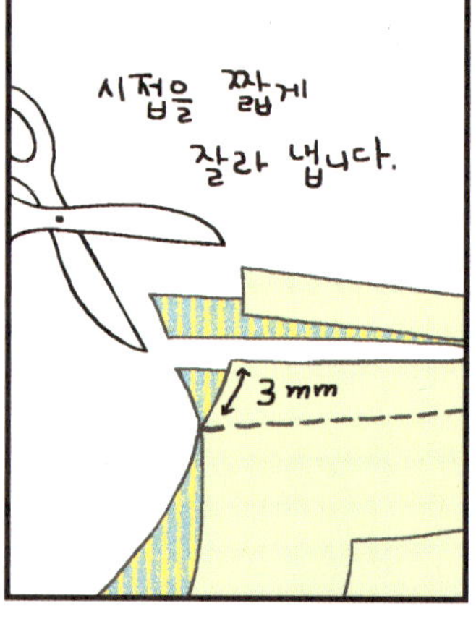

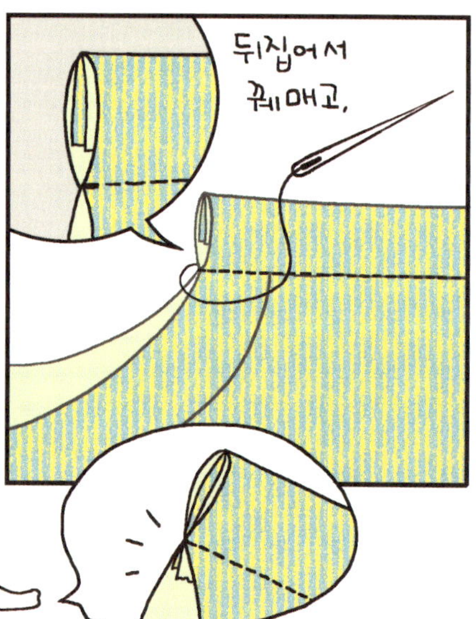

시접을 자르는 이유는?
통솔 바깥으로 시접 끝이 나올까 봐.

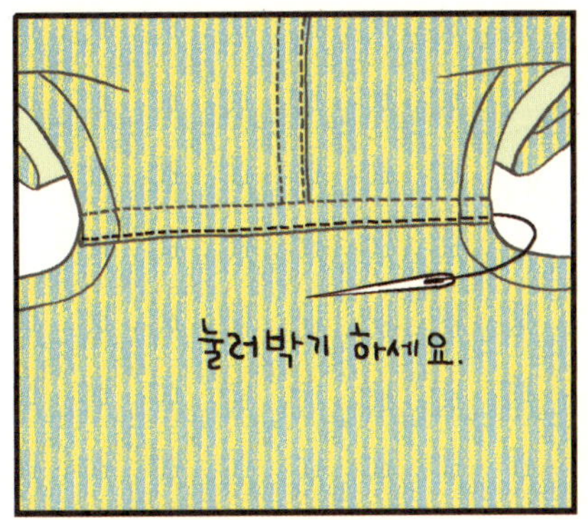
눌러박기 하세요.

이제 옆선 꿰맨 차례.
옆트임
꿰매세요.

시접을 반 접어 가름솔하고,
다림질합니다.

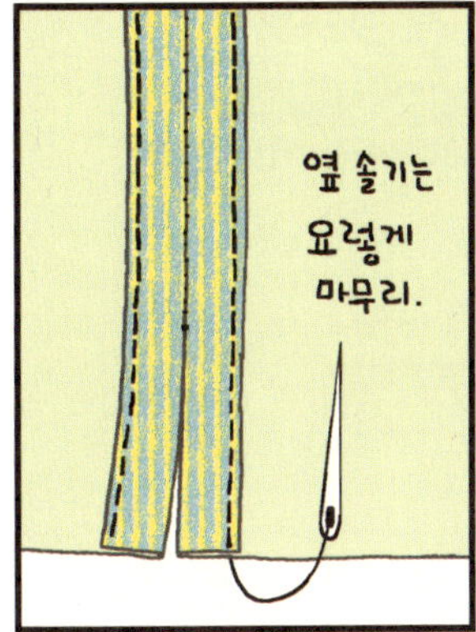
옆 솔기는
요렇게
마무리.

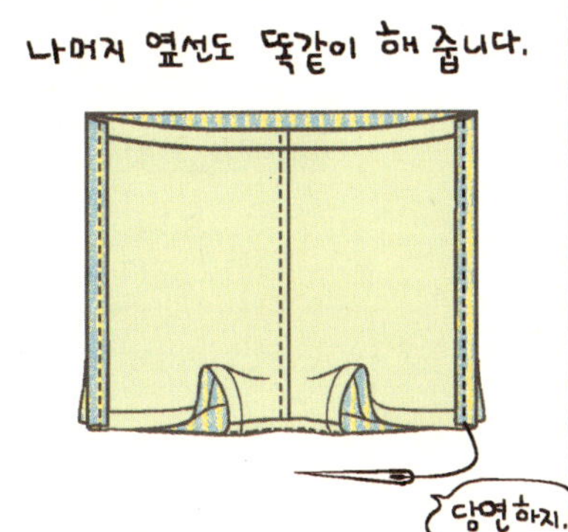
나머지 옆선도 똑같이 해 줍니다.
당연하지.

밑단도
접어박기 하세요.

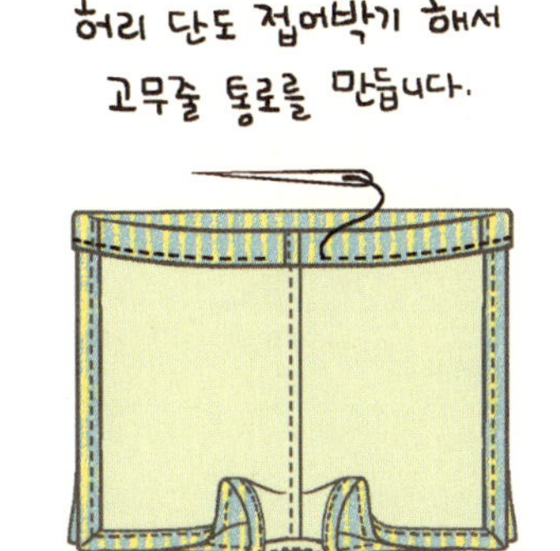
허리 단도 접어박기 해서
고무줄 통로를 만듭니다.

끝이 보이는 게
느껴지죠?
고무줄을 넣어요.

허리가 편한지
입어 봅니다.
역시
허리는 낙낙한 게
좋아♡

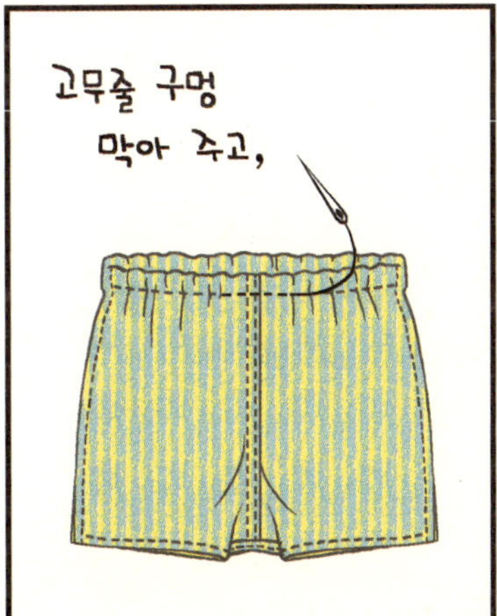
고무줄 구멍
막아 주고,

군데군데
고무줄과 천을 함께
꿰매 놓으면
고무줄이 안에서
뒤틀리지 않아 좋아요.
랄랄라

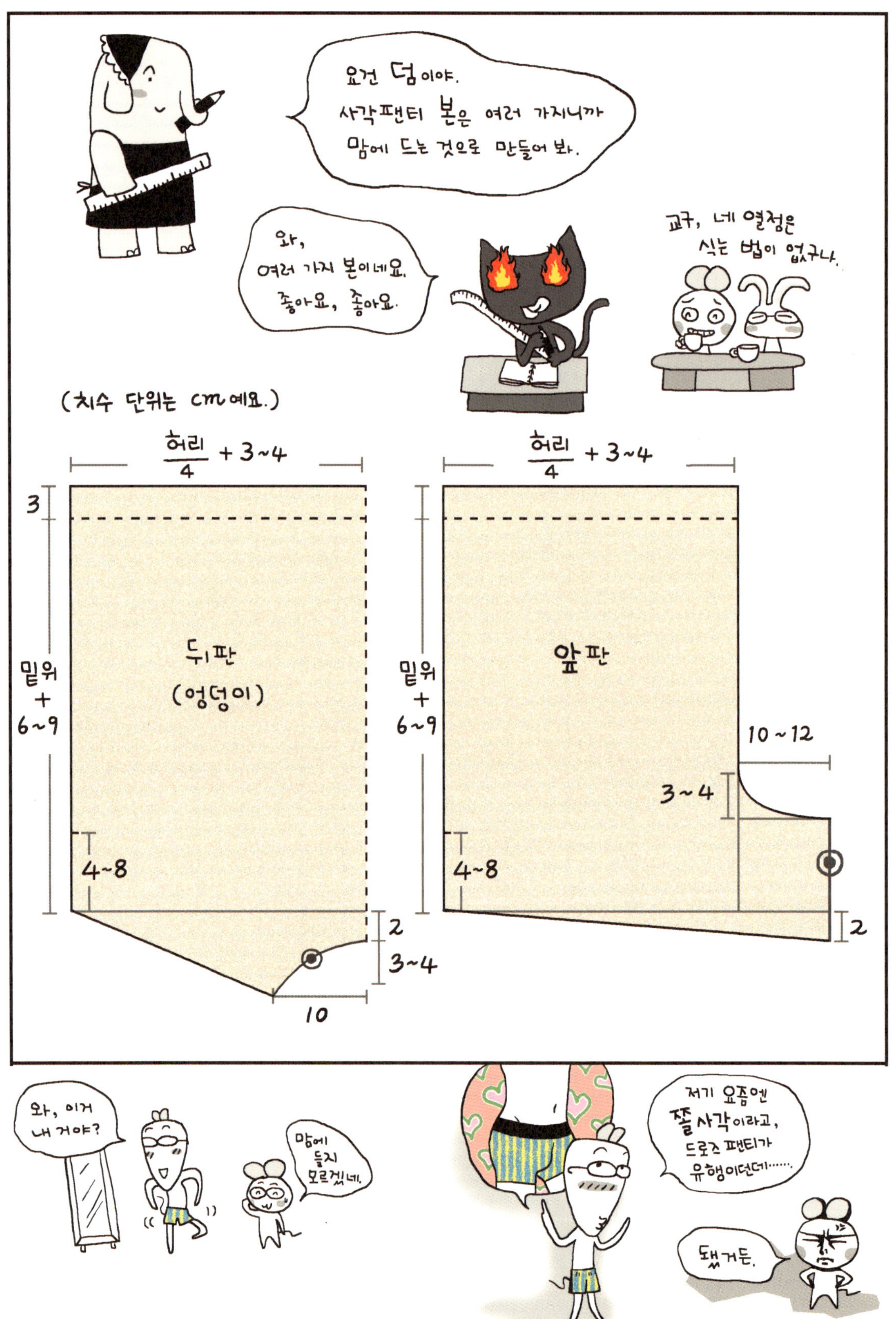

요건 덤이야.
사각팬티 본은 여러 가지니까
맘에 드는 것으로 만들어 봐.
와,
여러 가지 본이네요.
좋아요, 좋아요.
교구, 네 열정은
식는 법이 없구나.
(치수 단위는 cm 예요.)
허리/4 + 3~4
3
밑위 + 6~9
뒤판 (엉덩이)
4~8
2
3~4
10
허리/4 + 3~4
밑위 + 6~9
앞판
10~12
3~4
4~8
2
와, 이거 내 거야?
맘에 들지 모르겠네.
저기 요즘엔 쫄사각이라고, 드로즈 팬티가 유행이던데……
됐거든.

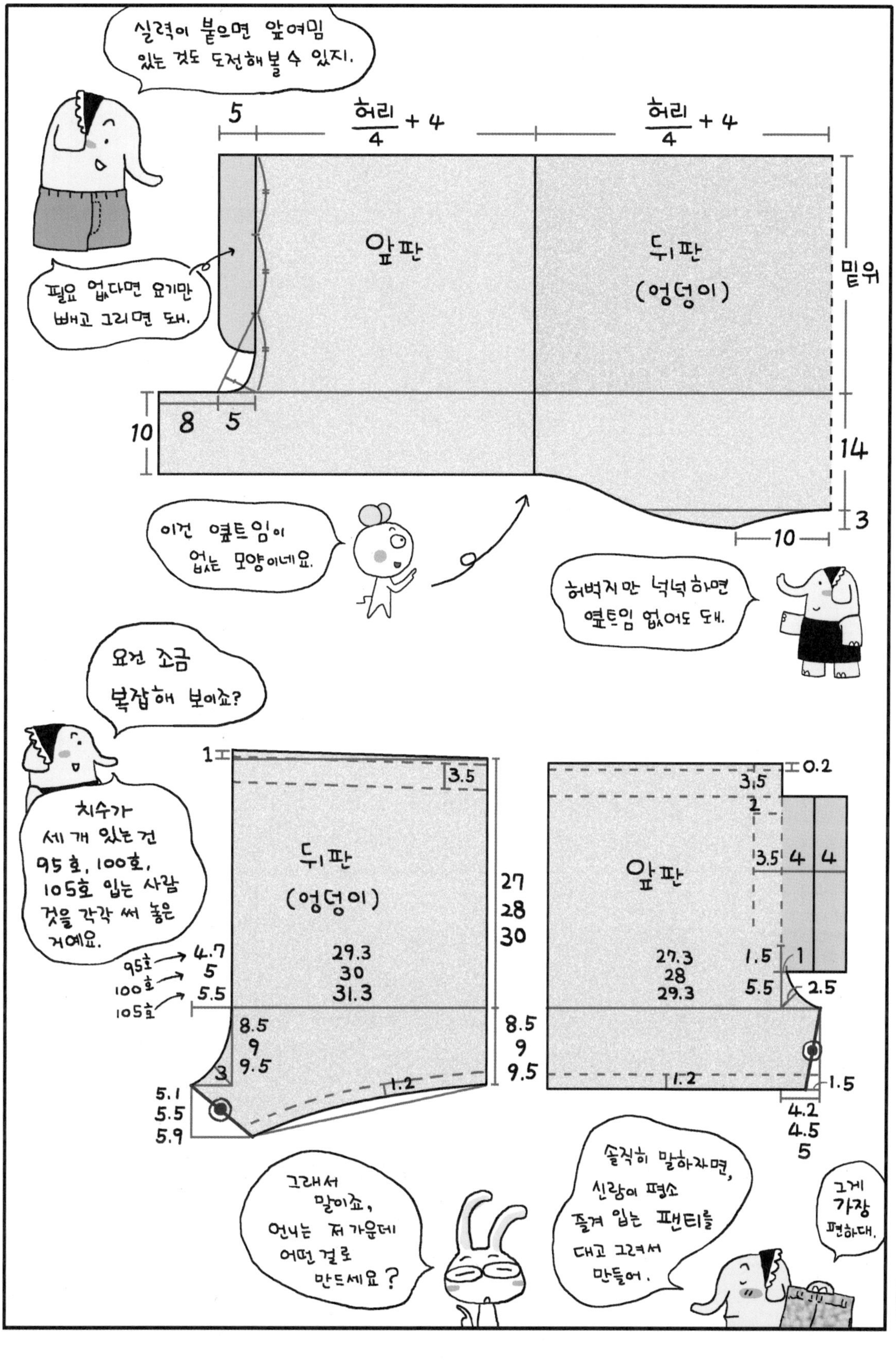

실력이 붙으면 앞여밈
있는 것도 도전해볼 수 있지.

5
$\frac{허리}{4} + 4$
$\frac{허리}{4} + 4$

앞판

뒤판
(엉덩이)

밑위

필요 없다면 요기만
빼고 그리면 돼.

10
8
5
14
3
10

이건 옆트임이
없는 모양이네요.

허벅지만 넉넉하면
옆트임 없어도 돼.

요건 조금
복잡해 보이죠?

치수가
세 개 있는 건
95호, 100호,
105호 입는 사람
것을 각각 써 놓은
거예요.

1
3.5
뒤판
(엉덩이)
27
28
30
95호 → 4.7
100호 → 5
105호 → 5.5
29.3
30
31.3
8.5
9
9.5
3
1.2
8.5
9
9.5
5.1
5.5
5.9

0.2
3.5
2
3.5
4
4
앞판
27.3
28
29.3
1.5
1
5.5
2.5
1.2
1.5
4.2
4.5
5

그래서
말이죠,
언니는 저 가운데
어떤 걸로
만드세요?

솔직히 말하자면,
신랑이 평소
즐겨 입는 팬티를
대고 그려서
만들어.

그게
가장
편하대.

날마다 8시간씩 얼굴을 맞대는 것은?

내 새끼?
부비 부비
아니.
서방?
부비 부비
설마.
바로 바로
베개!

곧잘 침 범벅이 되고

얼굴뿐 아니라 머리도 맞대기 때문에

쉽게 더러워지고

땀에 푹 젖기도 합니다.

맞아. 얼렁이 잘 때 비오듯 땀을 흘려 대.

베개잇 이보다 쉬울 수 없다.

여러 개 만들어서 자주자주 바꿔 주세요.

우와, 지퍼 다는 법 알아?

아니. 지퍼를 꼭 달아야 하나?

호텔에 있는 베개처럼 접어 넣기 하면 되지.

아하!

자, 이제 만드는 법!

뭘?

바로!

무긴 뭐야…….

너무 쉬워서.

그래도 해!

너무 쉬운데…….

준비물
실과 바늘
천
얼굴에 비볐을 때 까칠하지 않은 천으로, 마(린넨)나 면이 좋아요.

오! 유기농 양면 누빔 천. 요거 요거 담기네.
베갯잇 여러 개 만들다 보면 생각보다 천 많이 들 텐데,
쌓아 놓은 원단, 이참에 정리 좀 하시지?
이거 좋네! 연습용 광목.
안 돼! 너무 비싸!

연습용 광목은 무염색, 무형광이라 좋긴 한데, 빨면 10%나 줄어들어.
10% 늘여서 만들면 되지!

전에 쓰던 베갯잇의 가로세로 길이를 잽니다.
베개 솜아 이참에 햇볕에 쬐져라.

광목을 반 접어 길이에 맞춰 잘라 줍니다.
가로 길이 + 20~25cm
세로 길이 + 세로 길이/10 + 시접
1.5cm

0.5cm쯤 들어가 꿰매세요.
귀퉁이 날리시고.

뒤집은 뒤,
1cm 들어가 한 번 더 꿰매면 통솔이 됩니다.

솜 넣을 구멍 쪽 올이 풀릴 것 같으면 말아박기 하거나 두 번 접어 박으세요.

뒤집어서 빨아 주세요.

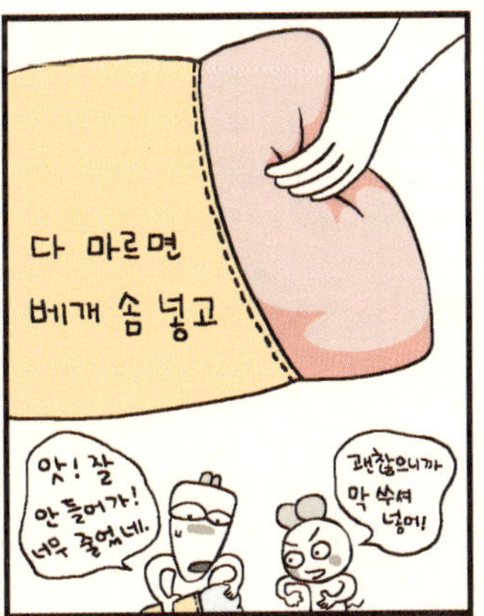
다 마르면 베개 솜 넣고
앗! 잘 안 들어가! 너무 좁았네.
괜찮으니까 막 쑤셔 넣어!

끝자락을 안으로 접어 넣으면 됩니다.
참 쉽죠?
그러게 말이오.

끝

시작

아이고, 정신 없다.
나들이

왔어요.

김밥 스무 줄 주세요.
김밥 천
10000

오랜만에 맑은 봄날.
뛰노는 아이들이
반짝거립니다.
얘들아, 밥 먹자.

와! 많다.
스무 줄이면 넉넉 하겠지?
그럼.

앙, 나무젓가락 안 넣었나 봐. 없어요.
아, 내가 됐다고 했어.

일회용 나무젓가락 만들 때 몸에 나쁜 표백제, 살충제, 양잿물, 광택제 들을 바른다니까 쓰기 찜찜하기도 하고.

황사 심해지는 게 중국에서 숲이 없어져 그런 거잖니.

우리 남한에서만 일 년에 25억 개쯤 쓴다는데, 그걸 나무로 세우면 남산을 26개나 만들 수 있다나 뭐라나……
너무 커서 감이 안 오네.
암튼 엄청나단 이야기.

그래서 챙겨왔단다.
어머머 이게 뭐야

짜잔
소풍갈 때 꼭 챙기세요.
수저집
어떻게 이런 걸 만들었어?
으악, 난 못 해. 못 해.

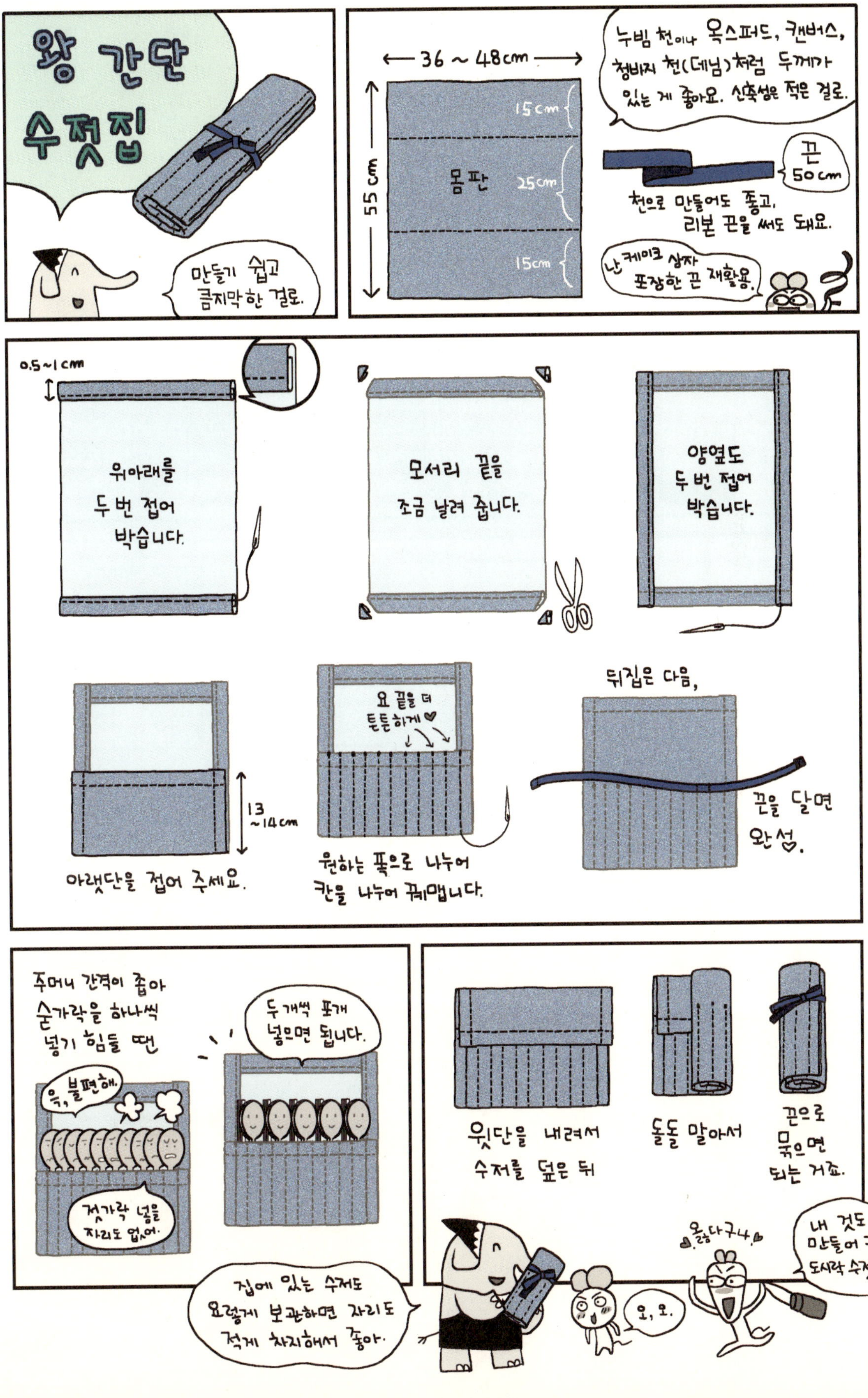

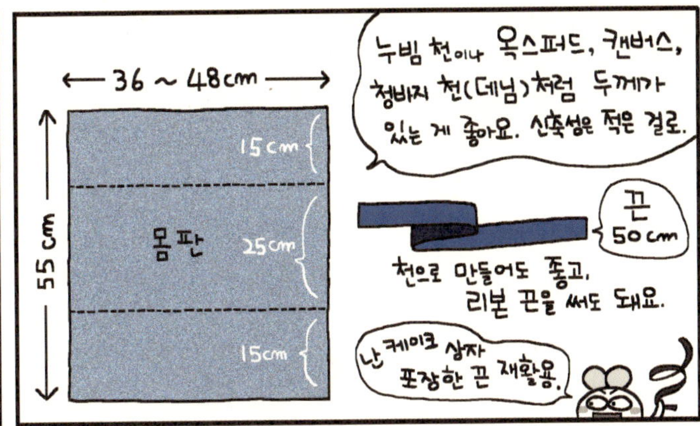

0.5~1cm

위아래를 두 번 접어 박습니다.

모서리 끝을 조금 날려 줍니다.

양옆도 두 번 접어 박습니다.

13 ~14cm

아랫단을 접어 주세요.

요 끝을 더 튼튼하게♥

원하는 폭으로 나누어 칸을 나누어 꿰맵니다.

뒤집은 다음,

끈을 달면 완성♡.

도시락 수젓집
며칠 전부터 도시락 싸서 회사 가는데 수젓집이 없어서 ……
비닐 봉지
젓가락 한 벌만 넣을 거니까 폭만 줄이면 되겠네.
음, 두겹으로 만들어서 바이어스로 돌려 주면 어떨까?
오, 오, 양면!
바이어스까지 댄다고?
바이어스 안 돌려도 양면으로 할 수 있어.
준비물
10~12cm
주머니감↕
30cm쯤
10~12cm
겉감↕
40cm쯤
안감↕
겉감과 같은 크기
끈 40~50cm
꼭 천이 세 가지나 있어야 해요?
같은 천으로 해도 돼.
※ 빨았을 때 뒤틀리지 않게 ↕식서 방향으로, 같은 천을 쓰세요.
주머니감을 반 접어 (안)
밑단을 꿰매고
뒤집은 뒤에
위쪽을 장식 바느질 합니다
안감을 놓고
위에 주머니감을 올립니다
3~4cm 너비로 칸을 만들어 줍니다
끈을 반 접어 올립니다.
맨 위에 겉감을 올려 놓습니다.
가장자리를 꿰매고
창구멍으로 뒤집고
끈이 신기하게 달려 있네.
가장자리 장식 홈질은 하고 싶은 사람만.
창구멍을 막습니다.
어떻게 묶지?
위 끈을 요렇게 돌린 뒤
위 끈을 아래 끈 밑으로 내리고
아래 끈은 반대로 감아 줍니다.
두 개를 묶으면 끝!
음…
난 그래도 언니 거가 더 예쁘다.
그거야 취향 차이지.
테두리도 예쁘고
덮개도 따로 있고
만드는 법 알려 줄게.
레이스와 장식도 달려 있고
키 작은 주머니도 따로 있고.

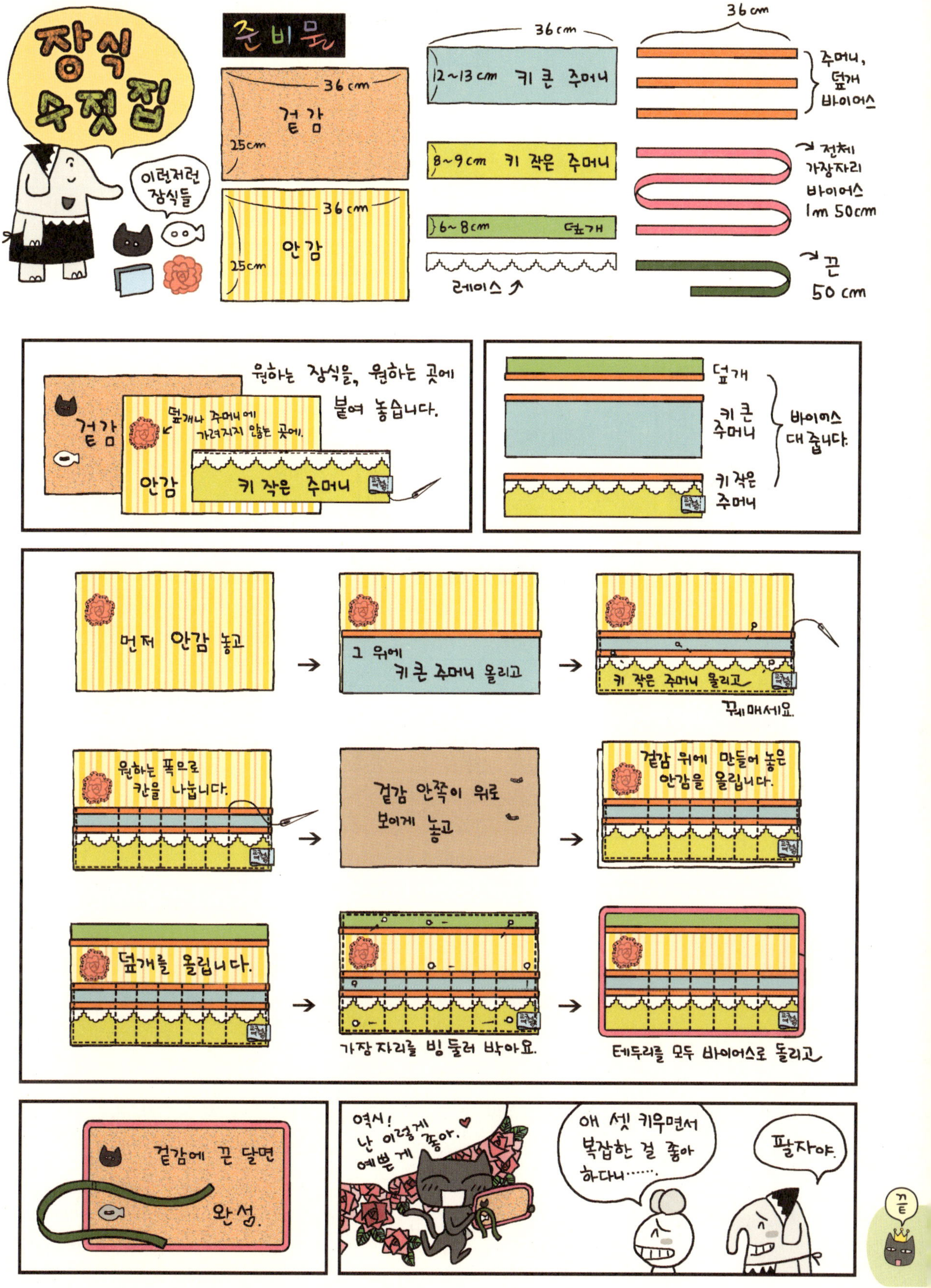

장식 수젓집

이런저런 장식들

준비물

- 겉감 36cm × 25cm
- 안감 36cm × 25cm
- 키 큰 주머니 36cm × 12~13cm
- 키 작은 주머니 8~9cm
- 덮개 6~8cm
- 레이스
- 주머니, 덮개 바이어스 36cm
- 전체 가장자리 바이어스 1m 50cm
- 끈 50cm

원하는 장식을, 원하는 곳에 붙여 놓습니다.

덮개나 주머니에 가려지지 않는 곳에.

겉감

안감

키 작은 주머니

덮개, 키 큰 주머니, 키 작은 주머니 바이어스 대줍니다.

먼저 안감 놓고 → 그 위에 키 큰 주머니 올리고 → 키 작은 주머니 올리고 꿰매세요.

원하는 폭으로 칸을 나눕니다. → 겉감 안쪽이 위로 보이게 놓고 → 겉감 위에 만들어 놓은 안감을 올립니다.

덮개를 올립니다. → 가장자리를 빙 둘러 박아요. → 테두리를 모두 바이어스로 돌리고

겉감에 끈 달면 완성.

역시! 난 이렇게 예쁜 게 좋아.

애 셋 키우면서 복잡한 걸 좋아하다니……

팔자야.

시작

남자 앞치마
오, 폼 나는데?

뭐 해?

이 앞치마 어때?
쓸 데가 있을까?

그럼! 저런 거 하나 걸치면 뭐랄까, 뭐든 잘 만들 것 같은 기분이 든다고.

뭐 만들 시간도 없다면서?
야영 가서 쓰면 되지.
고기 구울 때나,
설거지 할 때나.

고기 굽기……
설거지…….

내가 비슷하게 만들어 줄까?
정말?

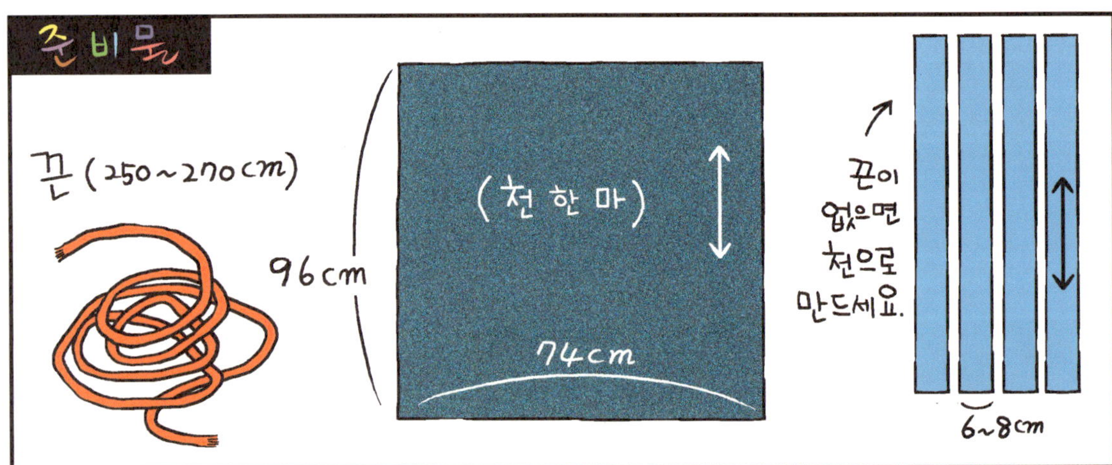
준비물
끈 (250~270cm)
96cm
(천 한 마)
74cm
끈이 없으면 천으로 만드세요.
6~8cm

물에 젖지 않게
방수 천으로
만들까?
꽃무늬잖아.
난
청바지 천
(데님)이
좋아.

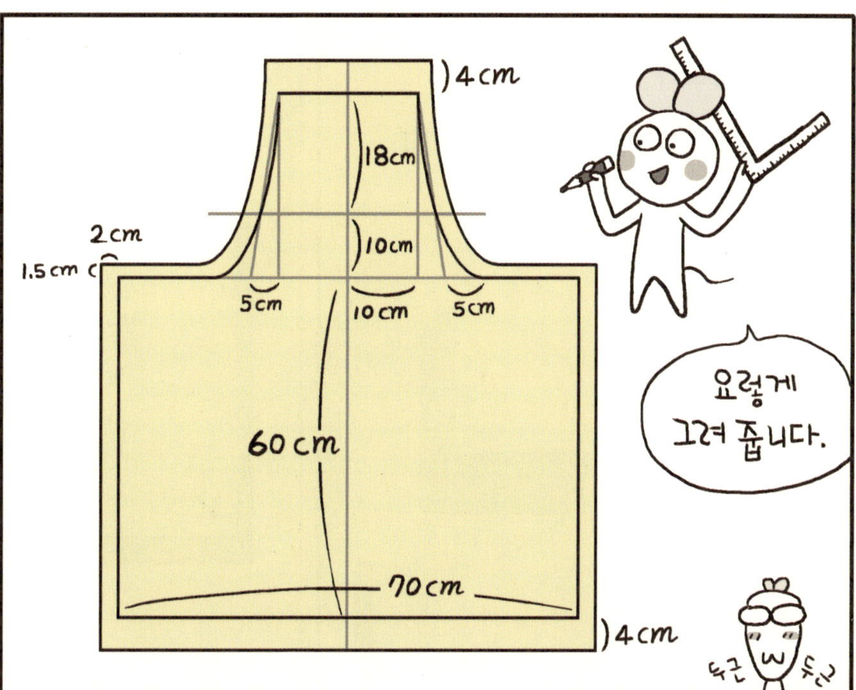
4cm
18cm
10cm
2cm
1.5cm
5cm
10cm
5cm
60cm
70cm
4cm
요렇게
그려 줍니다.
두근
두근

가위로
조심스럽게
잘라 줍니다.

이제 꿰매면
되는 거지?
아니!

바느질보다
중요한
다림질
먼저.

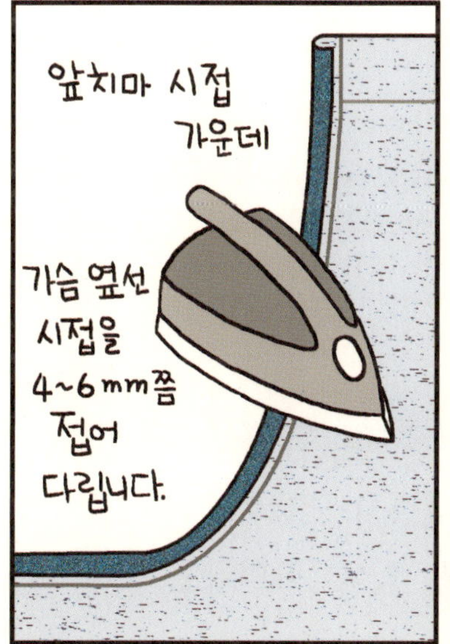
앞치마 시접
가운데
가슴 옆선
시접을
4~6mm쯤
접어
다립니다.

그리고
시접선에
맞춰서 한 번
더 접어
다려요.

앞치마 윗선도
마찬가지로

두 번 접어
다려요.

앞치마 밑단도
두 번 접어 다림질해 주세요.

밑단 시접 양쪽 끝을
세모로 꺾어
다리세요.

두 번 접었던 시접을
모두 편 뒤에,
귀퉁이를 조금씩
잘라 주세요.

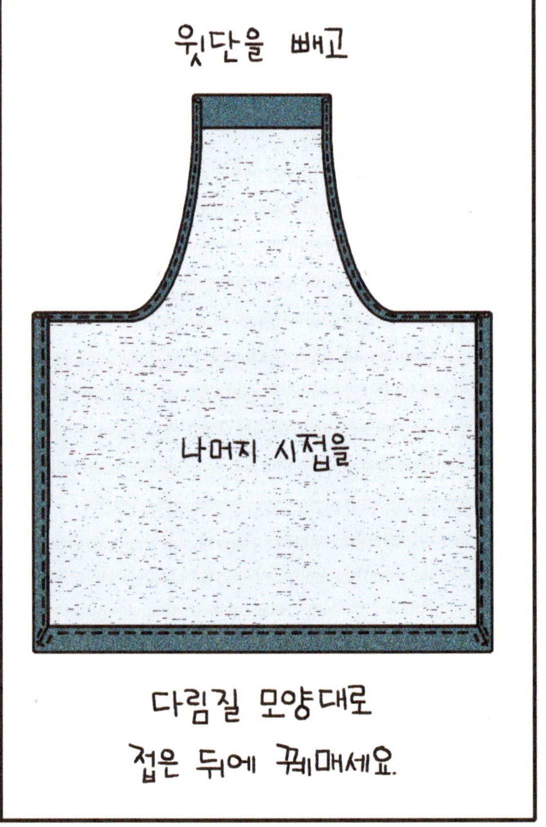
윗단을 빼고
나머지 시접을
다림질 모양대로
접은 뒤에 꿰매세요.

끈을 달아 볼까요?
120 cm 하나.
140 cm 하나.

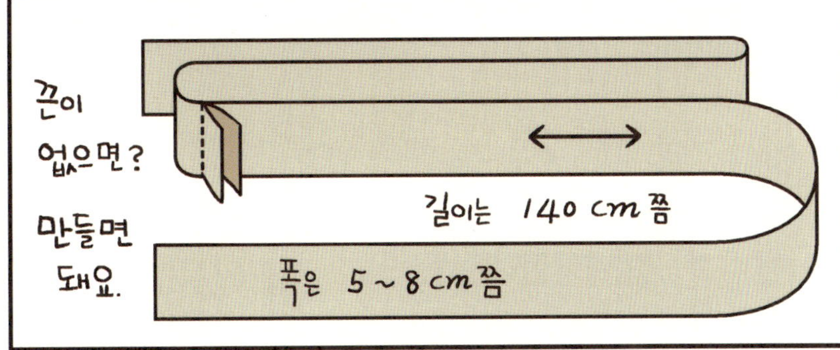
끈이 없으면?
만들면 돼요.
길이는 140 cm쯤
폭은 5~8 cm쯤

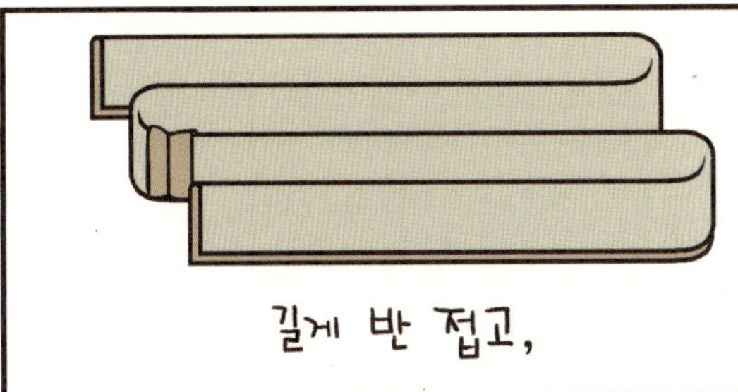
길게 반 접고,

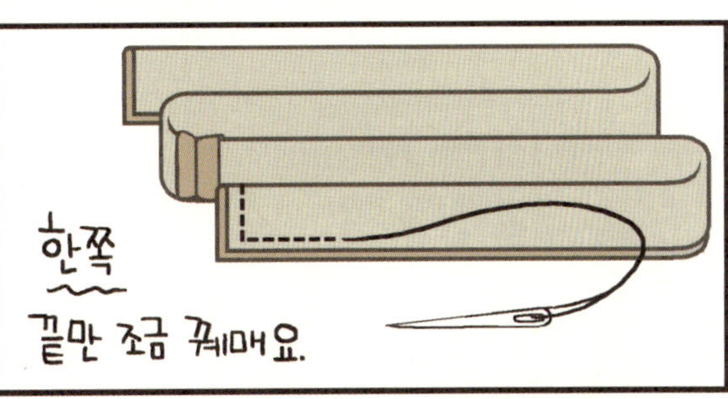
한쪽 끝만 조금 꿰매요.

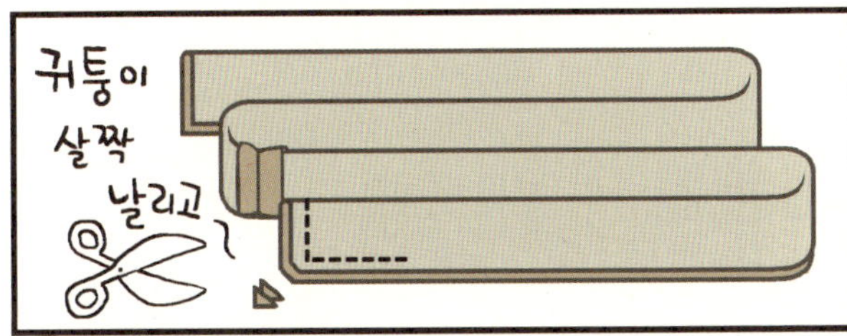
귀퉁이 살짝 날리고

접어 다림질.

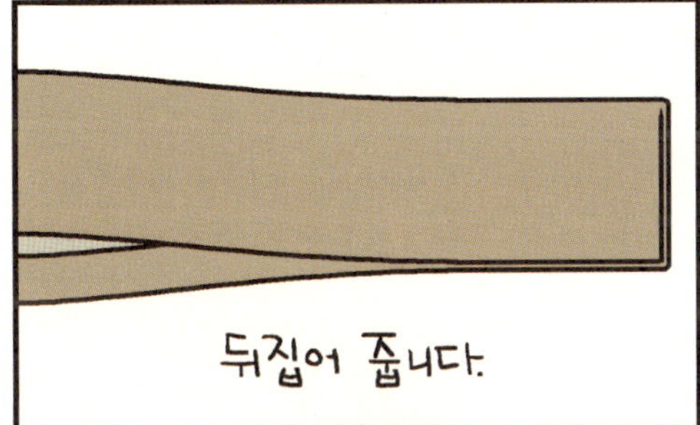
뒤집어 줍니다.

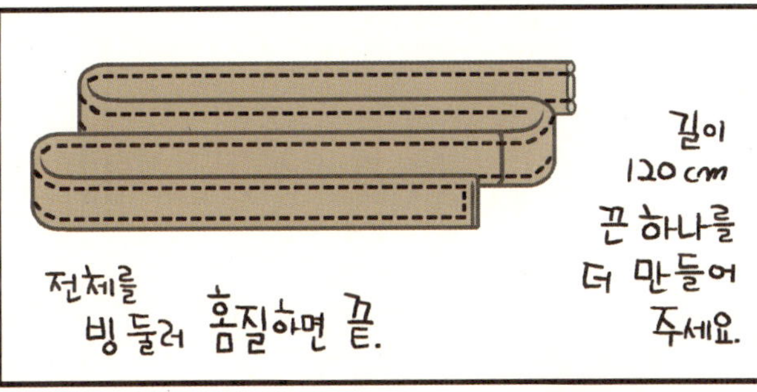
전체를 빙 둘러 홈질하면 끝.
길이 120 cm 끈 하나를 더 만들어 주세요.

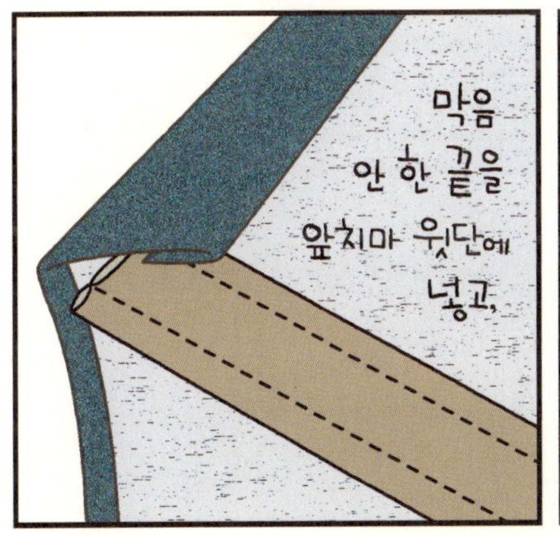
마음 안 한 끝을 앞치마 윗단에 넣고,

자리를 잡아 줍니다.

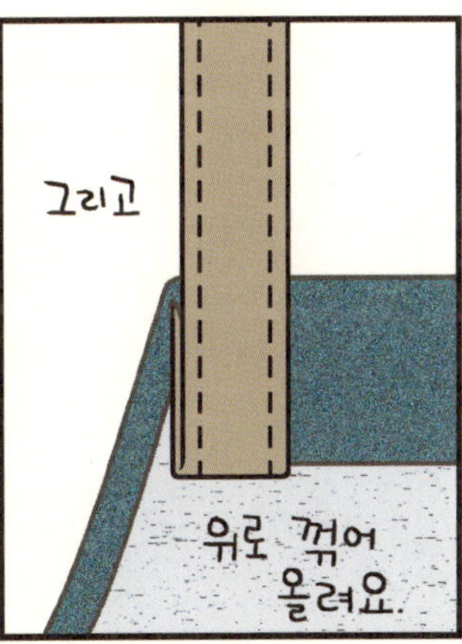
그리고
위로 꺾어 올려요.

끈 두 개를
모두 이어서
꿰매 줍니다.

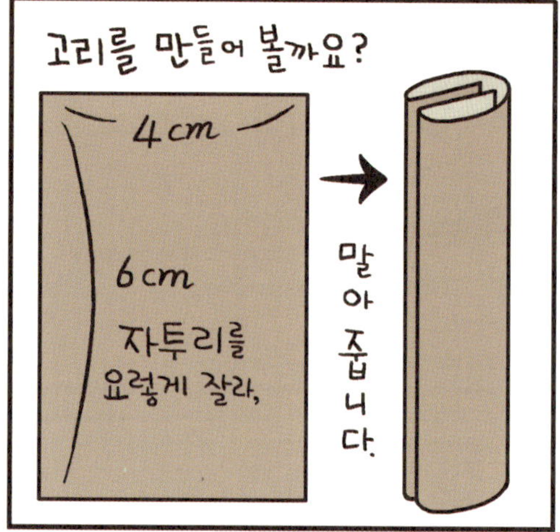
고리를 만들어 볼까요?
4cm
6cm
자투리를
요렇게 잘라,
말아 줍니다.

이렇게
박으세요.
똑같은 것
하나 더.

끈이 통과할
수 있게
양 끝을
오므려서
달아 주세요.

완 성

어때?
맘에 들어?
응? 응?
음…

좀
……
심심하지
않아?
그런가?

요거 써먹자.
윽! 넝마.

호주머니, 허리띠 고리,
가죽 장식을
떼어,

원하는 자리에 붙여 보아요.

아, 앞치마 두른 남자. 정말 정말 매력 있다.

나도 마찬가지야.
?

앞치마 두른 여자. 정말 정말 매력 있지.

자기도 같이 매력 덩어리가 돼 보는 건 어때?
윽. 또 만들기 귀찮은데.

그래!
같이 쓰면 되겠네.
나한테도 딱인걸?
땅에 끌리겠다......

끝

시작

물주머니 덮개

나 물주머니 살 건데 같이 살 사람?
물 주머니?
물병 주머니?

아니, 그런 거 말고 고무로 된 거.

어, 시원하다!
안에 얼음이나, 뜨거운 물 넣고 찜질할 때 쓰는 거.
아
하

난 이미 있어.
뜨거운 물 넣으면 정말 따뜻해.
집에서도 쓸 만하고, 야영 가서도 훌륭하더라고.

근데, 그거 혹시 안 새?
뜨거운 물인데, 혹시 화상 입지 않을까?
제대로 뚜껑 닫으면 별 탈 없던데?

그럼 나, 한 개 사서 써 볼래.
난 두 개 사야겠다. 애 둘 사이좋게 하나씩.

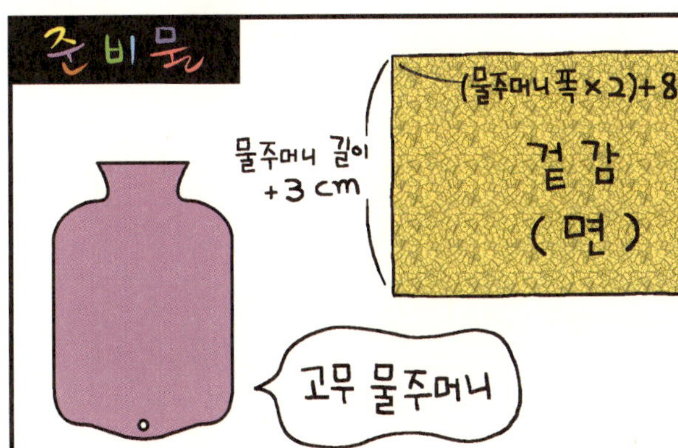

수건으로 둘둘 말아 써 보니 불편하더라고.

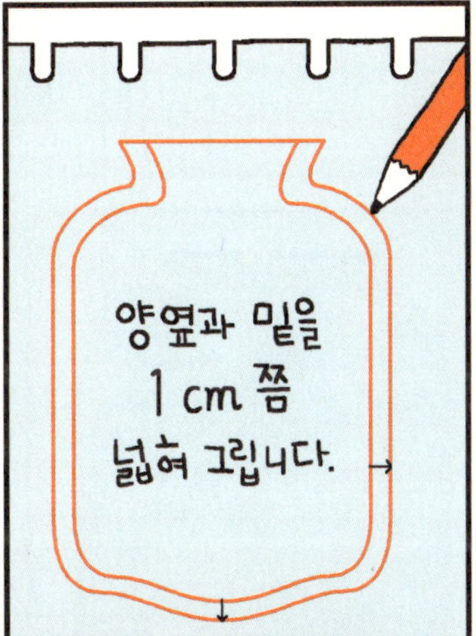

겉감 천을 반으로 접은 뒤에

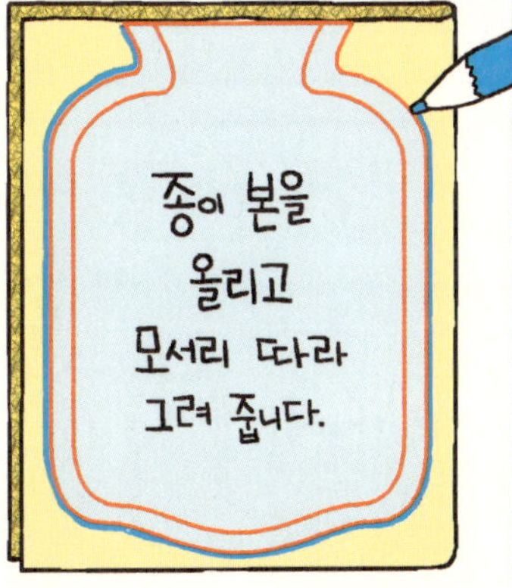

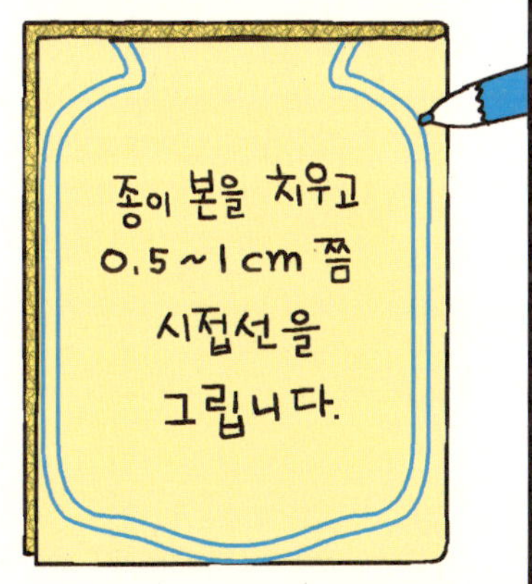

시접선을
따라서
겉감 두 장을
잘라요.

겉감을
딱 맞게
겹치고
재단선 따라
꿰매세요.

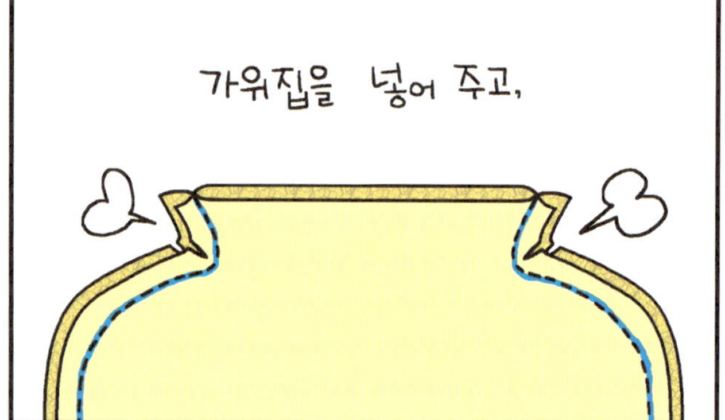
가위집을 넣어 주고,

뒤집어
줍니다.

안감도
똑같이
만들어요.

안감을
겉감 속으로
넣어
줍니다.

속에 넣은
안감을
잘 펴서
모양을 잡아
줍니다.

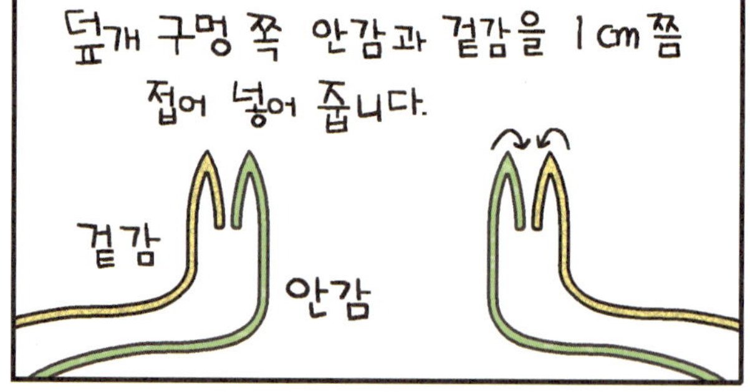
덮개 구멍 쪽 안감과 겉감을 1cm쯤
접어 넣어 줍니다.
겉감
안감

그리고 꿰매
주세요.

그런데,
저 구멍으로
들어갈
수 있을까?
아,
그거?

물을 넣기 앞서
물주머니를 말아
덮개 안으로 넣어
줍니다.

그런 다음에
뜨거운 물을 부어요.
실수로 튀면
젖을 텐데
……

그래서
아래쪽에
구멍을 낸
모양도 있어.
단추
지퍼
겹치기
겹치기
모양
단면도.

천이 남으면
요런 걸
달기도 하지.
뭐야?

손이나
발 넣는
데.
오호라.
아이디어는
끝이 없다니까.

끝

시작

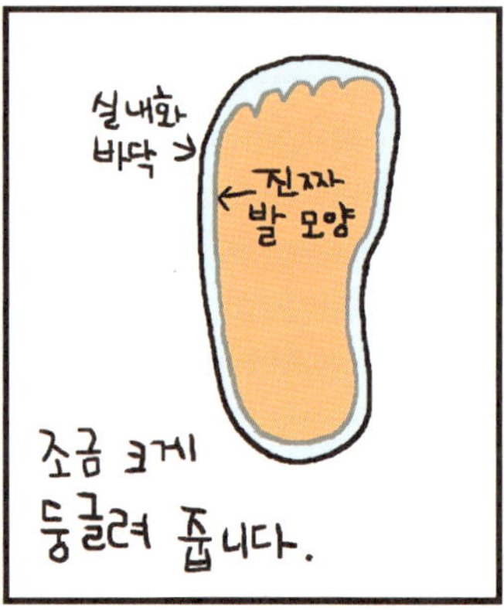

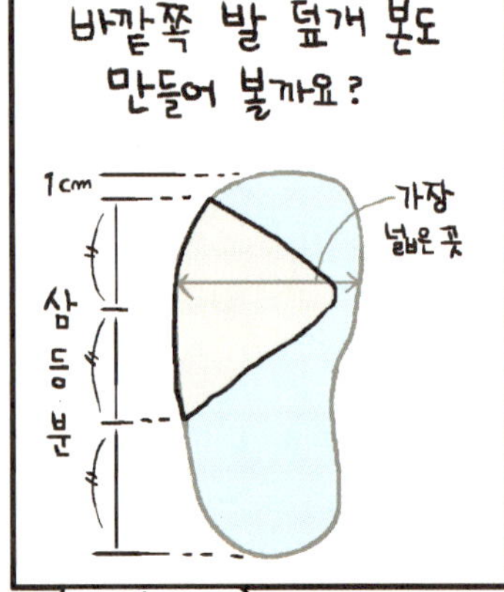

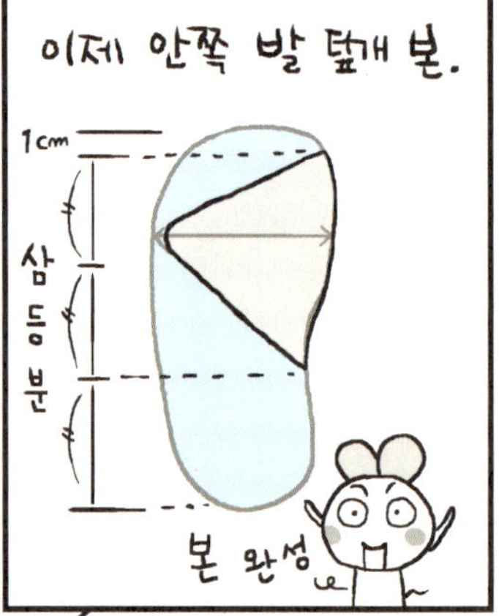

누빔천이나 두꺼운 천이 없으면?

낡은 수건 천 같은 것을 속에 덧대서 만들어 봐.

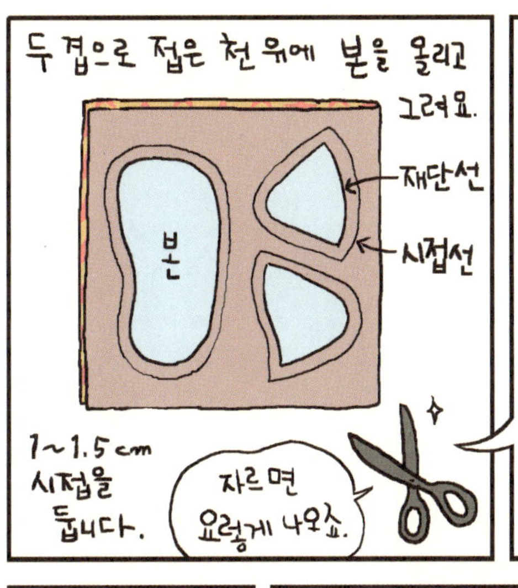
두 겹으로 접은 천 위에 본을 올리고 그려요.
재단선
시접선
본
1~1.5 cm 시접을 둡니다.
자르면 요렇게 나오죠.

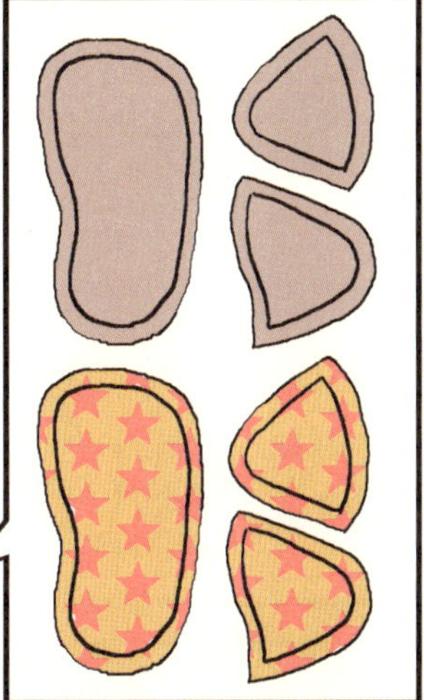

바깥쪽 발 덮개를 마주 보게 꿰맨 뒤,
가위집
뒤집어 둡니다.

안쪽 발 덮개도 마찬가지.
가위집

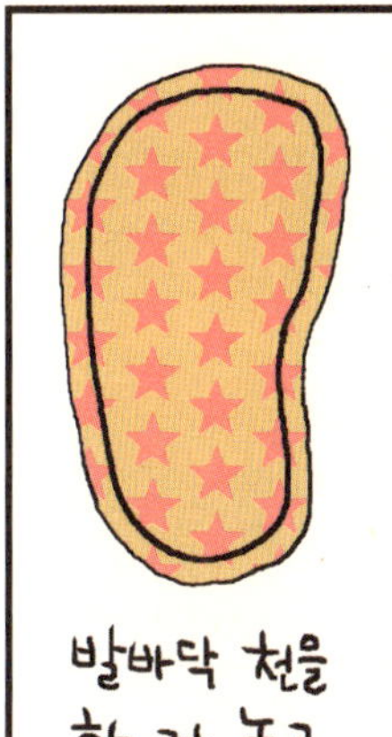
발바닥 천을 한 장 놓고,

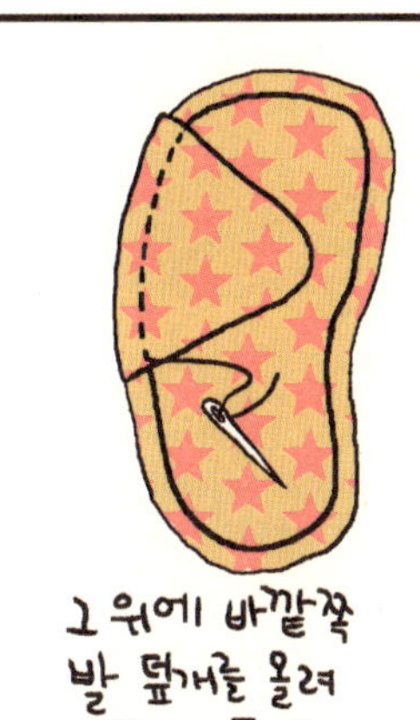
그 위에 바깥쪽 발 덮개를 올려 꿰매 줍니다.

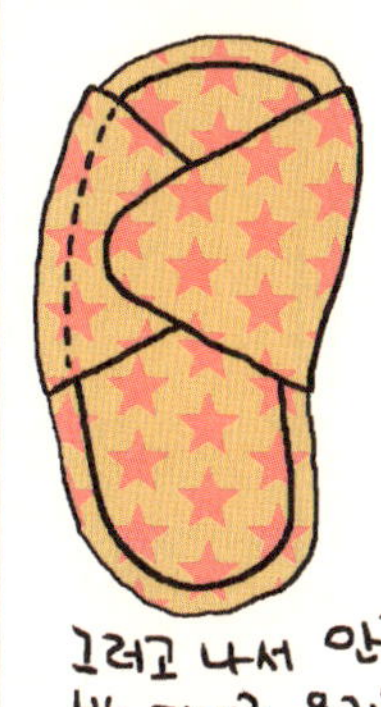
그러고 나서 안쪽 발 덮개를 올리는데,
안 꿰맵니다

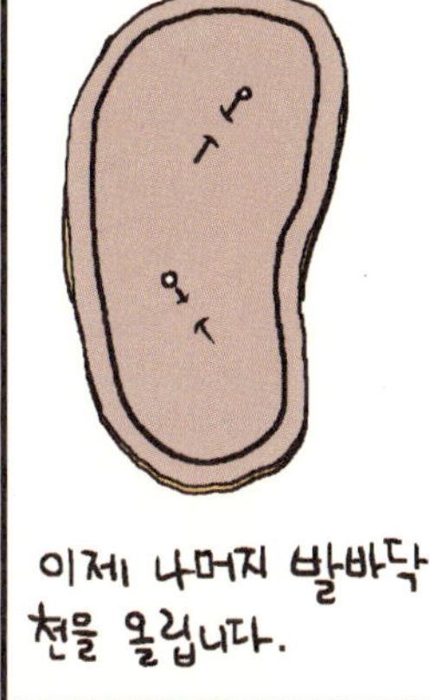
이제 나머지 발바닥 천을 올립니다.

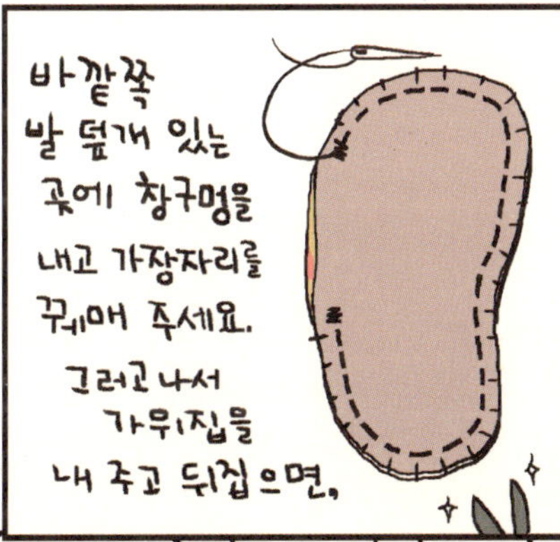
바깥쪽 발 덮개 있는 곳에 창구멍을 내고 가장자리를 꿰매 주세요.
그리고 나서 가위집을 내 주고 뒤집으면,

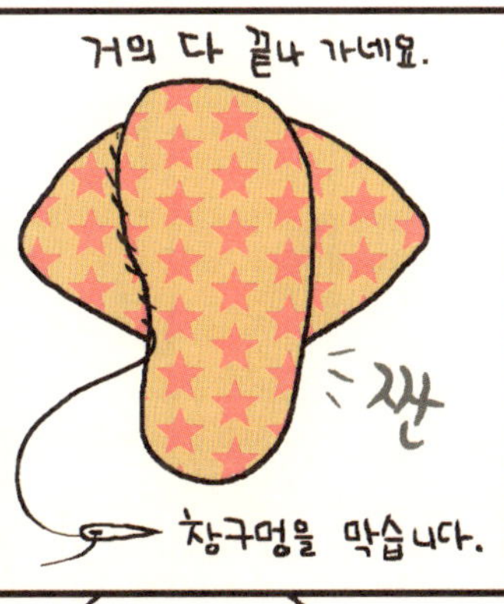
거의 다 끝나 가네요.
짠
창구멍을 막습니다.

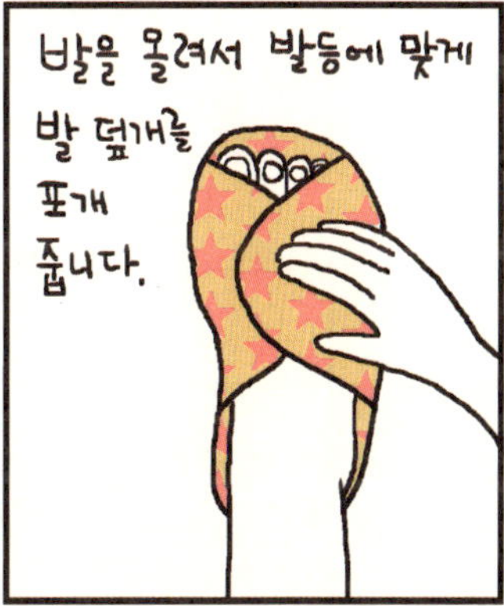
발을 올려서 발등에 맞게 발 덮개를 포개 줍니다.

단추를 달아서 고정해 주고
포근해요

나머지 한 짝도 마저 만들면,
뚝딱 남도 만들어 줘.
얼렁이도! 얼렁이도!

아이 것은 바닥을 미끄럼 방지 처리가 된 것을 쓰거나, 실리콘을 붙여 주면 훨씬 안전하겠죠?

끝

시작

장갑이 척척해.
요럴 때 장갑 한 쌍 아쉽죠
만들어 보자고요.

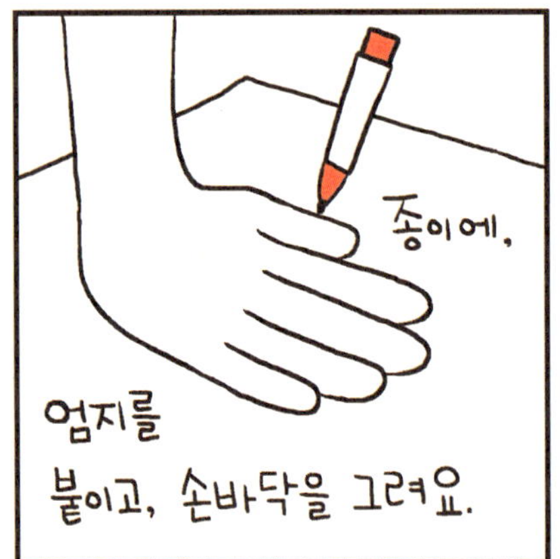
종이에,
엄지를 붙이고, 손바닥을 그려요.

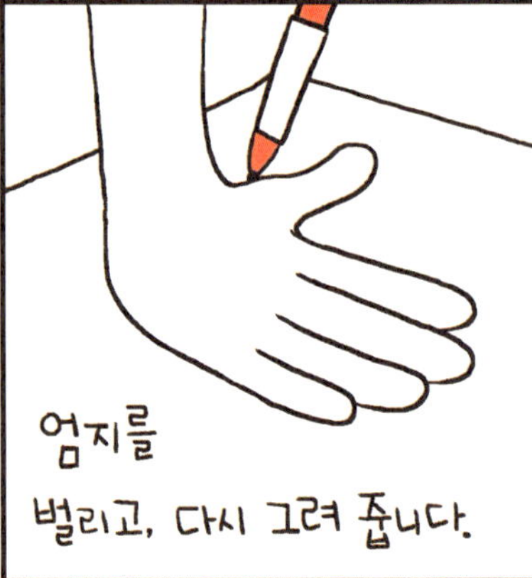
엄지를 벌리고, 다시 그려 줍니다.

이런 모양이 나오죠.

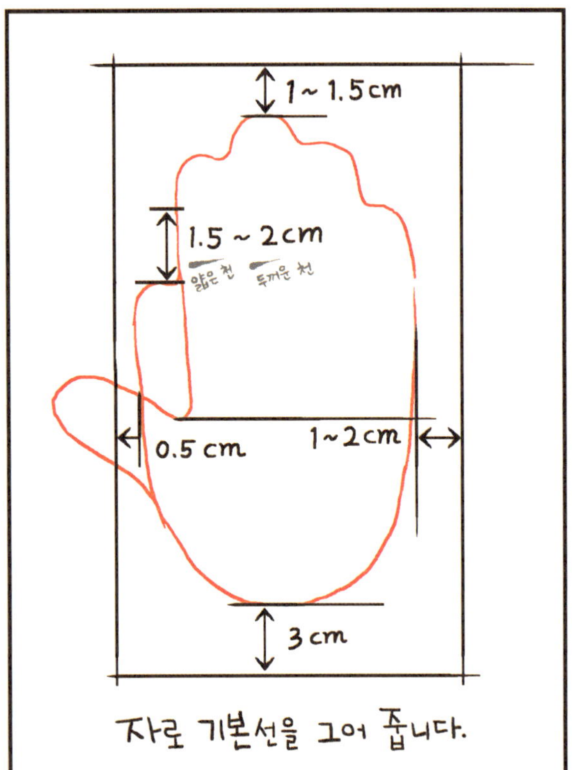
1 ~ 1.5cm
1.5 ~ 2cm
얇은 천
두꺼운 천
0.5 cm
1~2cm
3cm
자로 기본선을 그어 줍니다.

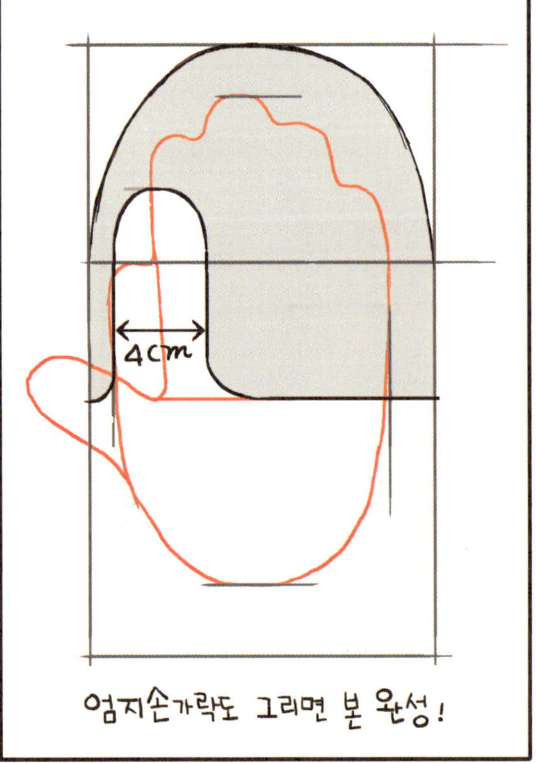
4cm
엄지손가락도 그리면 본 완성!

저는 방수 바지 만들고 남은 것을 썼어요.

본을 다 만들었으면 천을 준비하세요.

겉감 (방수 천)

안감 (따뜻한 천)

폭: 장갑 둘레 4/5

소매감 (신축성 있는 천)

길이: 18~20cm

난 식탁보 만들고 남은 천으로 해야겠다.

왼손

오른손

겉감에 시접을 1cm쯤 넣어 본 따라 그린 뒤 잘라 줍니다.

오른손

왼손

안감도 똑같이 해 주세요.

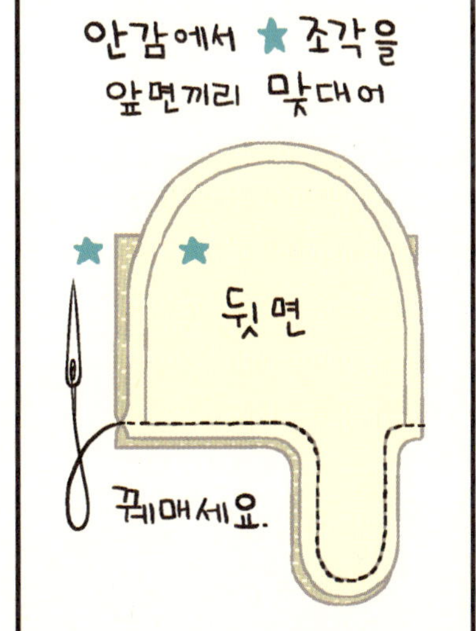

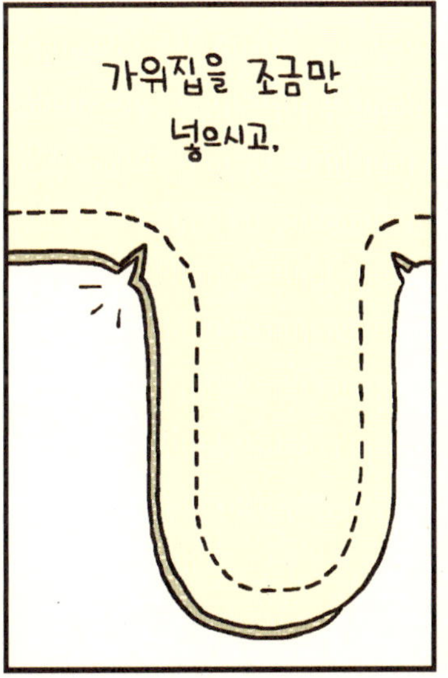

조각을 가져와
맞대고

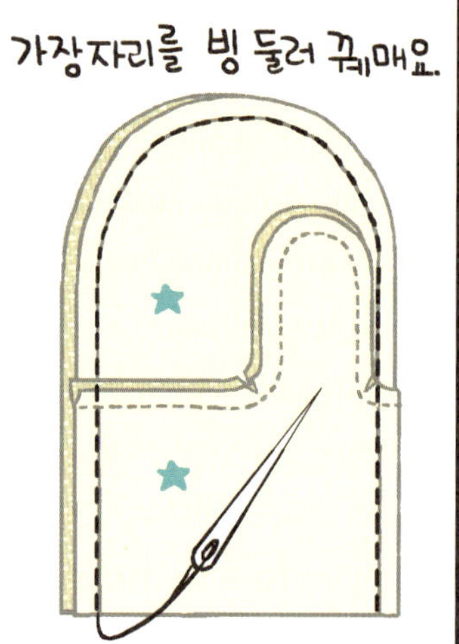
가장자리를 빙 둘러 꿰매요.

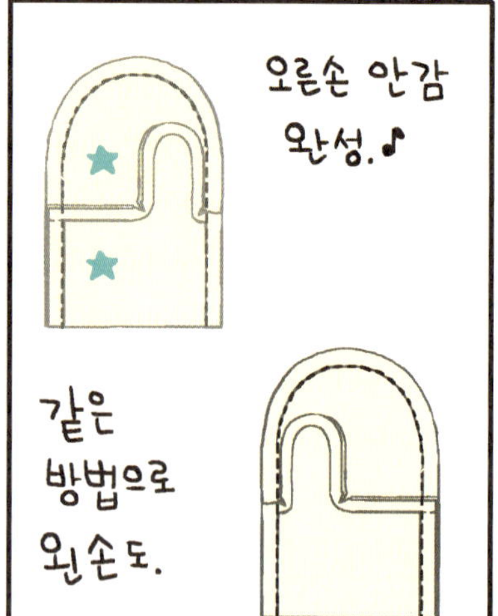
오른손 안감
완성.♪
같은
방법으로
왼손도.

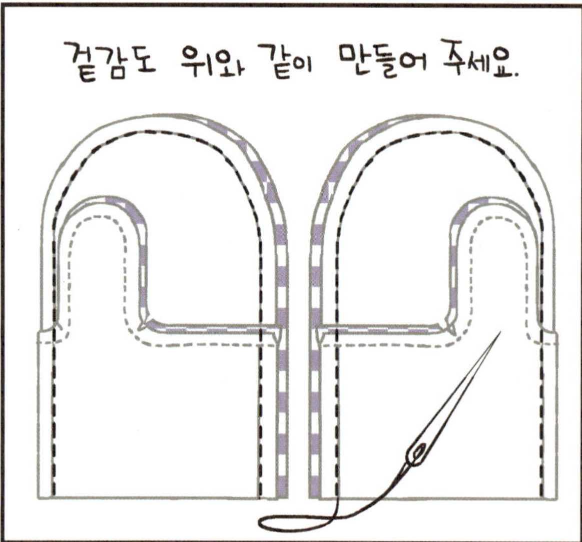
겉감도 위와 같이 만들어 주세요.

속을 뒤집어
바깥 면이 나오게 합니다.

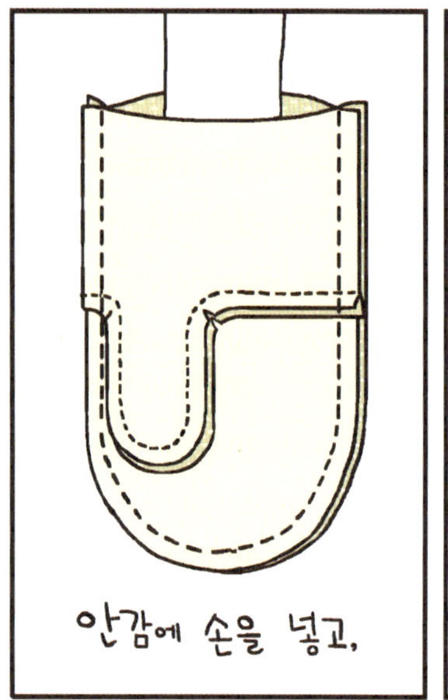
안감에 손을 넣고,

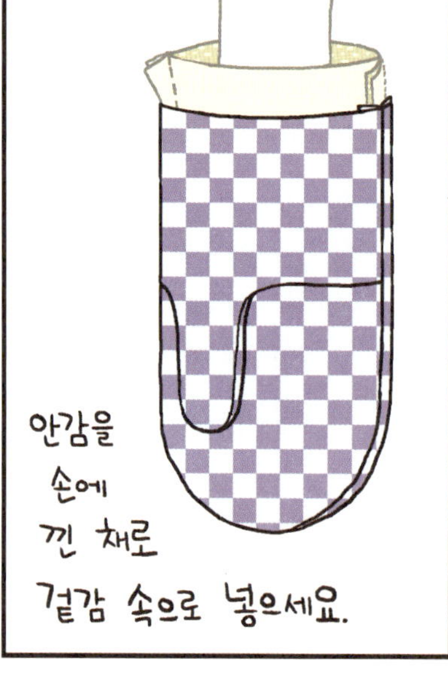
안감을
손에
낀 채로
겉감 속으로 넣으세요.

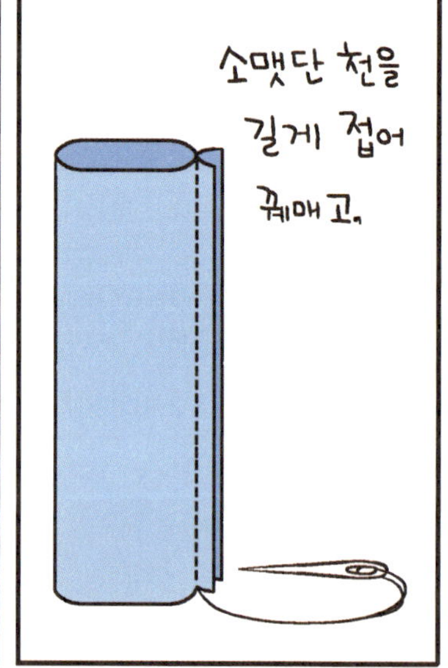
소맷단 천을
길게 접어
꿰매고,

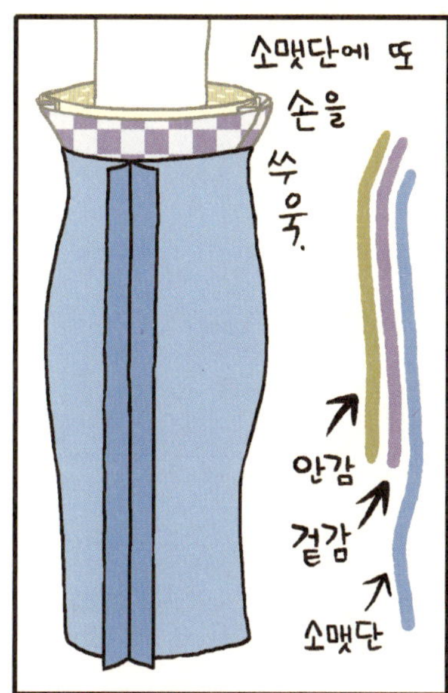
소맷단에 또
손을
쑤
욱.
안감
겉감
소맷단

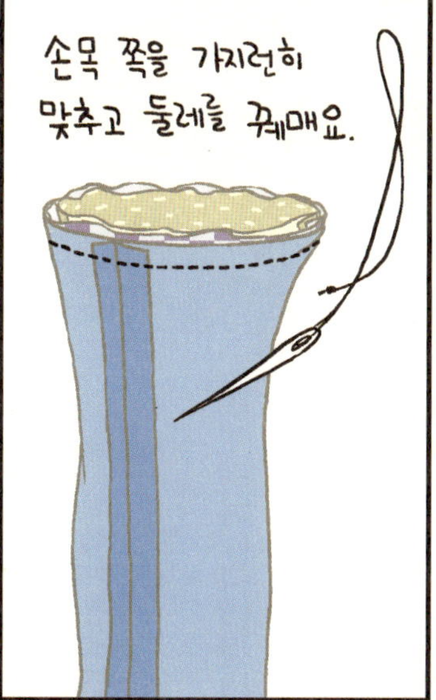
손목 쪽을 가지런히
맞추고 둘레를 꿰매요.

소맷단 아래를 접어
올리고,

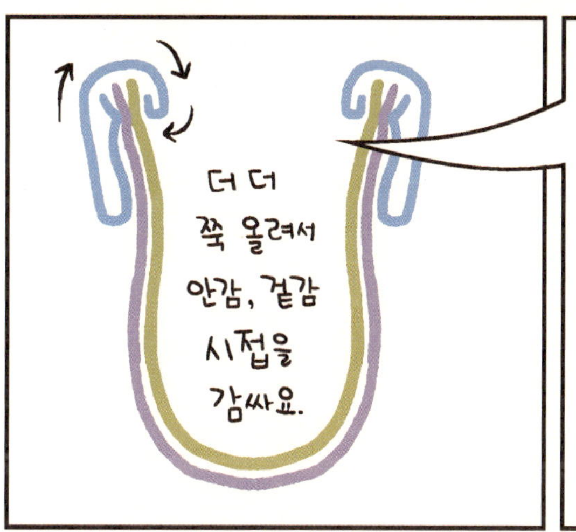
더 더
쭉 올려서
안감, 겉감
시접을
감싸요.

그리고
감싼 쪽을
공그르기나
감침질
하고 나서,

위로 소맷단을
올려 주면
짜잔!
장갑이
나옵니다.

같은 방법으로
나머지 손도
만들면
완성
이오.
내 거다.

끝

시작

커튼으로
겨울나기

공작, 표정이 어둡네. 신랑이랑 싸웠어?
그렇게 티나?
...응

사실 애가 유치원이나 어린이집 다니기 시작하면 한동안 감기 달고 살잖아.
얼렁이 건강 문제로 티격태격 한 모양?
아니.

겨울이 오셨잖냐. 난방 문제로 한판 했어.
이런, 올해도?

온도 좀 높이자. 얼어 죽겠다!
영상 15도에 얼어 죽는 사람 못봤어.
15
에치

애가 감기에서 벗어나질 못하잖아.
밖이랑 온도 차이가 클수록 감기가 더 잘 걸린다고.

그럼, 밖이 영하 10도면 우리 집은 영하 5도쯤 돼야 맞는 거겠네?

백번 양보해서 잠바 입고, 내복 입고, 실내화 신고 버틴다, 이거야.
뭘 양보했다는 건지.

밤에는 어쩔 거야? 잘 때도 잠바 입고 실내화 신고 자야 해?
겨울 이불이 왜 있다고 생각해? 덮고 자는 거지.
우리야 그렇다 쳐도 얼렁인 이불 차 내고 자잖아.
나 어릴 땐 방에 얼음 얼고 창문에 성에가 껴도 다 살았어.
으이구! 언제적 이야길 하는 거야?
궁상 좀 그만 떨자.
절약이랑 궁상이랑 구별도 못 해?
밥은 왜 먹냐? 단식하면 몸에도 좋고, 쌀도 아낄 수 있는데!

엄마, 아빠
싸우지 마세요…
부글부글

휴, 애 걱정한다고 해놓고, 애 앞에서 고래고래 소리나 지르고, 완전 한심해.

너희 집은 어떠니?
뭐, 우리 집에는 아기가 있어서 22도쯤?

근데, 베란다를 터서 마루를 넓힌 집이라 열효율이 떨어지더라고.
애 셋이 거의 마루에서 노는데 말이지.
그래서 커튼을 달아 주었더니 조금 나은 것 같아.
가만…… 여름엔 뭘가 달랐는데?

아, 블라인드만 쳐 놓았었지. 그런데 겨울엔 그것만으론 부족하더라고.

밖
이중 커튼 효과랄까.
겨울에만 다는 커튼
어때? 쓸 만해?

집에 있는 열이 나가는 구멍 중에 가장 큰 곳이 창문! 창문 단열만 잘해도 10~20% 단열 효과가 있대.
보온을 위해서라면 창문 크기로 하지 말고 바닥까지 내리는 게 좋아.

베란다 이중창
블라인드

솔깃
펄럭 귀
우리 집 안방도 웃풍이 심한데 하나 더 달아 볼까?
그래. 저런 얇은 커튼 하나 가지곤 북풍한설 막아 내기 버겁지.
← (공작부인 안방 창문)
커튼 구경 좀 해 보실까?
오, 이거 좋네.
요런 모양은 아이 방에 하면 딱!
겨울이니까 강렬한 빨강색도 따뜻해 보이는군.
성탄절 느낌까지.
음, 중후한 분위기도 나고.
어머, 어머, 한국스런 디자인.
교구, 어떤 게 좋겠어?
방염? 아, 불 났을 때 조금 안전한 커튼! 이게 좋을라나?
집 먼지 진드기 방지. 얼렁이 아토피니까.
다 예쁘네. 근데 너 가격은 보았니?
가격?
히이익
커튼 가격은 폭이 넓어. 값싼 것부터 비싼 것까지.
그러네…… 이 값이면 평생 겨울마다 뜨끈뜨끈 보일러 틀어도 되겠다.
좋은 건 넘 비싸네…
너답지 않은 말 하지 마. 에너지를 아낀다는 게 뭔지 잘 알면서.
또, 기름 값도 만만한 게 아니라고.
뭐, 가격표를 보니 의욕이 떨어져 나가 버렸다.
바람아 불어라
먼저, 문풍지부터 붙이고 나서
무독성 실리콘으로 틈새 막아.
그리고, 커튼은 만들면 되지. 재봉틀도 있잖아.
너의 이름은 공작부인!
집 꾸미기 폐인이라 다른 사람 집 꾸미기에도 적극적임.
도와줄게.
그, 그래 볼까?
← 단순해서 잘 넘어감
그럼, 가르쳐 줘.
커튼 자태는 주름을 어떻게 잡느냐에 달렸어.
민주름
주름을 잡아 꿰매지 않음. 창 폭의 1.5~2배
두줄 주름
창 폭의 2배
세줄 주름
창 폭의 2.5~3배
외주름
창 폭의 2배
맞주름
창 폭의 2.5배
개더주름
얇은 천. 창 폭의 2.5~3배
등 등
그 뭐시기, 가장 쉬운 것으로 하자.

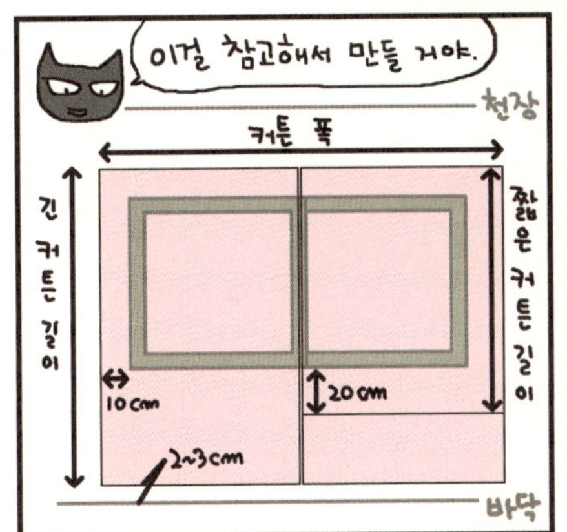

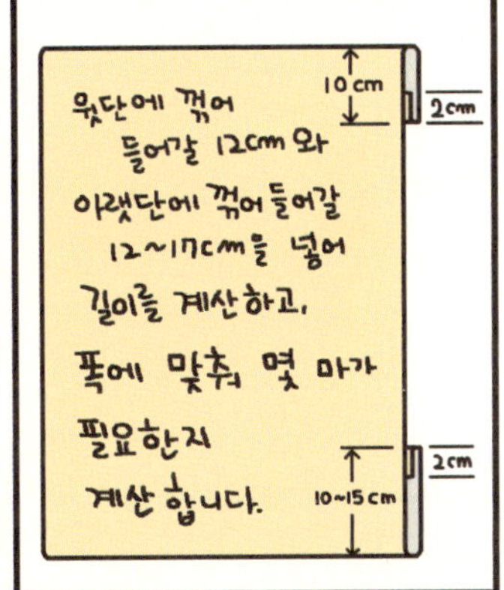

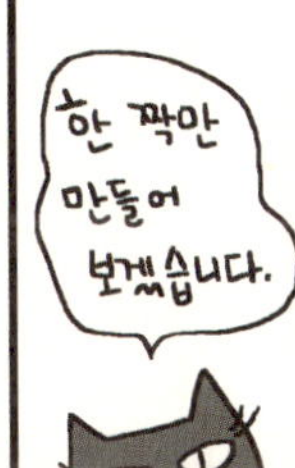

커튼 길이
+12cm(윗단)
+17cm(아랫단)
만큼 재서
두 장 자릅니다.

커튼 천이
면이라면
빨고 나서
줄어드므로
넉넉히
준비하세요.

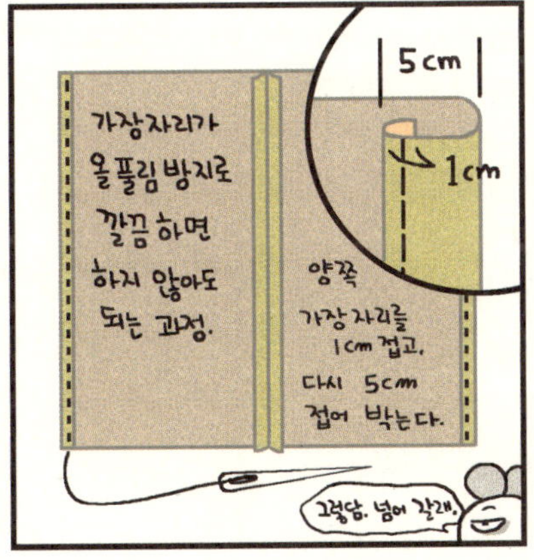

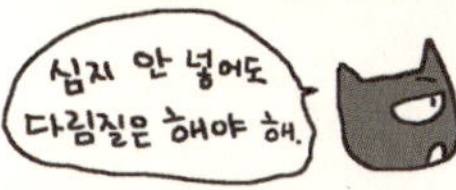

윗단, 아랫단을 다림질해야 박을 때 훨씬 수월한 거 알잖아.
그건 그래.

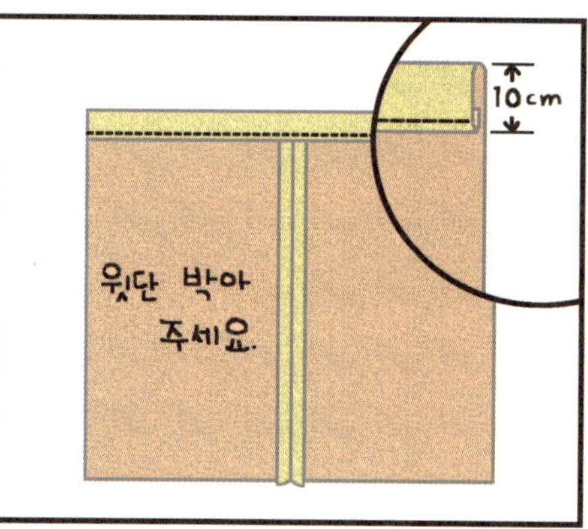
10cm
윗단 박아 주세요.

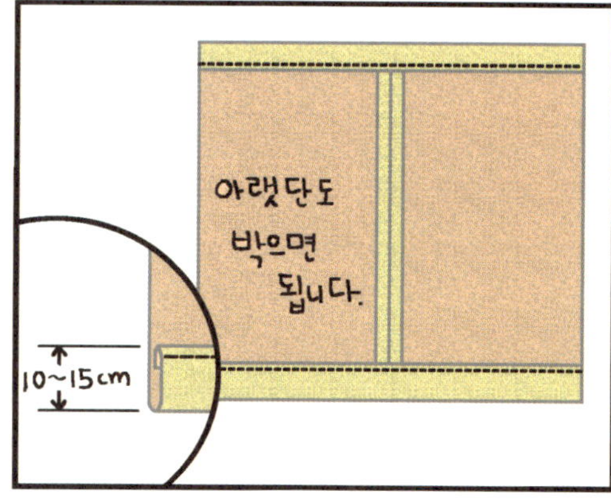
아랫단도 박으면 됩니다.
10~15cm

나머지 한 짝도 마저 만드세요.
꽁차!
와 단순한데 크기가 커서.

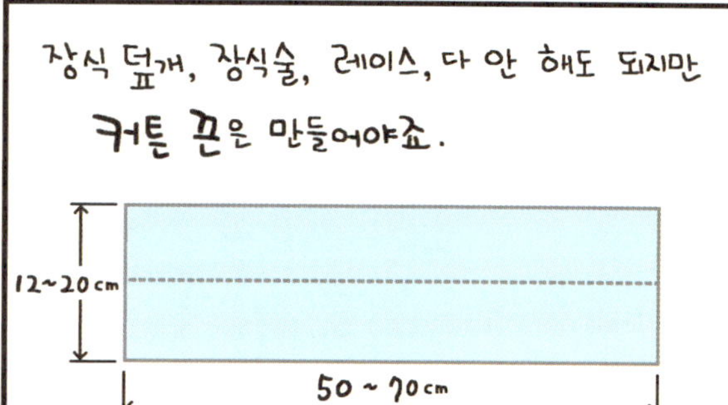
장식 덮개, 장식술, 레이스, 다 안 해도 되지만
커튼 끈은 만들어야죠.
12~20cm
50~70cm

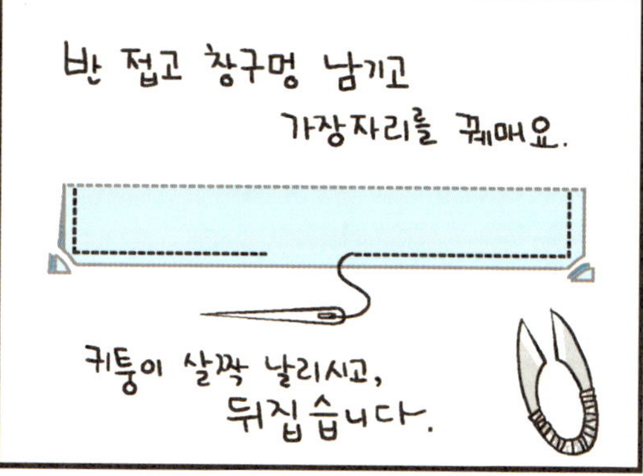
반 접고 창구멍 남기고 가장자리를 꿰매요.
귀퉁이 살짝 날리시고, 뒤집습니다.

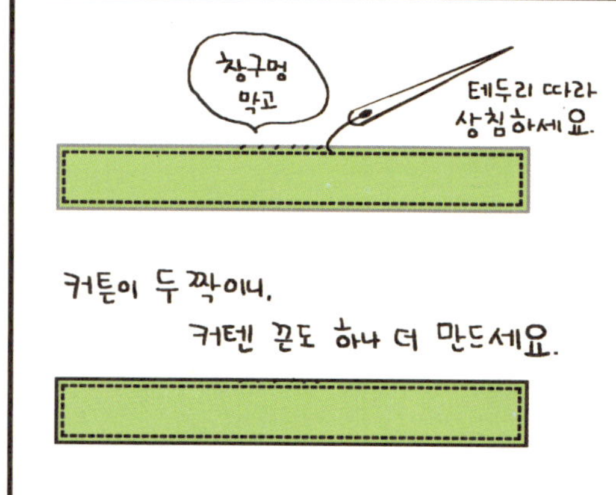
창구멍 막고
테두리 따라 상침하세요.
커튼이 두 짝이니, 커텐 끈도 하나 더 만드세요.

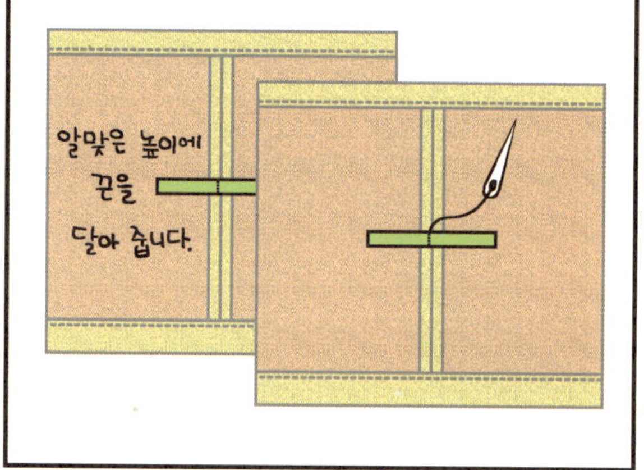
알맞은 높이에 끈을 달아 줍니다.

사실! 첨부터 봉이 달려 있어야 치수 재는 게 정확한데.
신랑이 게으름 피우다 이제야 달아 줌.

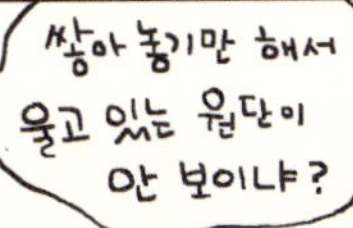

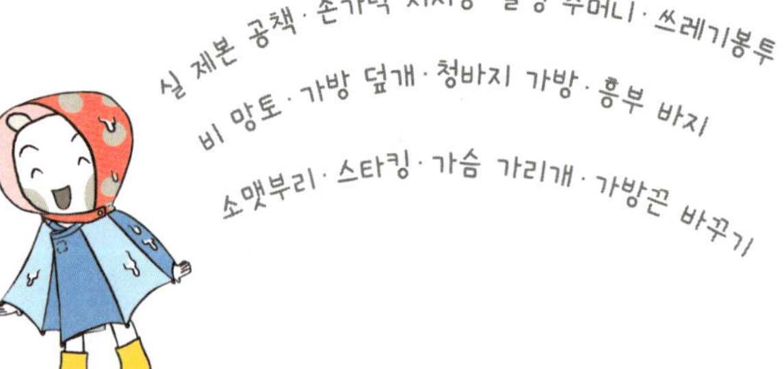

실 제본 공책 · 손가락 지시봉 · 물병 주머니 · 쓰레기봉투 걸이
비 망토 · 가방 덮개 · 청바지 가방 · 흥부 바지
소맷부리 · 스타킹 · 가슴 가리개 · 가방끈 바꾸기

알뜰한 재활용 만들기

시작

이글이글
새해가 밝았도다!

지난해 썼던 여러 가지 수첩, 계획표, 달력……
버리자!

스프링은 고철 통에
종이는 종이 상자에
겉질은 비닐에
자는 플라스틱에
철
종이
비닐
플라스틱

버릴 수첩을 들춰 보니
촤르르…

앞쪽만 조금 쓰고, 뒤쪽은 깨끗하네!

앞쪽, 뒤쪽을 뜯어

다 쓴 쪽은 버리고,
종이
안 쓴 쪽은 종이 보관함에 정리.

이제 올해 것을 골라 볼까나?
해맞이 수첩
대박 할인

펑

안녕? 새해도 건강하고!
올해도 잘 해 보자.
안녕!

뭐 해?
음, 다이어리 하나 살까 하고.
애개개?

우린 얼렁뚝딱 공작단이잖아. 만들면 되지.
복잡한 장식 없이.
짧은 시간에 뚝딱!
버릴 때도 간편하게.
장식 중독자가 웬일이래?

아들 셋 키우다 보니 이래 됐다.
아, 네.

준비물
실과 바늘
지난해 달력 버렸는데~
아까워.
종이 대여섯 장
겉표지 할 종이는 조금 빳빳하면 더 좋아요.
예를 들면 달력 종이.
그냥 종이로 해도 괜찮아.

만들어 보아요 실제본
공책
그 말로만 듣던 수제 실제본.
초간단 저급 과정이니까 쫄지 마.

종이를 모두 모아
딱 맞춥니다.
탁탁

종이를 정확하게
반 접습니다.
가장 중요하니
정성스럽게!

다시 펴 준 뒤 집게가 있다면
움직이지 않게 집어 주세요.
없으면?
말고.

꼬리를 길게 매듭을 진 실과 바늘을
준비합니다.
애들 백일 때
썼던 명주실
이제야
써 보네.

겉표지 쪽 위에서 바늘을
꽂아 줍니다.

쭈 잡아
당기시고,

안쪽 면으로 돌려 바늘을
다시 꽂아요.

겉표지 쪽으로 돌려
실을 잡아 뺍니다.

다시 바늘을 꽂습니다.

요런 식으로
끝까지 내려갑니다.

안쪽 면을 펼쳐 놓고,

맨 아래에서부터
다시 올라갑니다.

안쪽 면으로
다시 바늘을
꽂아 줍니다.

똑같이 계속
위로 올라갑니다.

겉표지로 돌려서,

끈을 모아 묶어 줍니다.

반 접으면
공책
완성!

실 꼬리가 귀찮으면
종이를
잘라 풀로
붙여요.
근데 쪽수가
너무 적은 거
아냐?
다 쓰면
다시 만들면
되지. 5분이면
되는데.

애들 관찰 수첩으로
쓰면 좋겠다.
책 만들기 놀이
할 때도 폼 나고.

여러 권
만들어서
엮으면
양장본이
되는 거야.
좋다.

끝

시작

으으, 춥다.
어! 장갑이다!

뭐야? 왼짝이잖아?
왜?

이것 좀 봐.
왜 한 짝만 끼고 다녀?

오른쪽 장갑만 자꾸 잃어버리지 뭐야. 왼쪽 장갑만 두 개야.
히히. 네가 좌파라서 그래.

그게 아니라고. 내가 오른손잡이라 자꾸 오른쪽 장갑을 벗다 보니……
진지
실수했다.
농담도 알아 듣는 사람한테 해야 재밌는 건데.

길에 떨어진 게 오른짝이면 대충 짝 맞춰 끼려고 했는데.
이것도 왼짝이네. 이젠 왼쪽 손만 세 개로 늘었군.

우리 집은 애들이 틈만 나면 잃어버리는 바람에 짝짝이 천지야.
하긴 남자애만 셋! 오죽하겠냐.

그래서 만들었지.
손가락
짝짝이 장갑 재활용.
지시봉
이게 뭐야?

왜 선생님들이 뭐 가르칠 때 쓰는 막대기 있잖아.
애들 공부 봐줄 때 있으면 좋아.

장갑을 지시봉 끝에 달아 주는 거지.
왜?

그냥 지시봉은 뭐랄까, '맴매' 느낌이랄까……
진짜로 몇 번 때린 적도 있는 아들만 셋 둔 엄마.

손가락 달고 나선 지시봉이 장난감처럼 친해졌어.

살림 언니 부부가 선생님이잖아. 두 개나 줬다고.
이거 가져도 돼?
그러세요.
그래?

준비물
막대기
짝 잃은 장갑
솜
늘어난 양말 또는 천 쪼가리

막대기 끝을 천 조각으로 둘러 묶어 줍니다.
뾰족한 끝이 장갑을 뚫고 나오지 않게.

요기는 비우고
장갑 속에 솜을 넣어요.
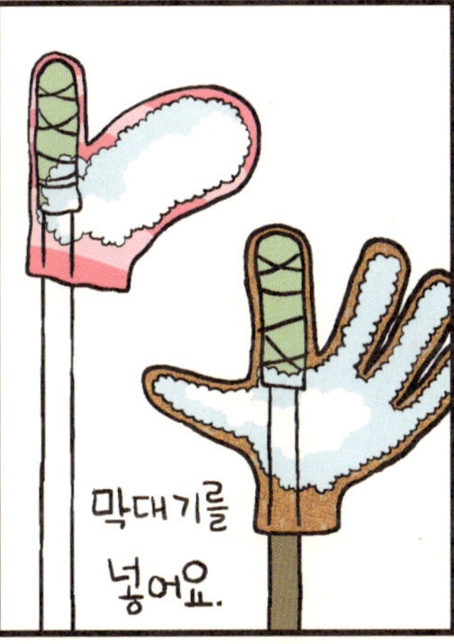
막대기를 넣어요.

묶어 줍니다.

나머지 손가락을 접어 꿰매 주세요.
완성이오.
이게 끝?
이게 끝!

끝

시작

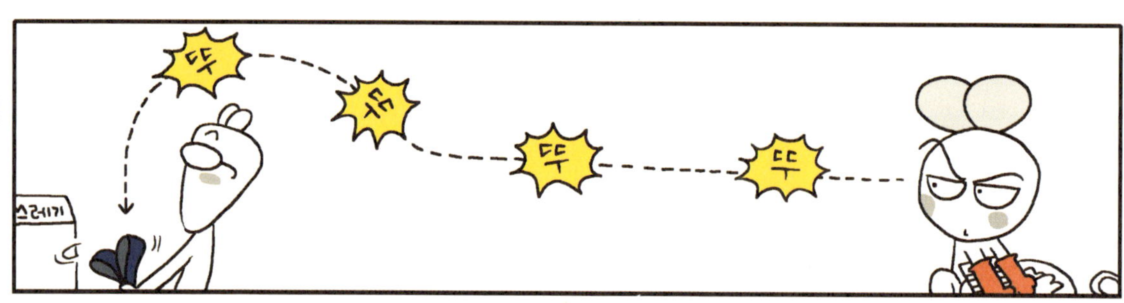
뚜
뚜
뚜
뚜
쓰레기

깜~짝
깜짝!

뭘 버리려는 거지?
정체를 밝혀라!
쓰레기통

가방 어깨끈.
난 이걸로 매는 일이 거의 없어서.
거추장스러워….

가방끈 가방끈
괜히 짜내지 말고, 버리게 내놔.

유레카!
생각났어!
혹시 가방 만들어서 끈 달게? 크크.

어? 어떻게 알았지?
뭐야? 정말?

가방은 가방인데 물병 가방이지!
물병 주머니
오호!
나들이 갈 때 물병 주머니가 없어서 불편했거든.
들어 주세요.
요렇게 주머니에 넣어 주면,
내가 들게요.
오호라~
평소 자주 쓰는 물병을 가져 오시고,
끈과 어울리는 천을 준비 하세요.
물병에서 필요한 길이를 잽니다.
둘레
높이
적당한 끈 길이도 알아봐요.
준비물
끈
물병 바닥
시접 1cm쯤
↖미끄럼 방지 천이면 더 좋아요.
둘레 + 2cm
높이 + 3cm
(누빔 천)
둘레 + 3cm
높이 + 3cm
(늘어나지 않는 천)

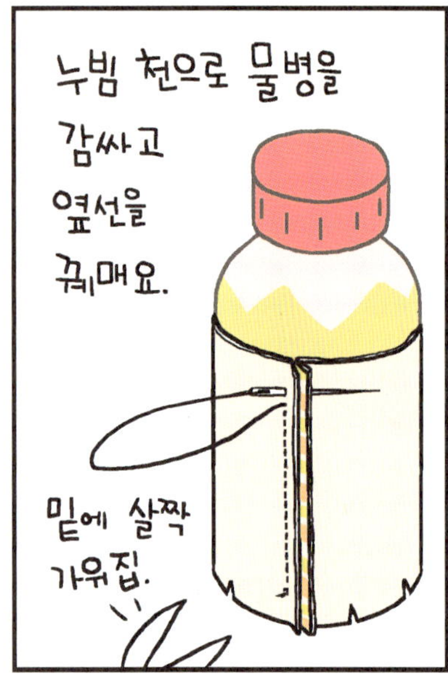
누빔 천으로 물병을
감싸고
옆선을
꿰매요.
밑에 살짝
가위집.

바닥 면을 대고
기둥 천을 이어 꿰매
주세요.

다시 물병을 넣어
본 뒤,

겉감으로
감싸
봅니다.

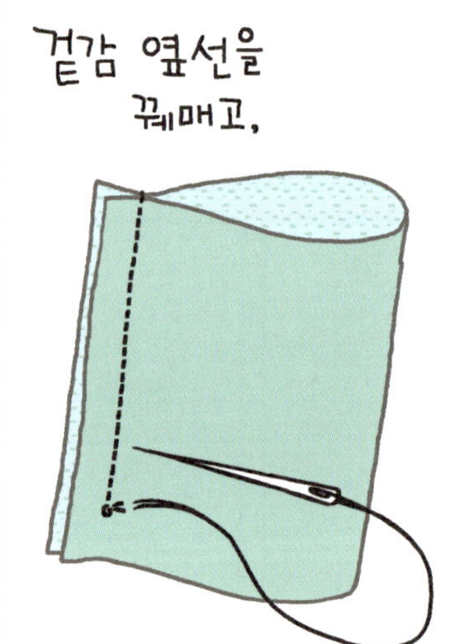
겉감 옆선을
꿰매고,

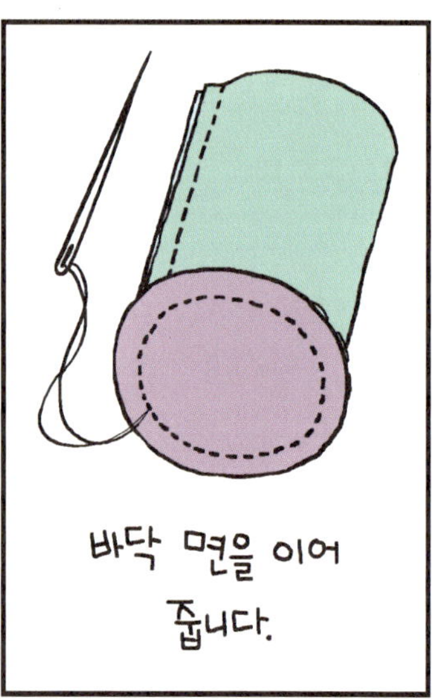
바닥 면을 이어
줍니다.

뒤집은 뒤,

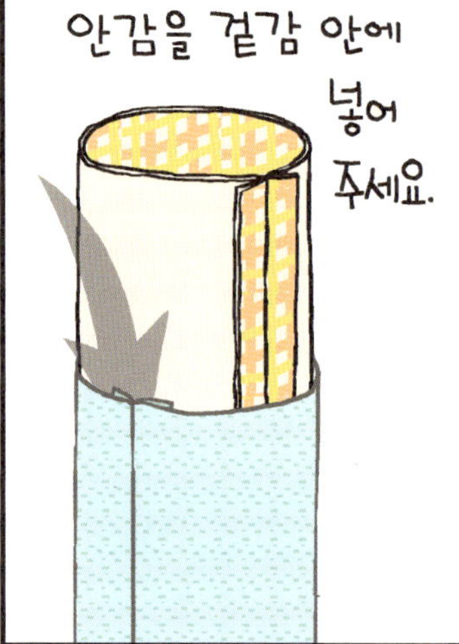
안감을 겉감 안에
넣어
주세요.

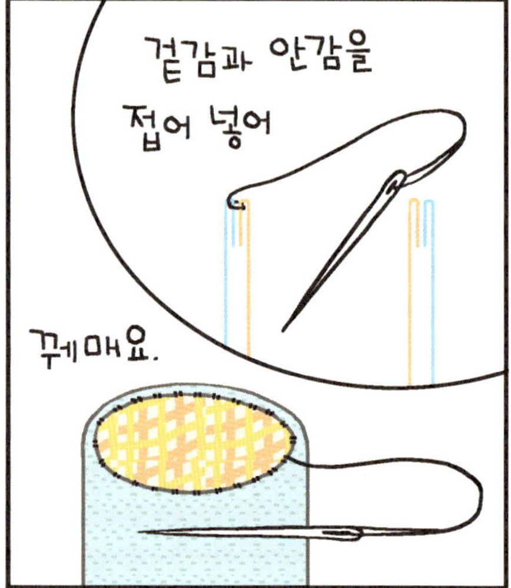
겉감과 안감을
접어 넣어
꾸메요.

한 번 더 튼튼하게
돌려 꿰맵니다.

옆에 끈을
걸 수 있는
고리를 달아 주세요.

끈을
걸면
완성♥

근데 남는 가방끈
없으면 어쩌지?
왜 이래? 선수끼리.
없으면 만들면
되지.

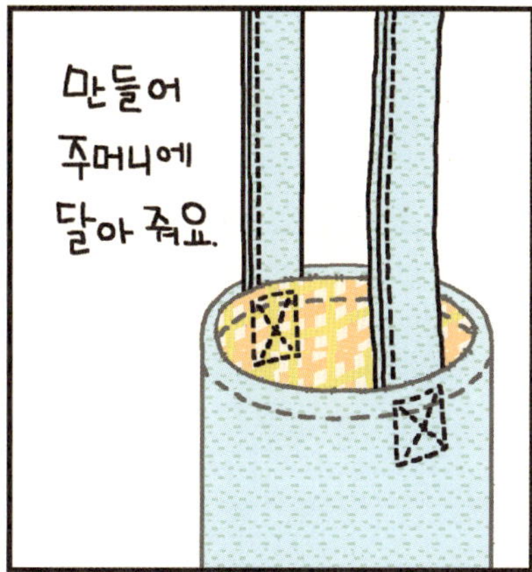
만들어
주머니에
달아 줘요.

끈을 달 때
가운데가
아니라,
위쪽에
달아요.

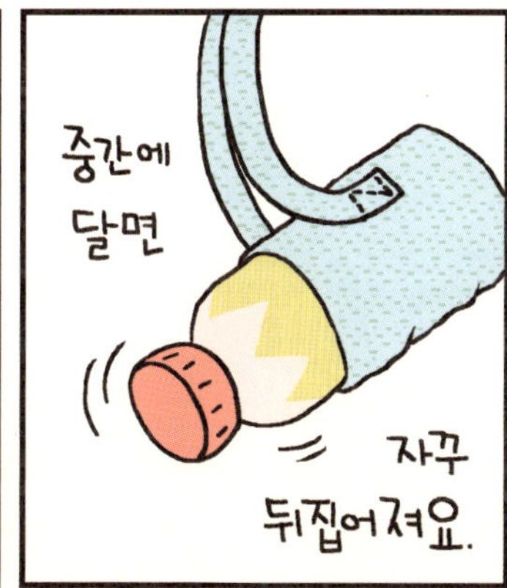
중간에
달면
자꾸
뒤집어져요.

보온 보냉 재료로 은박지 천
있던데.
몇 년 빨면
벗겨지더
라고.

얼마나 오래 쓰게?
뻔하잖냐?
죽을 때까지지!

끝

시작

뚝딱뚝딱 뚝딱남 이야기

뚝딱뚝딱
뚝딱거리길
좋아하는 남자.

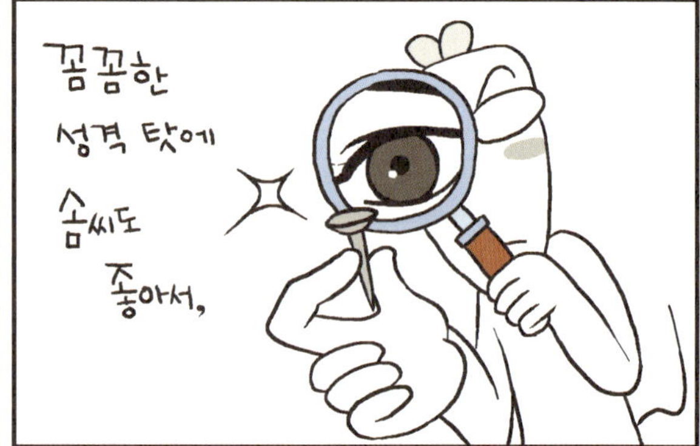

꼼꼼한
성격 탓에
솜씨도
좋아서,

공방에
다닐 땐
멋진 작품도 여러 개
만들어 냈죠.
뚝딱
뚝딱
뚝
딱
딱
뚝딱
딱
와

하지만,
다
옛날
이야기.

공방은 커녕
요리할 시간도 ……
딩동

아빠 눈 밑이 까매졌어.
피
딱 봐도 잠 모자람 상태군.

우리도 자 볼까?
아빠, 안경 벗고 베개 베.

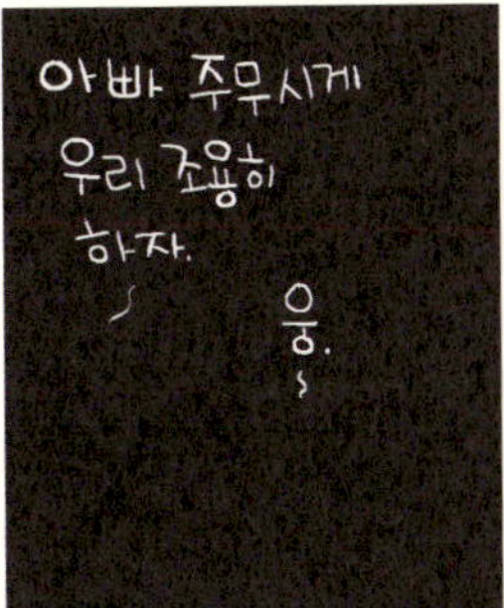
아빠 주무시게 우리 조용히 하자.
응.

쿨 코 드르렁

쓰윽

오늘도 또 나가네……..
힘든 척은 혼자 다 하면서, 잠도 안 자고 뭐 하는 걸까?

역시 컴퓨터를 하는군. 으, 안 보이네.
빼꼼

뭘 혼자 보고 있는 거야?

뭐 해?
으아

깜짝이야. 인기척을 했어야지!
감시하러 왔는데, 기척을 왜 해?
악! 간도 떨어졌네!

응?

깜짝
깔깔깔

스스로 만드는 장비
야영 새내기 길라잡이
꼭 있어야 할 것들
있으면 편한 것들
온통 야영에 대한 누리집이잖아?
늦게 배운 도둑질에 날 새는 줄 모른다더니!
지난번 교구네 따라가 본 게 무척 좋았나 보네?

음, 가 보니 좋긴 좋더라…….
빗소리 들으며 맥주 한 잔. 크~
그래, 내 말이 그거야. 자연을 느끼는 삶!
열렁이 더 크기 전에 다녀야 할 텐데.

근데, 우리 형편에 좀 값비싼 취미 같은데.
유명 회사 상품으로 하면 비싸지.
하지만 값싸고 좋은 장비로도 즐길 수 있다고.

다른 사람들은 나라 밖까지 나가 노는데,
우리는 허구한 날 방 안에서 책이나 텔레비전만 보고 사는 게 정답일까?
우리도 조금은 즐길 권리가 있다고!

먼 나라까지 안 가도 열렁이에게 보여 주고 싶은 곳은 얼마든지 넘쳐.
아빠로서 부지런만 떤다면,

어차피 가고 싶어도 해외로는 비행기 삯이 없어 못 가잖아.
킬킬
욱

앗...
주르륵

그러네……
뭔가 중요한 곳을 건드렸다……
욱

나야 비행기는 커녕
야영지까지 갈 자가용도 없는 주제인데
말이지. 여행같이 호사스런
꿈이나 꾸다니
우스울 거야.
미안해. 능력도 안 되면서
중얼 중얼 중얼 중얼

자기 말 대로
값싸고 좋은 물건도
많네.
요기 요기 누리집에
설명돼 있어!

어머, 저거
예쁘다.
우리 저거 살까?
잠잘 곳만 해결되면
다른 것들이야 집에 다
있잖아.
대중교통으로
갈 수 있는 야영장만
다녀도 평생
다 못갈 만큼
많네.

작은 장비는
자기가 손수 만든 게
더 예쁘겠다.
자긴 손끝이
야물어서 저기
나온 거보다 더
잘하잖아.
알랑 방귀

할 말이
그거야?
아,
저,
그게,
미안해……

진짜?

그럼
재봉틀 좀
알려 줘.
사과하는 뜻으로

얼마 뒤

딩동♪
택배 왔습니다!

으이구,
뭘 또 산 거야?
네,
갑니다.

만들지도
않을 거면서,
재료 좀
그만 사.
시간 나면
만들 거거든!
엄마랑
아빠랑
대사가 바뀌었어!

끝

시
작

바람은 아직 칼같이 매서우나,
봄을 준비하는 새눈이
가지 가지에 걸렸구나.

나도 저
새순처럼
봄을
……
툭

와
르
르
헉

왜 쓰레기
봉투를 걷어
차고 그래?

걷어찬 게 아니고
살짝 건드렸을 뿐인데.
주섬
주섬
자기가 다
정리해.

세탁소에
다녀왔어?
응.
설에 뭔가가
잔뜩 묻어서.

세탁소 옷걸이는
……
고철에
버려야 하나?
?
아닐걸?

겉에 껍질이
씌워 있잖아.
아하!
세탁소에 다시
드리면
돼.

그게 정답이네.
그렇지?

잠깐, 세탁소 옷걸이가…….
몇 개나 있지?

글쎄?
잘 모르지만 많아.

아, 좋아 좋아.
왜? 뭐 만들게?

세탁소 옷걸이로
쓰레기봉투 걸이
만들 거야.
불끈

이왕이면 사과 궤짝으로 만들어 주면 좋겠당.
종이
플라스틱
고철
색도 칠하고.
갖고 싶어.

집에 궤짝도 없잖아? 재료 다 구하려다간 언제 만들지 몰라.

그럼, 봉투 걸게 못 박아. 쉽네.
못질 많이 하면 집 망가져.

준비물
니퍼
철사 옷걸이 여덟 개
접착테이프
또는
전선 정리 끈
할인 매장에서 <케이블 타이> 라고 부르는 물건.

먼저, 니퍼로
고리 쪽을 잘라 냅니다.
여덟 개 모두.

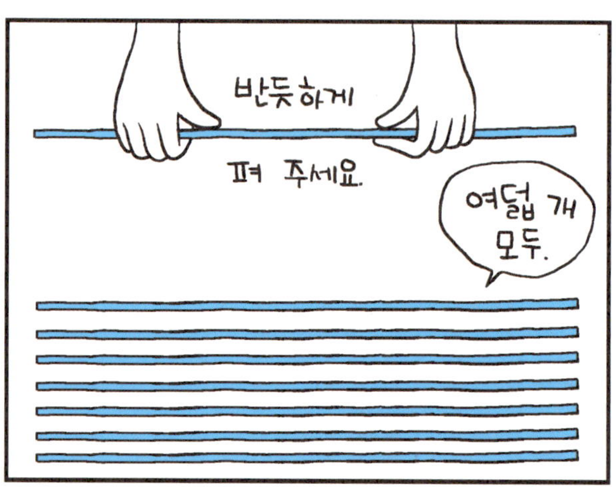
반듯하게
펴 주세요.
여덟 개 모두.

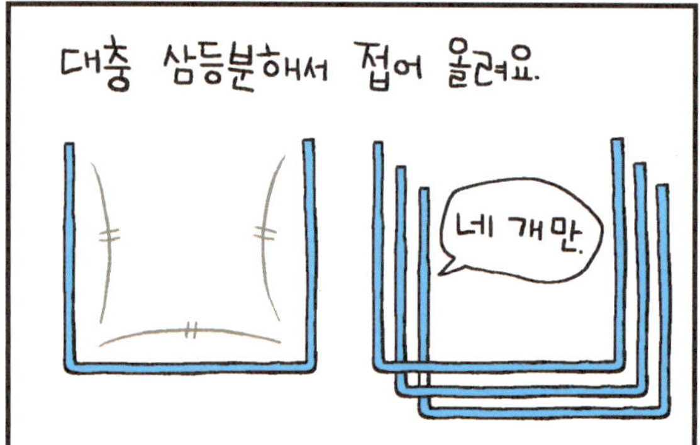
대충 삼등분해서 접어 올려요.
네 개만.

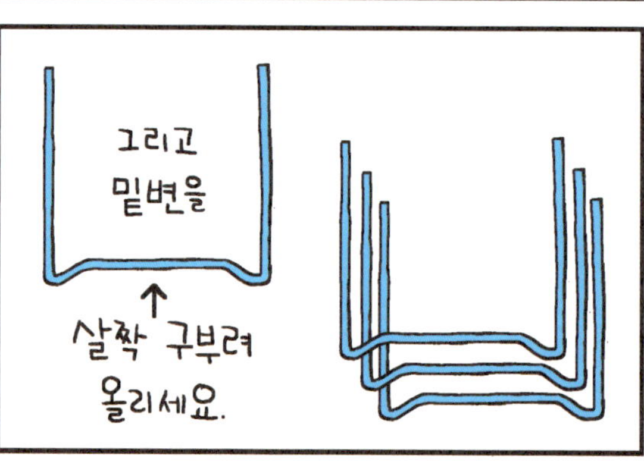
그리고 밑변을
살짝 구부려 올리세요.

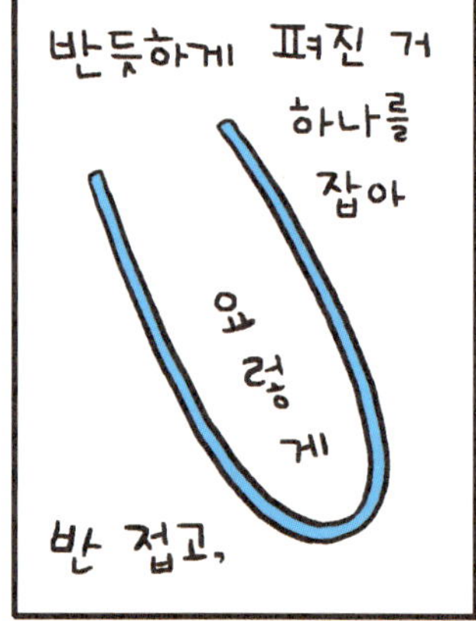
반듯하게 펴진 거 하나를 잡아
요렇게
반 접고,

더 더
구부리고,

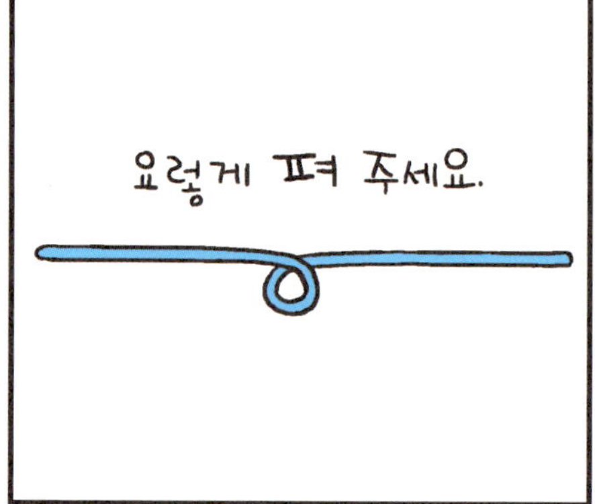
요렇게 펴 주세요.

몇 개?
두 개.

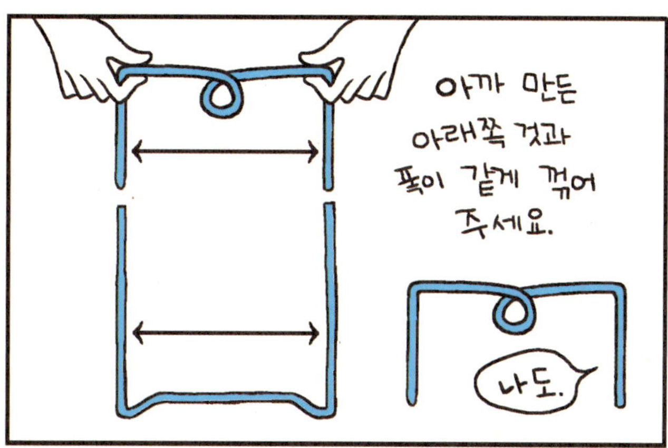
아까 만든
아래쪽 것과
폭이 같게 꺾어
주세요.
나도.

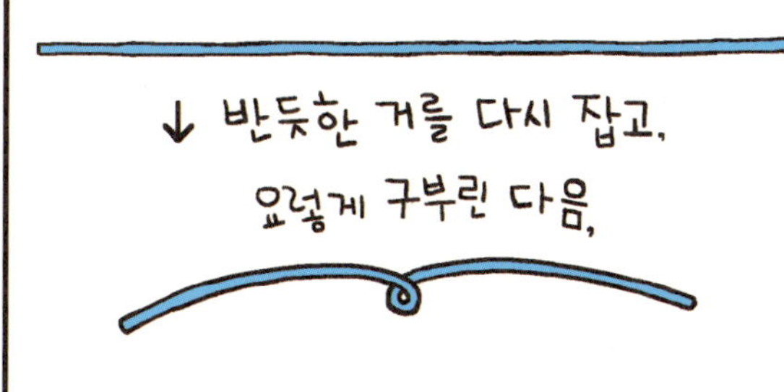
↓ 반듯한 거를 다시 잡고,
요렇게 구부린 다음,

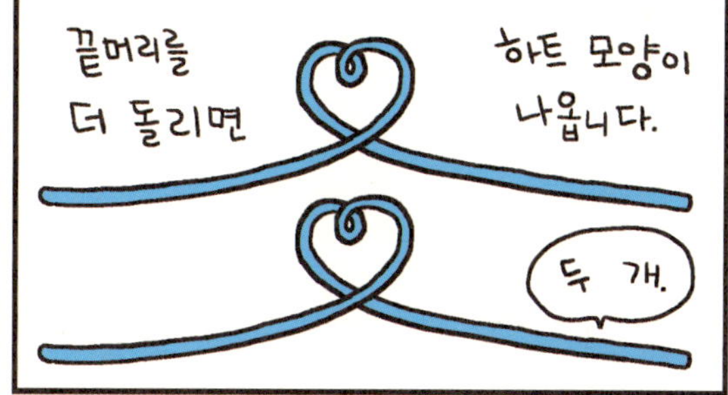
끝머리를
더 돌리면
하트 모양이
나옵니다.
두 개.

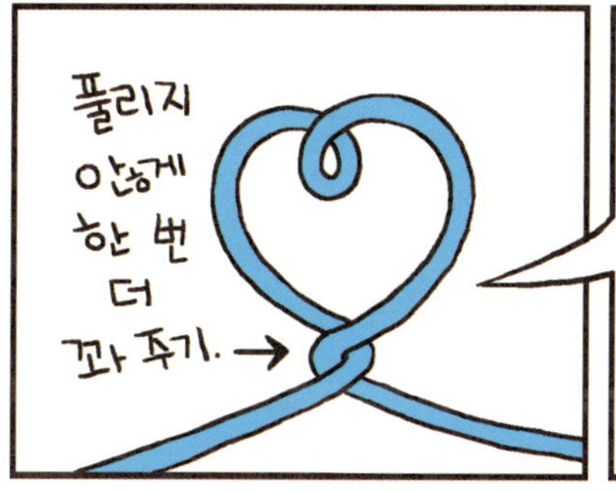
풀리지
않게
한 번
더
꼬아 주기. →

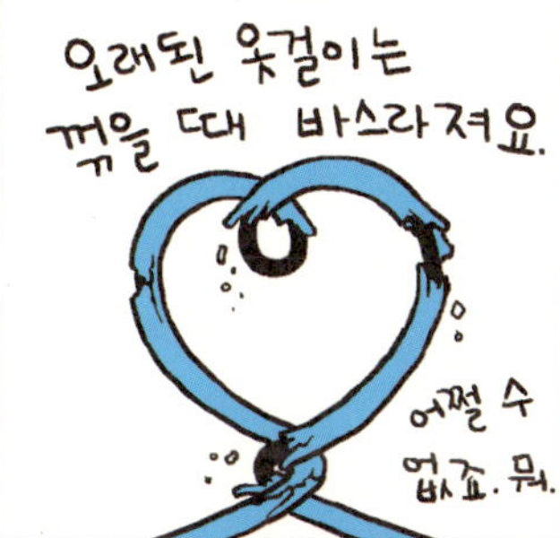
오래된 옷걸이는
꺾을 때 바스라져요.
어쩔 수
없죠. 뭐.

근데 꼭
하트로 해야
되는 거야?
아니.
네모도 되고
동그라미도 되고.

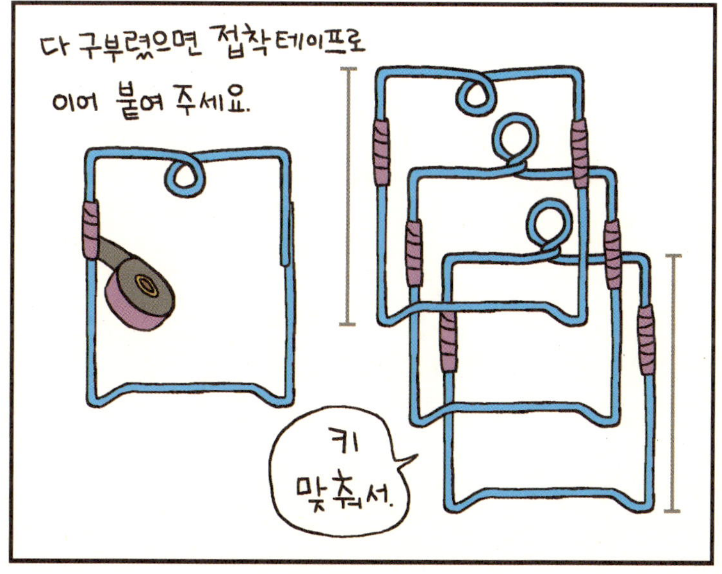
다 구부렸으면 접착테이프로
이어 붙여 주세요.
키
맞춰서.

네 면을
다시 연결하면
완성♡

자, 이번엔
접착테이프 대신
정리 끈으로
묶어 보아요.

왜?
뭐
하려?
큰
차이가
있다고.

접착테이프로
고정하면
튼튼하지만,
정리 끈으로 고정하면
접을 수 있다고.
납작

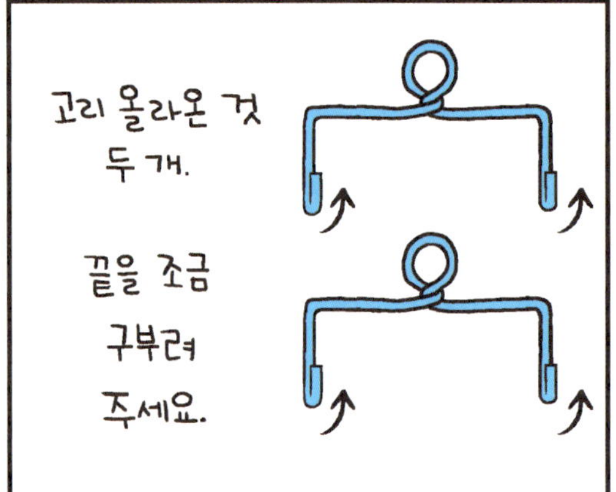
고리 올라온 것
두 개.
끝을 조금
구부려
주세요.

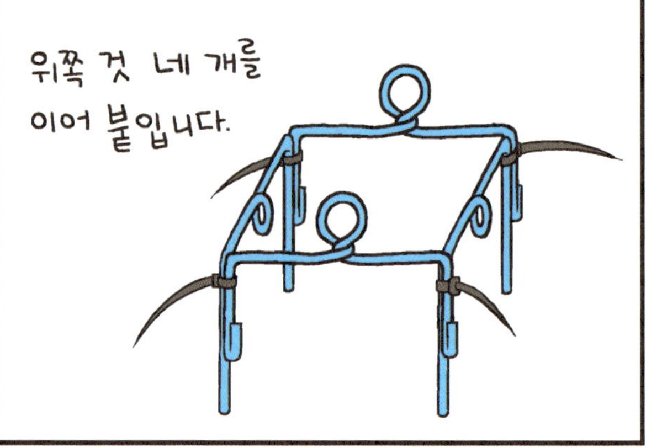
위쪽 것 네 개를
이어 붙입니다.

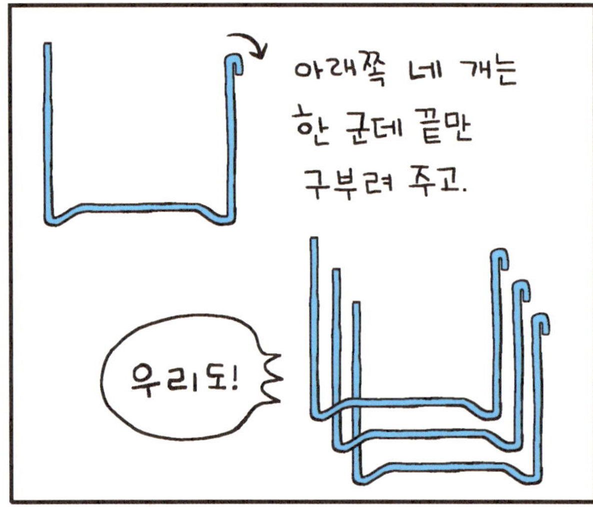
아래쪽 네 개는
한 군데 끝만
구부려 주고.
우리도!

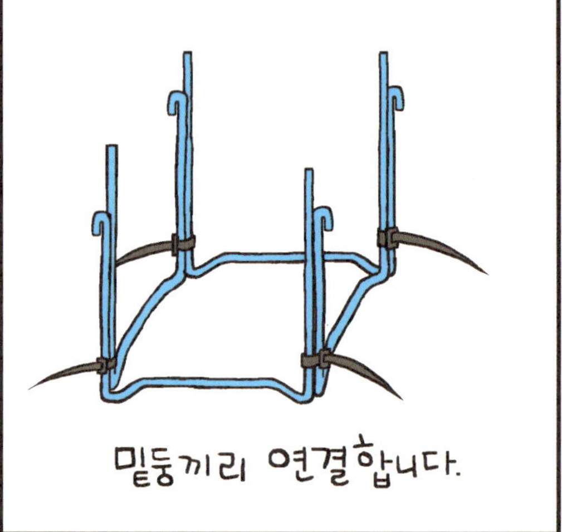
밑둥끼리 연결합니다.

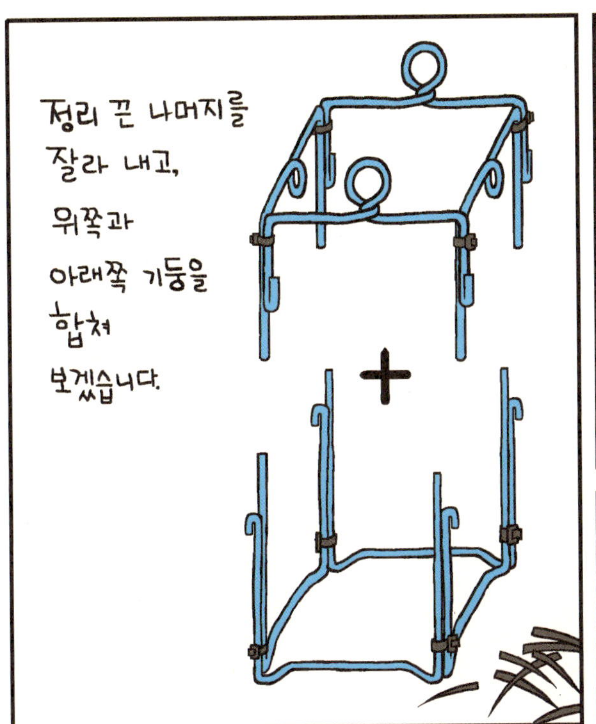

정리 끈 나머지를
잘라 내고,
위쪽과
아래쪽 기둥을
합쳐
보겠습니다.
+

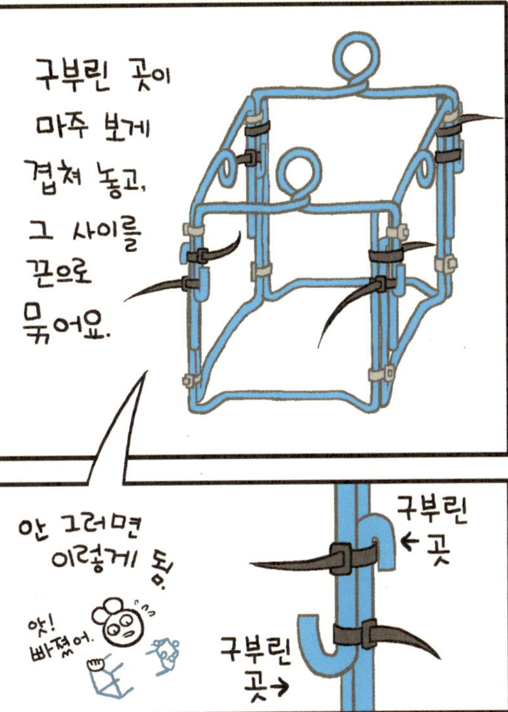

구부린 곳이
마주 보게
겹쳐 놓고,
그 사이를
끈으로
묶어요.
안 그러면
이렇게 됨.
앗!
빠졌어.
구부린
← 곳
구부린
곳→

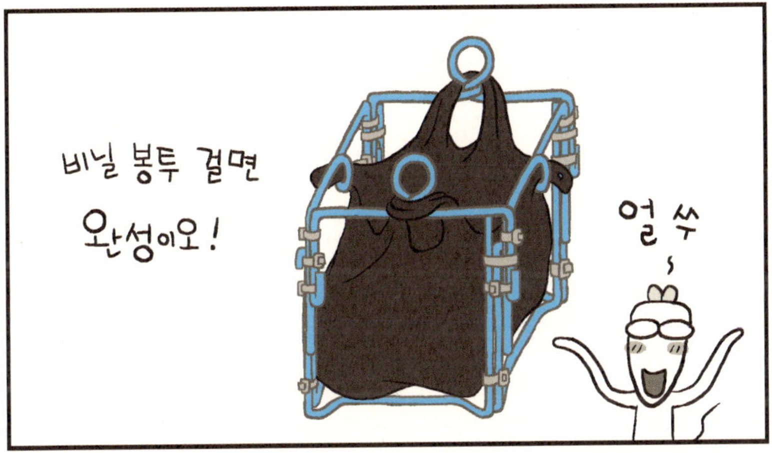

비닐 봉투 걸면
완성이오!
얼쑤

쓰레기야
늘
있는 건데,
뭐하러
접이식을
만들지?
귀찮게……

아하!
이유를 알았다.
어머
어머
어머
…
이건 이렇게
저건 저렇게 ㄱㄱ
야영지에 가지고
다니려고 그랬구나.

끝

시작

비 오는 날에 바느질
쿨쿨
다녀 왔습니다.

얼렁이 왔어?
으아.
비 쫄딱

미안해. 엄마가 깜박 잠이 들어서…….
엄만 잠들어서 몰랐던 거잖아. 근데, 오는데 어떤 아줌마가 우산 쓰고 가면서 나한테 같이 쓰자고 말도 안 하는 거 있지.

어린이집 사물함에 우산이라도 넣어 둬야 겠다.
이건 너무 크고,
요건 색깔이 영.

어째 망가진 우산 투성이네. 차라리 비옷을 살까?
요즘 우산은 왜 이리 약해?

망가진 우산……
낭비……
비옷……

맞다!
망가진 우산으로 비 망토를 만들자!

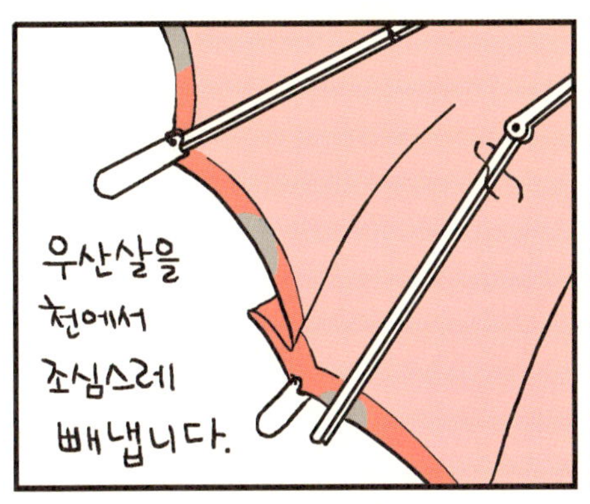
우산살을
천에서
조심스레
빼냅니다.

우산 꼭지를
돌려서
빼냅니다.
안 빠지면
칼로 잘라
내세요.

우산 천을
꺼내서
비눗물로
살살 빨아
땟국물을
빼내세요.

잘 말려
주세요.

언제
다 말라?
다 말랐어.
이제 만들자.

우산을 접은 뒤
끝을 조금 잘라요.

머리가 빠져
나오나 볼까요?
음. 조금 더
잘라야
겠다.
?
?
?

머리가 빠져나오면
어깨가 흘러내릴 거예요.
어쩌지?

두 조각쯤 겹치게
여며 주면 됩니다.
어떻게
?

우산을 보면
여밈 끈이 있어요.
잘라 내고,

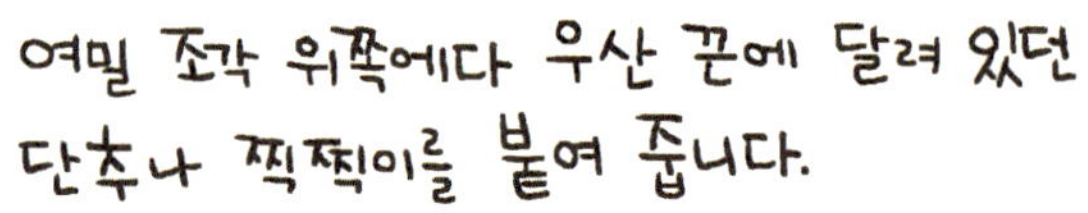
여밈 조각 위쪽에다 우산 끈에 달려 있던 단추나 찍찍이를 붙여 줍니다.

망토를 입고 우산을 쓰면 어깨랑 가방이 젖지 않아 좋아요.

엄마, 또 하나는 어디에 써?
아, 모자 만들어 붙이자.

머리에 우산 천을 뒤집어 쓰고 크기를 가늠해 봐요.
이쯤?
이쯤?

반듯하게 접어 쭉 펴 놓고,

망토를 반 접어 목선에 대고 크기를 맞춰요.

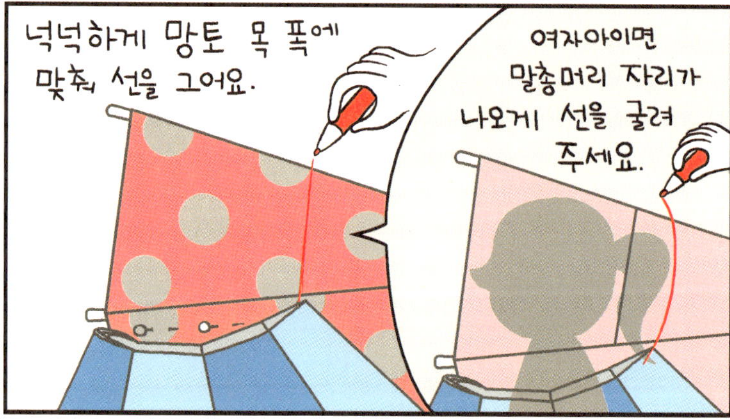
넉넉하게 망토 목 폭에 맞춰 선을 그어요.
여자아이면 말총머리 자리가 나오게 선을 굴려 주세요.

자르세요.

뒤통수 쪽을 바느질로 꿰매요.

뒤집어
주세요.

한 번 더
꿰매세요.

다시
뒤집어
줍니다.

모자 목덜미 가운데 점과
망토 목덜미 가운데 점을
이어요.
1.5 cm
0.5 cm

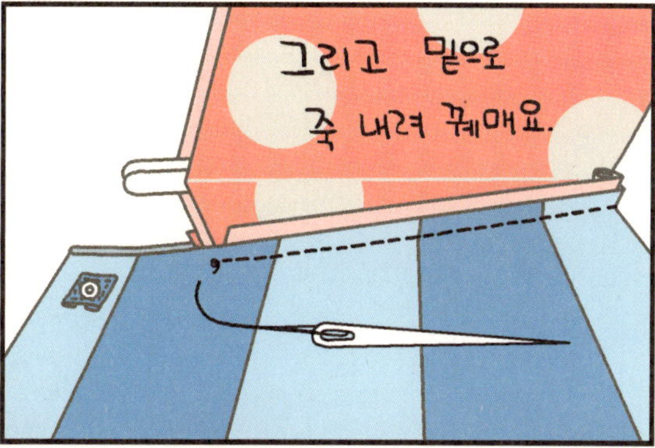
그리고 밑으로
죽 내려 꿰매요.

반대쪽도 마저
꿰매고 시접을 밑으로
내려요.

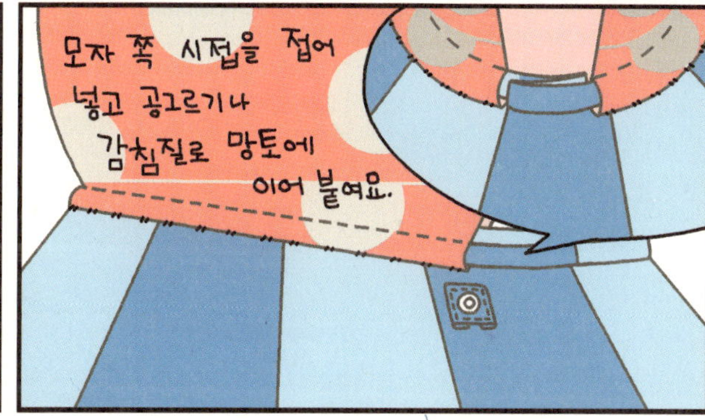
모자 쪽 시접을 접어
넣고 공그르기나
감침질로 망토에
이어 붙여요.

모자 쪽 꼭지를 잘라 내고,
아이 머리에 맞춰 우산 띠를
잘라 이어
붙여요.
이거
꼭
잘라야
해?
아니,
있어도 돼.

살려 내니
기분 좋다.
고철

끝

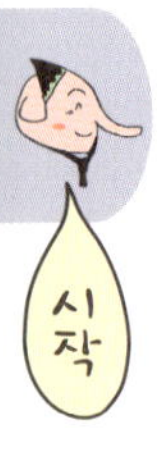
시작

엄마.

바람이 많이 불어서 그런가,
우산을 썼는데도 쫄딱 젖었네.

윽.
공책까지…….
알림장
열렁

사물함에 비 망토 넣어 뒀는데…….
그건, 우산 없을 때 입는 거잖아.

우산 있어도 같이 쓰면 덜 젖고 좋아.

…….
…….
…….
? ? ?
왜?

그게……
아무도 그런 거 안 입던데.
만들어 줄 때는 좋다고 입어 놓고는!
가방 젖는 거보단 낫지.

와!
하하하,
히히히

저거 괜찮네!
하나만 묻자.
만들어 주면 쓸 거냐?
당연하죠.

가방 덮개
만들어 보아요

망가진 우산을
구합니다.
흔하게 구할 수 있죠.
천이
예쁜 걸로.
유 리

우산살에서 천을
조심스레
떼어 냅니다.
조임 끈도 떼어
냅니다.

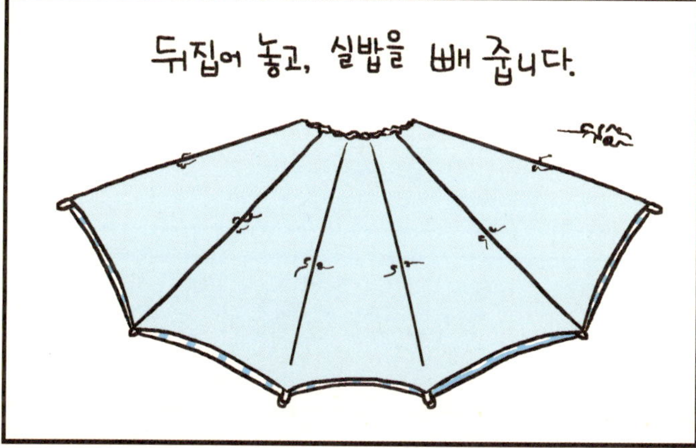
뒤집어 놓고, 실밥을 빼 줍니다.

구멍 쪽을 반듯하게 꿰매요.

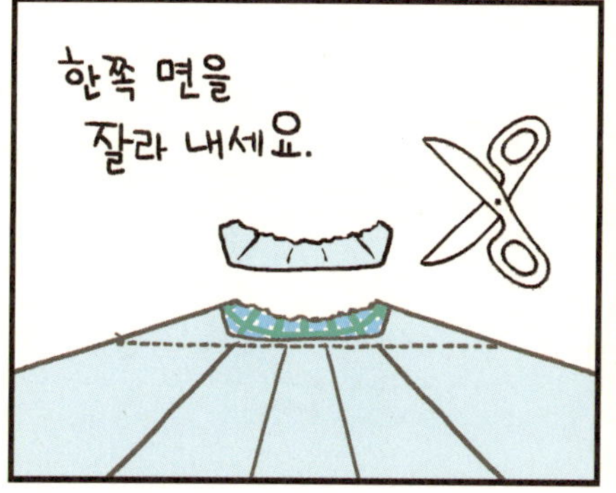
한쪽 면을
잘라 내세요.

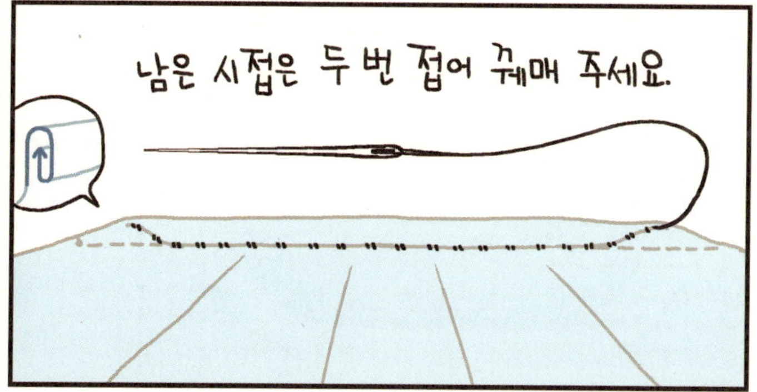
남은 시접은 두 번 접어 꿰매 주세요.

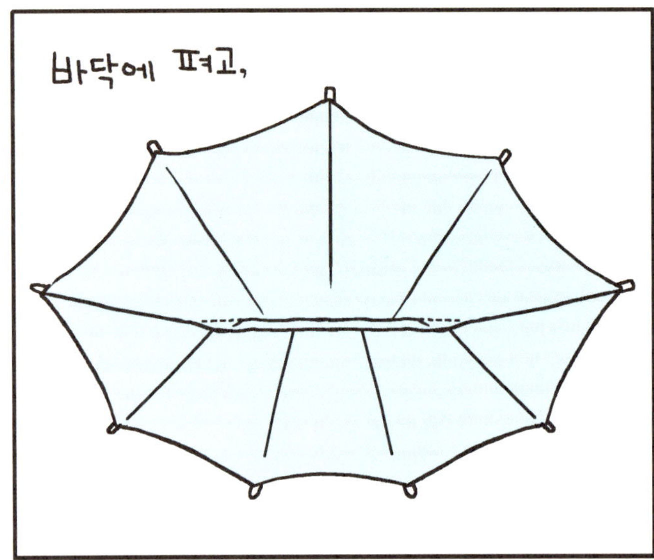
바닥에 펴고,

가방을 올리고

감싸 봐서 크기를
어림해요.
어림한
대로
잘라
주세요.
얼렁이 것은
가로 65 cm
세로 65 cm
쯤.

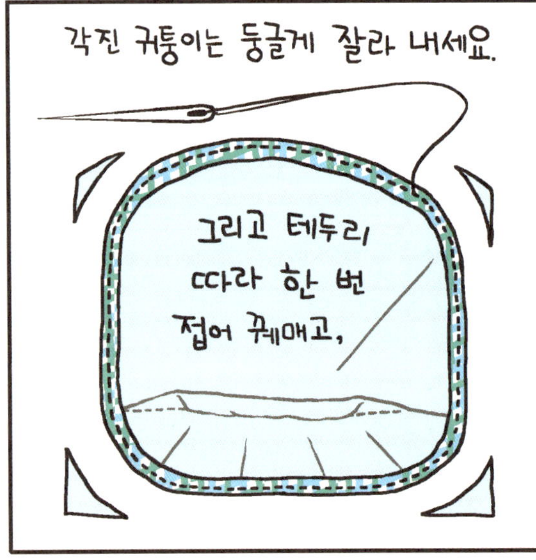
각진 귀퉁이는 둥글게 잘라 내세요.
그리고 테두리
따라 한 번
접어 꿰매고,

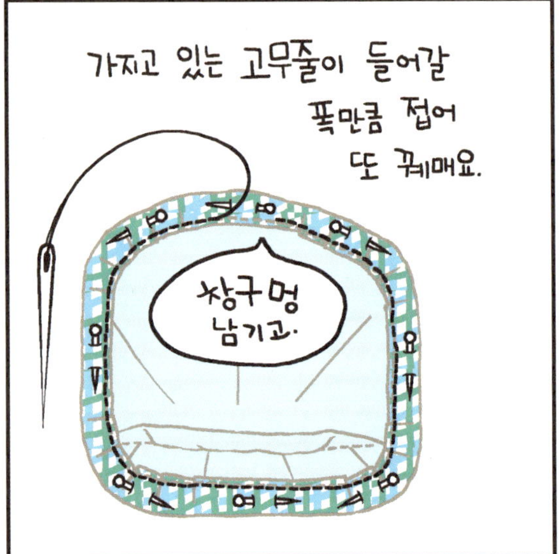
가지고 있는 고무줄이 들어갈
폭만큼 접어
또 꿰매요.
창구멍
남기고.

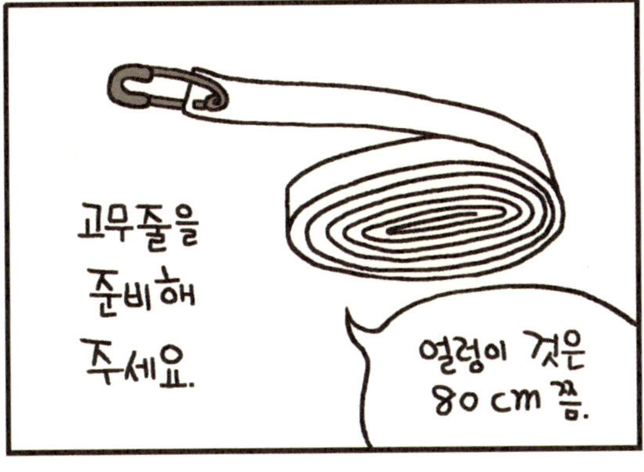
고무줄을
준비해
주세요.
얼렁이 것은
80cm 쯤.

고무줄을 통과시켜요.

고무줄을 이어 주면
거의 완성!

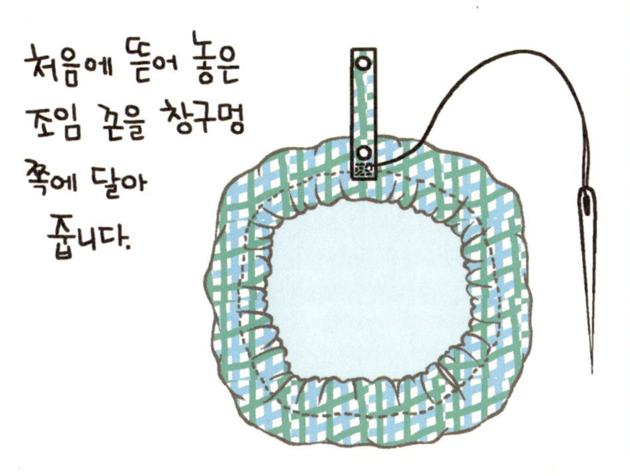
처음에 뜯어 놓은
조임 끈을 창구멍
쪽에 달아
줍니다.

가방에 덮개를
씌워 보아요.
와!
…

조임 끈을 가방
고리에 걸어
주면 안전.

비 안 올 땐
꽁꽁 묶어서
가방 속에.
쏙!

비 올 때
요렇게 쓰면
되겠다.
이봐!
이봐!
그건
아니지!
우산을 써!

끝

준비물

멀쩡한 청바지라면 헌 옷 수거함에 넣는 게 더 좋을 것 같은데…….

걱정 마시라. 충분히 낡을 대로 낡은 청바지야.

청바지 가방을 만들기 위해 청바지를 새로 사는 사람을 보았어요. 솔직히 '그건 아니다.' 싶더라고요. 차라리 가방을 사는 게 맞는 것 같은데……. 여러분 생각은 어떠세요?

안감용 천. 가방에 안감을 대 주려면 있어야 겠지만, 꼭 필요한 건 아니에요.

재봉틀

청바지 천(데님)은 두꺼워서 손 바느질을 하기가 힘들어요. (그렇지만 손바느질로 만드는 분들도 많습니다.)

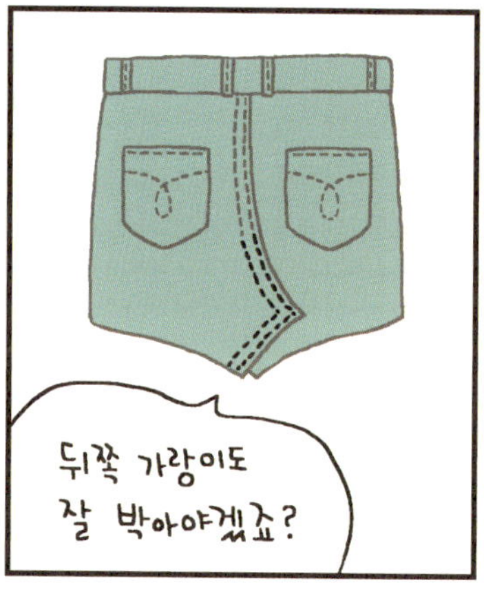

바지통 하나를
잡고 안쪽 선을
뜯어냅니다.

넓게 펼쳐
가방끈을
재단해요.
두 개.

천이 두꺼워서
꿰맨 뒤 뒤집는
건 불가능.
그냥 요렇게
접어서
양쪽 끝을
박아 줍니다.
가방끈
완성이오.

바닥 있는 가방을
만들까?
바닥 없는 가방을
만들까?
바닥?

바닥 없이 일자로
막은 가방. 만들기
쉬워 좋아요.
바지통 천을
잘라 바닥을
만들었어요. 넉넉히
넣을 수 있어서
좋아요.
둘 다 설명해 줘.
앗
그러지 뭐.

몸판을
뒤집은 뒤에
먼저, 바닥 없는
가방
밑을 일자로
드르륵 박으면
됩니다.

그리고 끈을
달아 주면
완성 입니다.
쉽죠?
근데, 입구가
헤벌쭉해서 속이
너무 잘 보인다.

끈을 준비
합니다.
10cm 쯤
종이 가방 손잡이나
운동복 허리끈,
안 신는 운동화 끈……
잘 둘러보면
나와요.

뒤판
안쪽
가운데.
튼튼하게
잘 붙여
주고

요렇게 앞판 단추에
걸어 줍니다 ♥
단추가 아니라
후크로 된 것은
고리를 걸 수 없잖아.

안쪽에 찍찍이를
붙이면 어떨까?
찍찍이가
없으면?

으휴, 몰라!
똑딱이를 달든
지퍼를 달든
맘대로 혀!

가방 속이 깔끔해
보이길 원하면 안감을
대 주세요.

안감 두 겹에
가방을 대고
똑같이 그립니다.

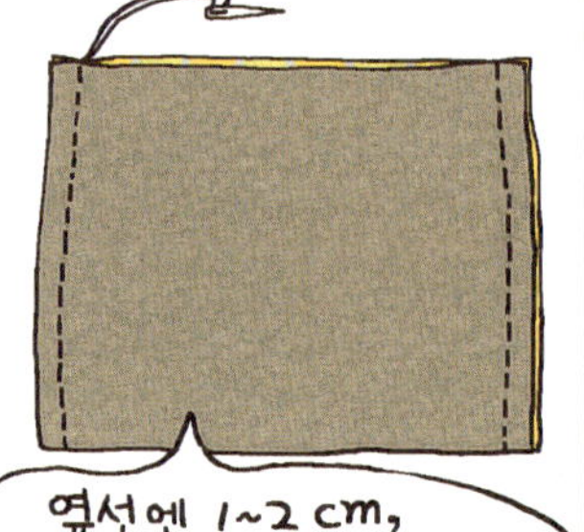
옆선엔 1~2 cm,
윗선엔 3~4cm 시접을 두고
자른 뒤, 옆선만 꿰매요.

안감을
가방 속에
쏙 넣어
주세요.

안감 끝을
안쪽으로 예쁘게
접어 넣고,
단면도를 보자면
요렇게.
청바지
안감

시간이 걸리더라도
꼼꼼하게 시침질하면
박을 때 쉬워요.

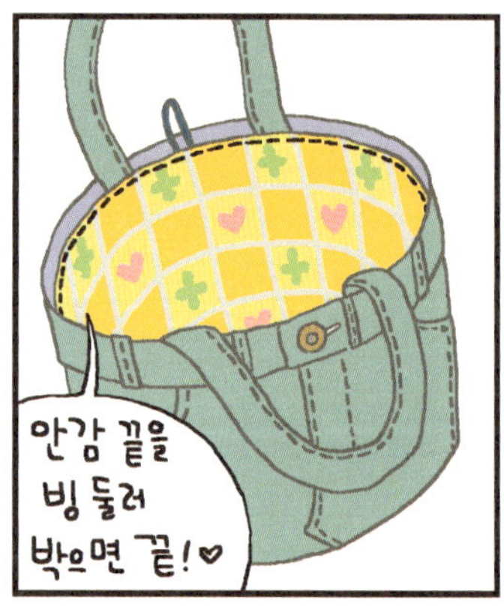
안감 끝을
빙 둘러
박으면 끝!♥

어때?
멋져.
멋져.

근데 저기……
뭐 하나 물어
봐도 돼?
뭔데?
바지 밑위
길이만큼만 만들 수
있는 거야?
더 깊게는
안 되는 거야?

손으로 만들 때
좋은 점은 내 맘대로
조절할 수 있는
건데, 길게
만들 수도 있어야지.
바지통 천을
덧대 주면 되거든.

이제, 바닥 있는 가방 만드는 법 알려 줘.
앞 뒤판 가랑이를 뜯고 평평하게 펴서 박은 다음에 뾰족 튀어나온 곳을 잘랐죠?
가방 밑단 쪽 폭을 잽니다.

바지통 옆을 뜯어 넓게 펴고
바닥 모양을 재단해요.
가로 + 세로 = 가방폭
시접은 적당히. (1~2cm쯤)
네모
타원
잎사귀
땅콩
모양은 맘대로

가방을 뒤집은 다음
가위집
바닥 겉면이 위를 보게 놓고 가방에 붙여 시침.

바닥을 빙 둘러서 박아 주세요. 저는 튼튼하라고 두번 돌려 꿰맸어요.

뒤집고 끈을 달아 주면, 겉면 완성.
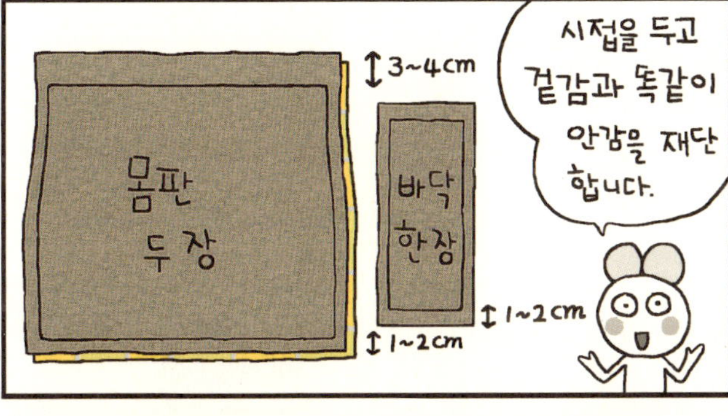
3~4cm
몸판 두 장
바닥 한 장
1~2cm
1~2cm
시접을 두고 겉감과 똑같이 안감을 재단 합니다.

몸판 옆선을 꿰매고 나서, 바닥을 붙여 주세요.

안감을 넣고 끝을 접어 넣어 시침질한 다음

안감을 빙 둘러 박아요.
이번엔 찍찍이를 붙여 봤네요.

히힛, 가방에 허리띠 매 주면 예쁘겠다.
고맙지만 됐네요. 무거워지거든.

끝

시작
흥부 바지다!
내 실력은 아닌데.
⋮

장난꾸러기 세 녀석이
가장 좋아하고
즐겨 입는
옷은?
바로 바로 바로

두둥
내복
입니다.
너무나
큰 사랑을
받아서
여기저기
구멍이
숭숭
나 있죠.

우르르
내복 꼴을 보고
한마디 하시겠군…….

뭐 어때? 어차피
겉옷 입으면 안 보이는
내복인걸. 돈도 아깝고.

이건 막내 거냐?
아, 그건
막내한테도
작아서
버리려고요.

그래?
가위
어딨냐?

구멍이
났거나,
나려는
바지를
준비
하세요.

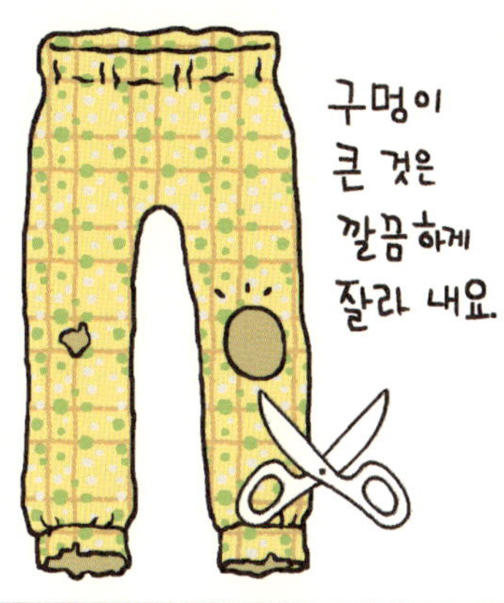
구멍이
큰 것은
깔끔하게
잘라 내요.

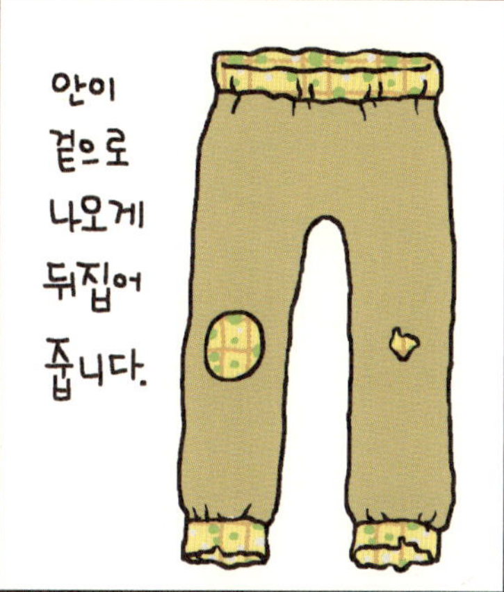
안이
겉으로
나오게
뒤집어
줍니다.

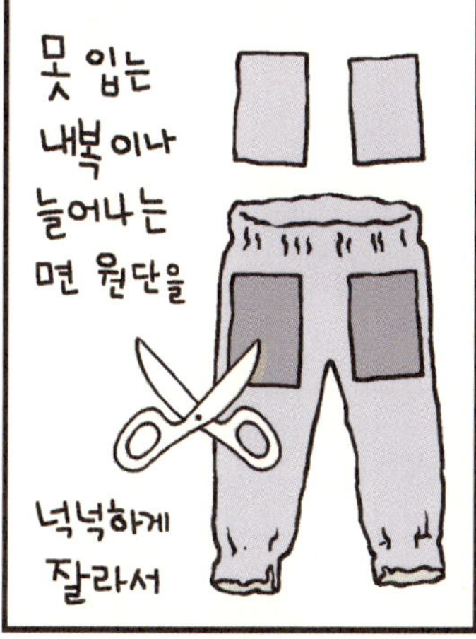
못 입는
내복이나
늘어나는
면 원단을
넉넉하게
잘라서

구멍 난
쪽에
덧대어
꿰매요.

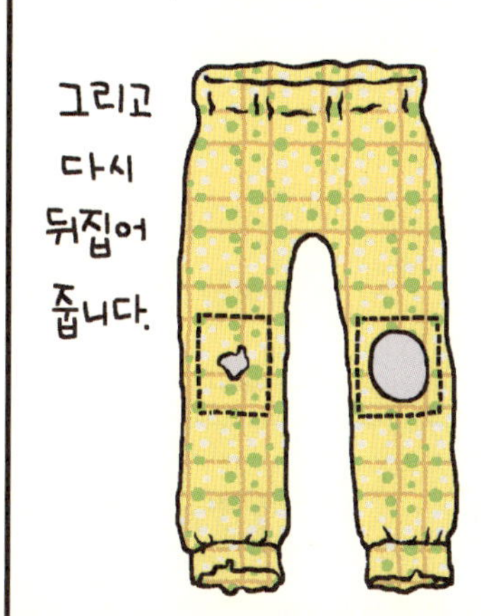
그리고
다시
뒤집어
줍니다.

구멍 가장자리는
안쪽으로 접어 넣은 뒤
꿰맵니다.

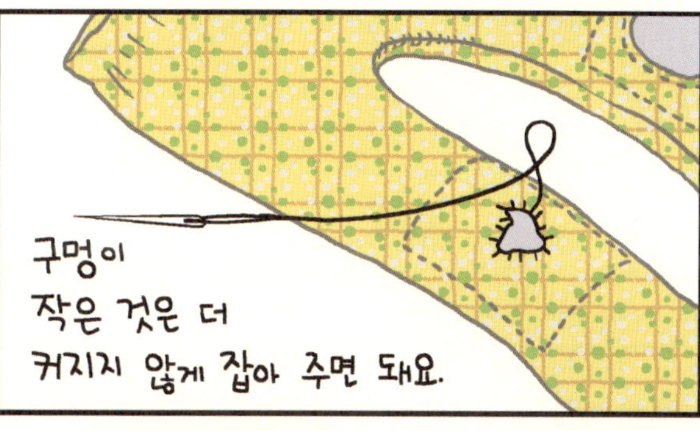
구멍이
작은 것은 더
커지지 않게 잡아 주면 돼요.

옷에 다는
장식 있는데
이거
달면
어떨까요?

그런 건 무거워서
오히려 구멍이 더
커져.
후드득
내복엔
추천
안 함.
오호

끝

변신 소맷부리

어머님 덕분에 무릎, 팔꿈치 해진 건 해결했는데……

이젠 팔목과 발목이 보이기 시작.

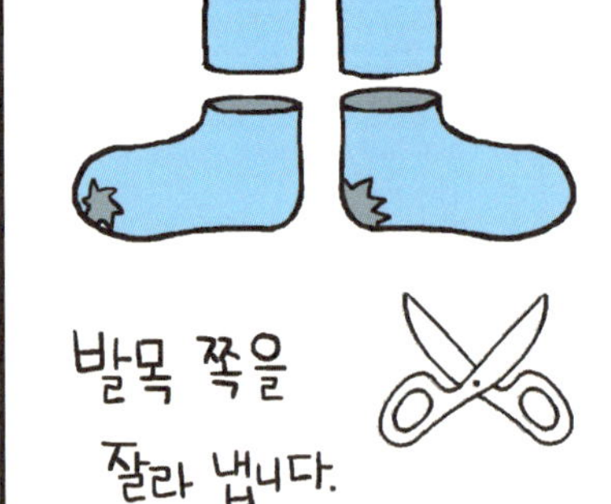

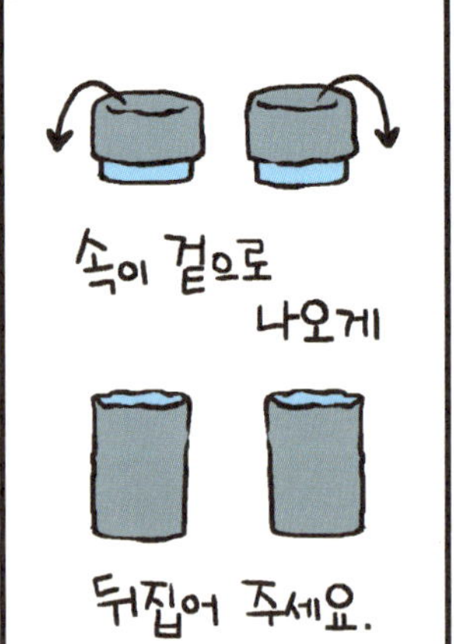

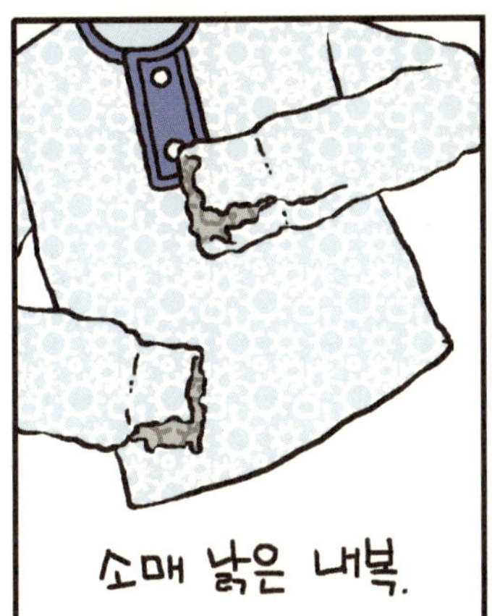
소매 낡은 내복.

소매를 자르고,

← 잘라 낸 것은
창틀 먼지 닦고.
소매 끝을 양말 속으로
넣어 주세요.

끝을
맞춰 주고,

깔끔하게 꿰매
뒤집어 주면,

멀쩡한
소맷부리 완성!

양말
괜히
버렸네.
'시보리'라는 쫀쫀한
천으로
만들어도
돼.
걱정 마. 곧 생길 거야.♪
크크

길게 원통 모양으로 꿰매고
반 접어서.
오!
아끼는 운동복이
낡아도 계속
입을 수 있어요.

끝

시작

곧 어린이날인데,
필요한 거 있으면
이야기해.
구멍 난
스타킹
구해 내기
필요해요.

치마를 좋아하는
열렁이는
스타킹도 많아요.

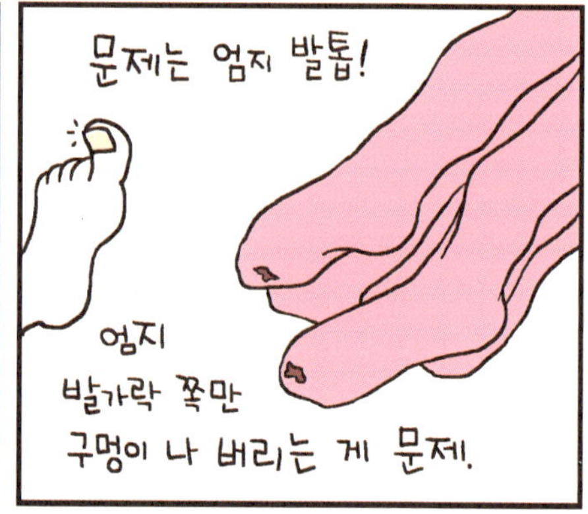
문제는 엄지 발톱!
엄지
발가락 쪽만
구멍이 나 버리는 게 문제.

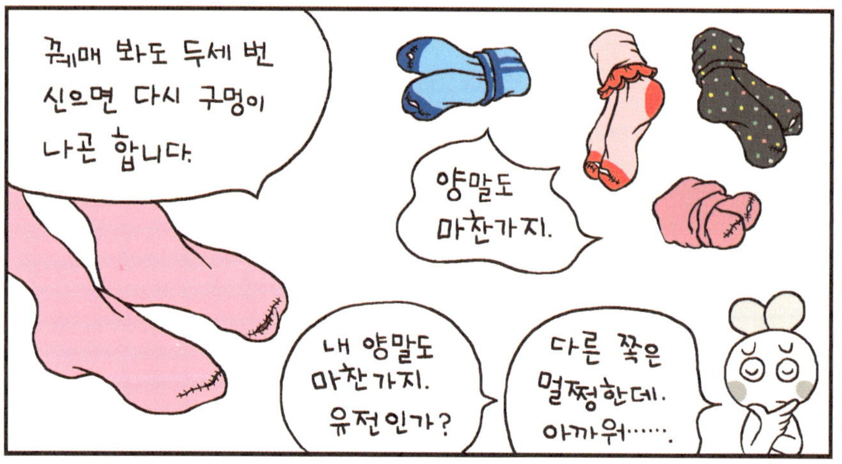
꿰매 봐도 두세 번
신으면 다시 구멍이
나곤 합니다.
양말도
마찬가지.
내 양말도
마찬가지.
유전인가?
다른 쪽은
멀쩡한데.
아까워…….

아하!
그렇게 하면
되겠다.

구멍 난
양말과
스타킹을 잘라 냅니다.

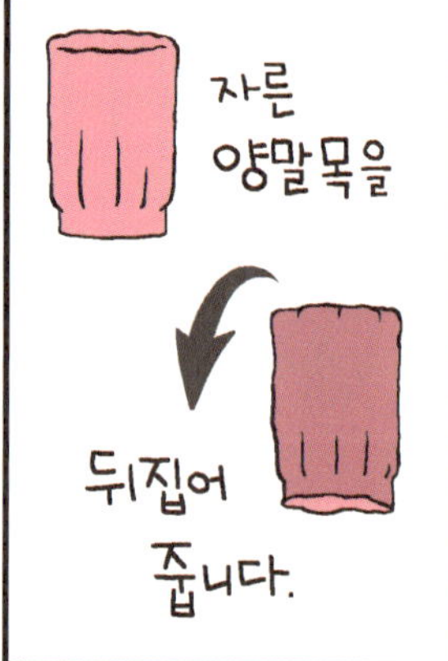
자른
양말목을
뒤집어
줍니다.

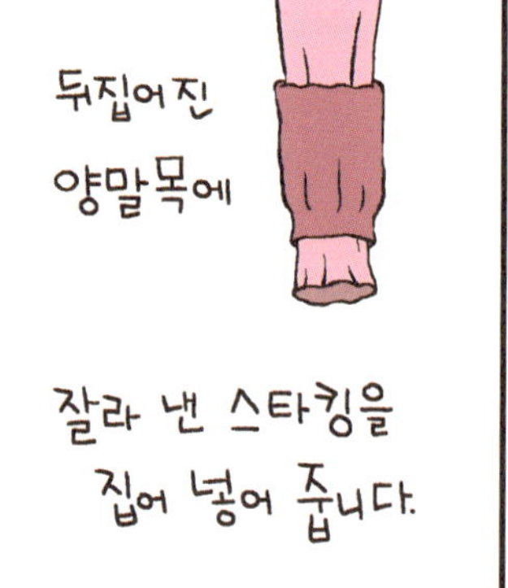
뒤집어진
양말목에
잘라 낸 스타킹을
집어 넣어 줍니다.

스타킹 끝과
양말 끝을
맞춘 뒤
꿰매 주세요.

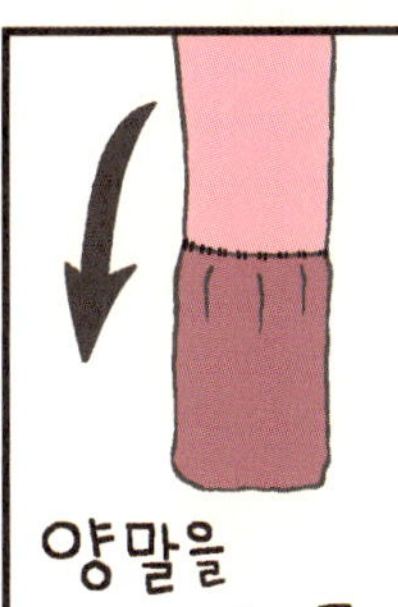
양말을
밑으로
내리면 끝♥

내복 소매 끝
바꾸는 것이랑
똑같네?
딩동댕!

이어 붙일
양말이
없으면?
그냥 끝자락을
올 풀리지
않게만.

스타킹 네 개
고쳤다아!

엄마. 이게
어린이날 선물
이에요?
응.
네가 스타킹
필요하다며?

……
……
……
픽

얼럽아.
그리고 이건
덤!

와! 예쁜
새 스타킹이다.
맘에 들어?

랄
랄
라
양말과
스타킹을
이어 줄 땐
서로 어울리는 걸로!

끝

시작

가슴 가리개 1+1=1

서랍은
미어터지는데,

입을 건
몇 개 없는
이상한 현실.

이쪽 거는
멀쩡하네.

열령이 낳기
앞서 잔뜩
사 두었던 건데,
살이 빠지질 않아
조여서 못 입음.

저쪽 거는
커 보이는데?

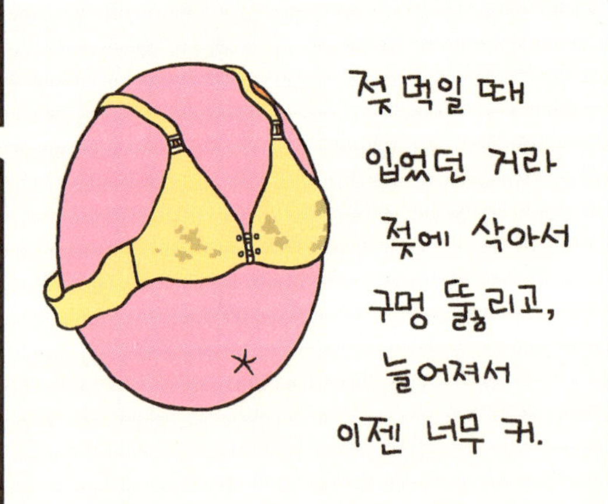
젖 먹일 때
입었던 거라
젖에 삭아서
구멍 뚫리고,
늘어져서
이젠 너무 커.

입지도 못할 거
과감하게
싹 버리자!
얼
쑤

비워 내야
새로 채울 자리가
생기는 법!
쓰레기
척척척

……
……
……
……
어서 넣어♪
어서 넣어♪

갑자기 좋은 생각이
떠올랐어!
역시…

낡은 가슴띠
암고리 쪽을
모자르면
숫고리 쪽도.
잘라 내세요.

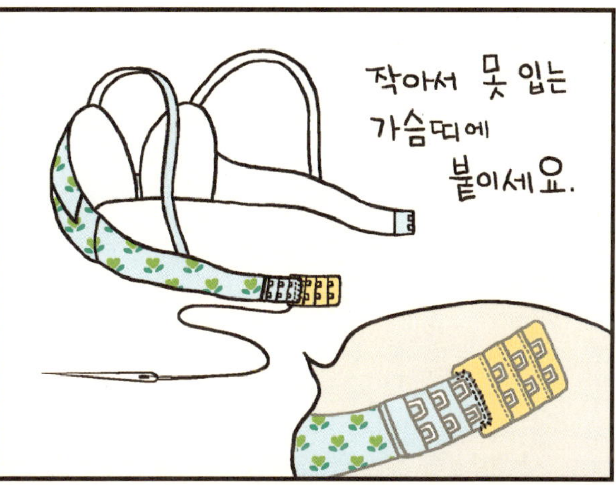
작아서 못 입는
가슴띠에
붙이세요.

몸에 맞는
가슴 가리개
완성

아쉽네.
달고 싶은데
걸고리가 없어.
가슴 가리개 걸고리만
따로 팔기도
해요.
뭣이라?
판다고?
한발 늦었군!

끝

시작

가방 꾸러미 바꾸기

엄마, 내일
유치원에서 벼룩시장
한대요.
우리도
가요.
팡!

어휴, 벼룩이래!
간지러워,
간지러!
놀리면
재밌나?
진지
벼룩
없어!

오! 생각보다
물건이 많네.
거봐
거봐!
좋지?
좋지?

3000원
와!
저기 봐요.
예쁜 공주 옷들!

근데, 아쉽게도
얼렁이한테
작다.
아기
옷이야.
힝…

발레복은
맞겠다.
어때
?
좋아.

어찌어찌
맘에 드는 가방을 골라
연말 모임에
잘 가지고
다녔는데,

갑자기
스산해
지는
마음……

어여쁜
너를 만나
정 주었는데.
빛나던 모습은
어디 가고,
껍질이 벗겨져
가는 것을
보니,
내 마음이
아프구나.

혹시 명품 가방
사 달라고
시 쓰는 거야?
날 뭘로
보는 거야?
사 주면
받겠지만.

재활용을
사랑하는
내 마음이,
실제론
궁상인 것
같아서,
상처받은
거라고.

그 가방이
그리 맘에 들면
가방끈을
새로
달면
되잖아?
띠용

그러네.
그러네.
왜 그 생각을
못했지?

폭풍 검색!
재료 파는 가게랑
가까이 살면
얼마나 좋을까?
눈으로 보고
사야 하는데.
천 살 땐
포목점 옆에
살길 바라고
비누
만들 땐
비누 공방
옆.
뭐 만들 때마다
살고 싶은 동네가
바뀌는
공작부인.

끈을 달
고리 폭을 꼭
확인
하세요.

이거 어때?
어울릴 것 같지?
가격
길이
색상

택배비
2500원
합하면
…….
끈값이
가방값
3배네.
꾹 꾹

참! 가방용
실도 사야지.

잠깐! 그 실 사서
얼마나 쓰려고?
집에
있는 실로
버티라고.
켁!

물건이
오면
튼튼하게
꿰매 줍니다.

명품이 별건가요?
내 맘에 들어오면
그게 명품이지.
고쳐 쓰면
저는 더 행복해져요.
싸다고
막 사면
고치는 값이
더 든다.
앞으론
잘 보고
고르도록!
…네.

끝

우리는 바느질
공작단

◆ 얼렁뚝딱 두 마리 토끼 잡기

◆ 사진과 함께 찾아보기

얼렁뚱땅
두 마리 토끼 잡기
결혼하기 전 반디 씨는 야망의 화신이었죠.
이 한 몸 바쳐 길이길이 남을 명작을 그리리라!
그런데 열렬히 활동하던 선배, 동료들이 결혼 뒤 만화 판에서 하나 둘 사라지는 걸 보았어요.
우에엑
이제 육아에 밀려 작업하긴 힘들 거야.
입덧 중.
저에겐 아기가 있다 보니 양이 적은 원고들밖에 할 수 없었고, 그 가운데 하나가 '열두 달 토끼밥상'이었답니다.
흔들
내려와! 위험해.

둘째를 가지고
'얼렁뚝딱 공작부인'을
연재하기 시작했고,
둘째를 낳고서 '열두 달 토끼밥상'이
책으로 묶여 나왔지요.

저리 좀 가서 놀아

셋째를 키우면서 <개똥이네 놀이터>에
'누벼라 누리야'를 연재하다가,

배 속에서 아홉 달 반 키운
넷째 낳을 때,
구 년 키운 <얼렁뚝딱 공작부인>도
같이 낳았어요

냉면 가락처럼 얇지만, 길고 질기게
자기의 꿈을 놓치지 않고 버티는
많은 여성들과 저의 작은 기쁨을
함께하고 싶어요.

사진과 함께 찾아보기

가

가방끈······186

가방 덮개······170

가슴 가리개······184

가슴 싸개······100, 104

공책······146

기저귀······36, 38, 98

마

마스크······14

망토······34, 166

머릿수건······26

목욕 망토······34

물병 주머니······152

물주머니 덮개······128

바

바지······76, 80, 178

방수 바지······80

배씨 머리띠······84

베갯잇······116

봉투 걸이······160

비 망토······166

사

사각팬티······54, 110

삼각팬티······50

생리대······88, 92, 94, 96, 98

소맷부리······180

손가락 지시봉······150

수면 바지······76

눈밭에 굴러도, 아무리 추워도 걱정 없는 엄마표 방수 바지.

버려진 우산이 이렇게 예쁘고 알록달록한 비 망토가 되었어요!

군더더기 없이 만든 네모 생리대와 선물하려고 만든 천 생리대.

한겨울에 발을 따뜻하게 감싸 주는 우리 가족 실내화.

수영 모자 30
수유 가리개 108
수젓집 118
스타킹 182
쓰레기봉투 걸이 160
실내화 132
실 제본 공책 146

아

앞치마 20, 122
입 가리개 14

자

장갑 134
조끼 이불 72
지시봉 150

차

천 기저귀 36, 38, 98
천 생리대 88, 92, 94, 96, 98
청바지 가방 174

카

커튼 138

파

팬티 46, 50, 54, 110
팬티 모양 천 기저귀 38
펠트 배씨 머리띠 84

하

홑이불 28
한복 58, 64

깡똥한 한복 소매와 치마,
바지 단을 잘라 고쳐 입으면
더울 때도 입을 수 있고,
더 발랄해 보여요.

얼렁뚝딱 공작부인 ❷

2016년 8월 30일 1판 1쇄 펴냄

글 그림 반디
편집 김로미, 박세미, 송추향, 유문숙, 이경희, 이지나
디자인 한아람 | **제작** 심준엽
영업·홍보 백봉현, 안명선, 양병희, 이옥한, 정영지, 조병범, 조서연, 최민용
경영 지원 임혜정, 전범준, 한선희
인쇄 (주)로얄프로세스 | **제본** 상지사

펴낸이 윤구병 | **펴낸 곳** (주)도서출판 보리 | **출판 등록** 1991년 8월 6일 제9-279호
주소 (10881) 경기도 파주시 직지길 492
전화 031-955-3535 | **전송** 031-950-9501
누리집 www.boribook.com | **전자우편** bori@boribook.com

값 16,000원

보리는 나무 한 그루를 베어 낼 가치가 있는지 생각하며 책을 만듭니다.

ISBN 978-89-8428-933-8 17590
978-89-8428-880-5 (세트)

이 도서의 국립중앙도서관 출판시도서목록(CIP)은 서지정보유통지원시스템 홈페이지(http://seoji.nl.go.kr)와
국가자료공동목록시스템(http://www.nl.go.kr/kolisnet)에서 이용하실 수 있습니다.
(CIP제어번호: CIP2016019357)